木地板材料效果图

白沙比利
冰树
枫木
黑胡桃
红榉
红玫瑰
红橡
红影
刨花贴面板
红心实木地板
实木地板
软木锁扣地板

壁纸装饰效果

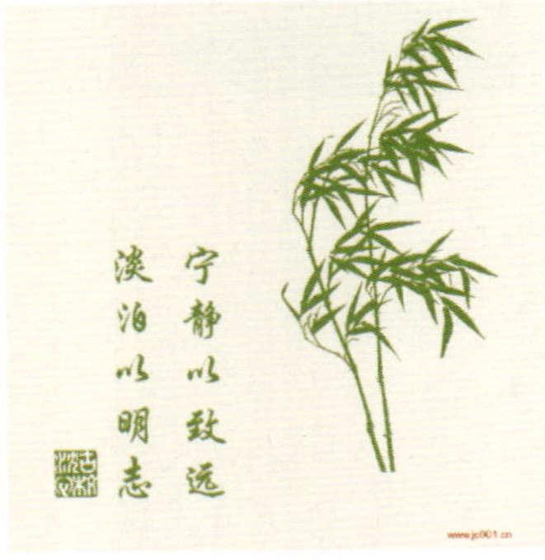

壁纸花布

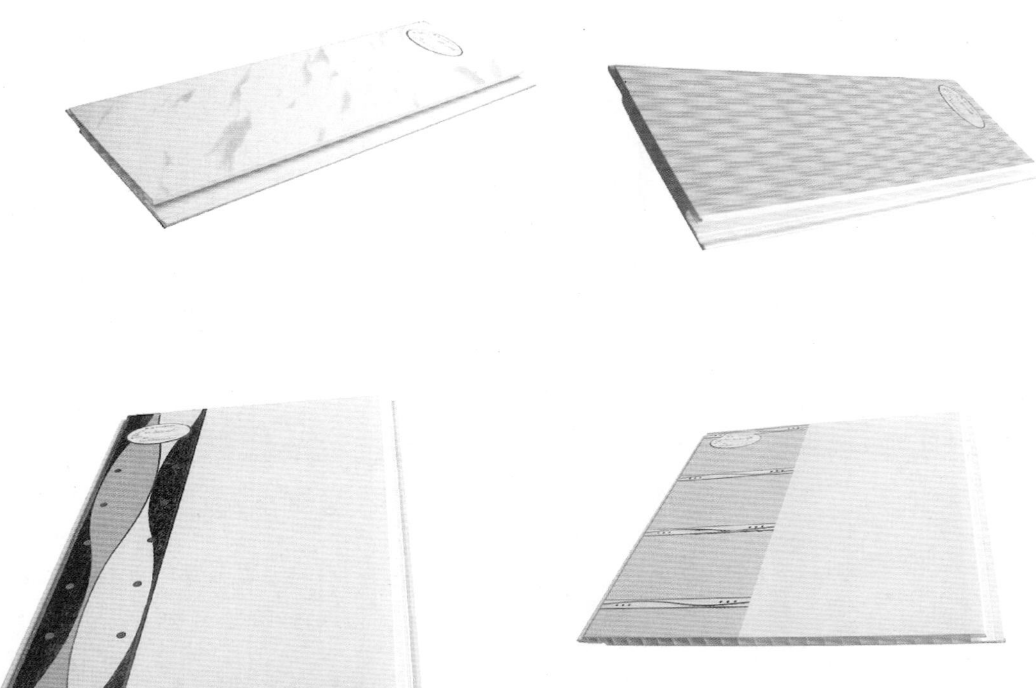

吊顶面层材料

吊顶材料效果

建筑装饰石材实物图

墙地砖（炫彩系列）

精工时尚内墙砖

精工内墙砖

卫浴墙地砖

仿石砖

艺术小方砖

艺术小方砖（手绘小方砖）

复合板－陶瓷

艺术瓷砖

全国高职高专建筑装饰技术类系列规划教材

建筑装饰材料

李　燕　任淑霞　主　编
任晓菲　邢　宏　副主编

科学出版社
北　京

内 容 简 介

本教材是按照教育部对高职高专建筑装饰技术专业的教学基本要求、最新国家标准和行业标准编写的。在介绍建筑装饰材料的性质和应用的同时又介绍了一些与此相关的建筑材料。

全书共十七章，内容包括建筑装饰材料的基本性质、石膏装饰材料、建筑装饰水泥、建筑装饰混凝土与砂浆、建筑装饰陶瓷、建筑装饰玻璃、金属装饰材料、装饰木材、装饰塑料、装饰织物与制品、装饰涂料、胶黏剂、防水材料、吸声材料与绝热材料、新型节能环保及复合装饰材料。

本教材可作为高职高专院校建筑装饰专业的教材，亦适用于室内装饰、室内设计、装饰美术等专业教学，也可供从事建筑设计、室内装潢设计及建筑装饰工程施工的工程技术人员参考。

图书在版编目(CIP)数据

建筑装饰材料/李燕，任淑霞主编．—北京：科学出版社，2006

(全国高职高专建筑装饰技术类系列规划教材)

ISBN 978-7-03-017608-0

Ⅰ．建… Ⅱ．①李… ②任… Ⅲ．①建筑材料：装饰材料-高等学校：技术学校-教材 Ⅳ．TU56

中国版本图书馆 CIP 数据核字（2006）第 075938 号

责任编辑：彭明兰 / 责任校对：都岚
责任印制：吕春珉 / 封面设计：耕者设计工作室

科学出版社 出版
北京东黄城根北街 16 号
邮政编码：100717
http://www.sciencep.com

三河市骏杰印刷有限公司印刷

科学出版社发行　各地新华书店经销

*

2006 年 8 月第 一 版　开本：787×1092 1/16
2020 年 1 月第十二次印刷　印张：16 3/4　插页：4
字数：396 000

定价：38.00 元

（如有印装质量问题，我社负责调换〈骏杰〉）
销售部电话 010-62134988　编辑部电话 010-62132124（VA03）

全国高职高专建筑装饰技术类系列规划教材

前　言

为适应现代职业教育对能力培养的要求，为建筑装饰材料行业提供使用和管理方面的应用型人才，我们特编写本书。本书依据教育部对高职高专建筑装饰技术专业的教学基本要求而编写。

为了反映当前建筑装饰材料的发展水平及其在建筑装饰工程中的实际应用，本书着重介绍了建筑装饰材料的性能、特点及应用，并在具体内容上较好地处理了装饰材料与普通建筑材料的衔接与区别，强调了装饰材料在装饰工程中的应用。本书在突出建筑装饰材料性能及应用这一主线的前提下，特别注意材料的标准和选用，并增加了一些新型的装饰材料如壁纸漆、氟碳漆、纤维装饰织物、实木复合地板、塑胶地板及橡胶地板、塑钢窗等。

本书根据最新建筑装饰材料标准与规范而编写，增加了新型节能环保材料章节。

本书通过在主要章节后安排实践课题、材料选用案例、材料试验，突出了对学生职业能力的培养。

本书第1、2、6、13章由李燕编写，第5、7、14章由任淑霞编写，第3、12、16章由任晓菲编写，第4、9、11章由邢宏编写，第10、17章由任甲福编写，第15章由祝频编写，第8章由焦有权编写。全书由李燕、任淑霞担任主编，任晓菲、邢宏担任副主编。

在本书编写过程中，编者参考了书末所列参考文献的部分内容，谨向相关作者表示衷心感谢。限于编者水平，书中难免存在不足之处，恳请读者批评指正。

目　录

第 1 章 绪论

本章重点介绍建筑装饰材料的分类和技术标准，简要介绍建筑装饰材料在建设工程中的地位、作用。

1.1 建筑装饰材料的地位及发展

现代建筑不仅要满足人们物质生活的需要，还应作为艺术品给人们创造舒适的环境。在建筑上，将依附于建筑物体表面起装饰和美化环境作用的材料，称为建筑装饰材料，又称“饰面材料”，它是建筑装饰工程的物质基础。建筑装饰的总体效果和建筑装饰功能的实现，都是通过建筑装饰材料及其室内配套产品的质感、形体、图案、功能等体现出来的。

建筑装饰材料是集材料、工艺、造型设计、美学于一体的材料，建筑装饰性的体现，很大程度上仍受到建筑装饰材料的制约，尤其受到材料的光泽、质地、质感、图案、花纹等装饰特性的影响。如高层建筑外墙面的装饰以玻璃幕墙和铝板幕墙的光亮夺目、绚丽多彩、交相辉映的特有效果向人们展示现代派的建筑风格。因此，建筑装饰材料是建筑的重要物质基础。只有了解或掌握建筑装饰材料的性能、特点，按照建筑物及使用环境条件，合理选用装饰材料，才能更好地发挥每一种材料的长处，做到材尽其能、物尽其用，更好地表达设计意图。总之，建筑装饰材料在工程使用中具有很突出的特点。

由于建筑业的快速发展以及人们对物质和精神需求的不断增长，我国现代装饰材料迅猛发展，层出不穷，大量高级宾馆、饭店、酒楼、大型商场、体育馆及艺术娱乐建筑的兴建，更加有力地促进了我国建筑装饰材料的发展。随着科学技术的进步和建材工业的发展，我国新型装饰材料将从品种上、规格上、档次上进入新的阶段，将来的发展方向应朝着功能化、复合化、系列化、规范化的方面发展。随着人民生活水平的逐步提高，人们对建筑物的质量要求越来越高。建筑用途的扩展，对其功能方面的要求也越来越高。而这方面在很大程度上要靠具有相应功能的材料来完成，因此研制轻质高强、耐久、防火、抗震、保温、吸声、防水及多功能复合型等性能好的建筑装饰材料是将来的发展方向。

1.2 建筑装饰材料的分类

建筑装饰材料的品种繁多，可从各种角度进行分类，如按建筑装饰材料的使用部位可分为外墙装饰材料、内墙装饰材料、地面装饰材料、吊顶与屋面装饰材料等（表1.1），按化学成分的不同分为金属材料、非金属材料、复合材料等（表1.2）。

表1.1 建筑装饰材料按装饰部位分类

类　别	装饰位置	常用装饰材料
外墙装饰材料	外墙、阳台、台阶、雨篷等建筑物全部外露部位装饰所用材料	天然花岗石、陶瓷装饰制品、玻璃制品、外墙涂料、金属制品、装饰混凝土、装饰砂浆
内墙装饰材料	内墙墙面、墙裙、踢脚线、隔断、花架等内部构造所用的装饰材料	壁纸、墙布、内墙涂料、织物饰品、塑料饰面板、大理石、人造石材、内墙釉面砖、人造板材、玻璃制品、隔热吸声装饰板
地面装饰材料	地面、楼面、楼梯等结构的全部装饰材料	地毯、地面涂料、天然石材、人造石材、陶瓷地砖、木地板、塑料地板
顶棚装饰材料	室内及顶棚装饰材料	石膏板、矿棉装饰吸声板、珍珠岩装饰吸声板、玻璃棉、装饰吸声板、钙塑泡沫装饰吸声板、聚苯乙烯泡沫塑料装饰吸声板、纤维板、涂料

表1.2 建筑装饰材料按化学成分分类

金属材料	黑色金属材料		普通钢材、不锈钢、彩色不锈钢
	有色金属材料		铝及铝合金、铜及铜合金、金、银
非金属材料	无机材料	天然饰面石材	天然大理石、天然花岗石
		陶质装饰制品	釉面砖、彩釉砖、陶瓷锦砖
		玻璃装饰制品	吸热玻璃、中空玻璃、镭射玻璃、压花玻璃、彩色玻璃、空心玻璃砖、玻璃锦砖、镀膜玻璃、镜面玻璃
		石膏装饰制品	装饰石膏板、纸面石膏、嵌装式装饰石膏板、装饰石膏吸声板、石膏艺术制品
			白水泥、彩色水泥
		装饰混凝土	彩色混凝土路面砖、水泥混凝土花砖
			装饰砂浆
			矿棉、珍珠岩装饰制品
	有机材料	木材装饰制品	胶合板、纤维板、细木工板、旋切微薄木、木地板
		竹材、藤材装饰制品	
		装饰织物	地毯、墙布、窗帘类材料
		塑料装饰制品	塑料壁纸、塑料地板、塑料装饰板
		装饰涂料	地面涂料、外墙涂料、内墙涂料
复合材料	有机与无机复合材料	钙塑泡沫装饰吸声板、人造大理石、人造花岗石	
	金属与非金属复合材料	彩色涂层钢板	

1.3 建筑装饰材料技术标准简介

为了保证材料的质量、现代化生产和科学管理，必须对材料产品的技术要求制定统一的执行标准，其内容主要包括产品规格、分类、技术要求、检验方法、验收规则、标志、运输和贮存注意事项等方面，如各种水泥、陶瓷、钢材等均有各自的产品标准。

建筑装饰材料标准，是企业生产的产品质量是否合格的技术依据，也是供需双方对产品质量进行验收的依据。

1. 我国常用的标准

(1) 国家标准

国家标准有强制性标准（代号 GB)、推荐性标准（代号 GB/T）。强制性标准是全国必须执行的技术指导文件，产品的技术指标都不得低于标准中规定的要求。推荐性标准在执行时也可采用其他相关标准的规定。

(2) 行业（或部颁）标准

各行业（或主管部）为了规范本行业的产品质量而制定的技术标准，也是全国性的指导文件。但它是由主管生产部门发布的，如建材行业标准（代号 JC）、建工行业标准（代号 JG）等。

(3) 地方标准

地方标准为地方主管部门发布的地方性技术指导文件（代号 DBJ)，适于在该地区使用。

(4) 企业标准

由企业制定发布的指导本企业生产的技术文件（代号 QB)，仅适用于本企业。凡没有制定国家标准、部级标准的产品，均应制定企业标准，而企业标准所订的技术要求应高于类似（或相关）产品的国家标准。

2. 国际标准及区域性标准

世界范围统一使用的“ISO”国际标准。

国际上有影响的团体标准和公司标准，如美国材料与试验协会标准“ASTM”，英国标准“BS”等。

区域性标准，是指工业先进国家的标准，如德国工业标准“DN”、日本工业标准“JIS”等。

1.4 建筑装饰材料的功能及其选择

1. 建筑装饰材料的功能

对建筑物进行室内外装饰，目的是为了使建筑物的外表美观，具有一定的建筑艺术风格，创造具有各种使用功能的优雅的室内环境，有效地提高建筑物的耐久性。这些目标，多数都是通过装饰于表面的建筑装饰材料来实现的。

建筑是一种造型艺术，其外观效果主要是通过材料的色彩及整体建筑的体型、比例、虚实对比来体现的。外墙装饰材料的质感、线型和色彩，会不同程度地影响建筑的外观效果。建筑装饰材料的功能主要表现在以下四个方面。

(1) 质感

质感是材料的表面组织结构、花纹图案、颜色、光泽、透明性等给人的一种综合感觉，不同材料在人的感官中有软硬、轻重、粗犷、细腻、冷暖等不同感觉，相同组成的材料表面不同可以有不同的质感，如普通玻璃与压花玻璃，镜面花岗石与剁斧石。相同的表面处理形式往往具有相同或类似的质感，但有时也不尽相同，如人造大理石、仿木纹制品，一般均没有天然的花岗石和木材亲切、真实，虽然仿制的制品不真实，但有时也能达到以假乱真的效果。

(2) 材料的颜色、光泽、透明性

颜色是材料对光谱选择吸收的结果。不同的颜色给人以不同的感觉。如红色、粉红色给人一种温暖、热烈的感觉；绿色、蓝色给人一种宁静、清凉、寂静的感觉。光泽是材料表面方向性反射光线的性质，用光泽度表示。材料表面越光滑，则光泽度越高。当为定向反射时，材料表面具有镜面特征，又称镜面反射。不同的光泽度，可改变材料表面的明暗程度，并可扩大视野或造成不同的虚实对比。透明性也是与光线有关的一种性质。既能透光又能透视的物体称为透明体，能透光而不能透视的物体称为半透明体，既不能透光又不能透视的物体称为不透明体。利用不同的透明度可隔断或调整光线的明暗，根据需要造成不同的光学效果，也可使物像清晰或朦胧。

(3) 形状和尺寸

对于砖块、板材和卷材等装饰材料的形状和尺寸以及表面的天然花纹、纹理及人造花纹或图案都有特定的要求和规格。利用装饰材料的形状和尺寸，并配合花纹、颜色、光泽等可拼镶出各种线型和图案，从而获得不同的装饰效果，以满足不同建筑形体和线型的需要。

(4) 耐沾污性、易洁性与耐擦性

材料表面抵抗污物作用并能保持其原有颜色和光泽的性质称为材料的耐沾污性。材料表面易于清洗洁净的性质称为材料的易洁性，它包括在风、雨等作用下的易洁性及在人工清洗作用下的易洁性。良好的耐沾污性和易洁性是建筑装饰材料经久常新和长期保持其装饰效果的重要保证。用于地面、台面、外墙以及卫生间、厨房等的装饰材料需考虑材料的耐沾污性和易洁性。材料的耐擦性实质是材料的耐磨性，分为干擦（称耐干擦性）和湿擦（称耐洗刷性）。耐擦性越高，材料的使用寿命越长。

2. 建筑装饰材料的选择

建筑装饰材料的种类很多，性能和特点各异，用途也不尽相同。因此，在选择装饰材料时，需要考虑以下几个方面。

(1) 所装饰建筑的类型和档次

公共建筑与民用住宅所用的装饰材料有所不同。住宅是满足人们生活的主要场所。除了工作时间以外，人的大部分时间是在住宅里度过的。因此，住宅的室内装饰，应围绕着为人提供一个舒适的环境而进行。办公室、教室、图书馆、高级宾馆和大型商场等其他建筑，根据建筑等级及装饰的耐久性选择不同档次的材料。花岗石镜面板材耐磨、装饰效果好，适合于高级宾馆中人流较多的公共部分，如大厅、走廊、楼梯等。而一般住宅的客厅，则较适合铺设陶瓷地砖。

在建筑装饰中，如果一味追求高档材料，不但造价昂贵，而且由于材料品种过多过杂，难以形成一定的建筑装饰艺术风格，反而起不到装饰效果。

(2) 装饰效果

材料的质感、线型、尺度和纹理在人们心理和视觉上产生的装饰效果是非常明显的，从而赋予材料以生命。就纹理而言，要充分利用材料本身固有的天然纹样、图样及底色，或利用人工仿制天然材料的各种纹路与图样，以求在装饰中获得朴素、淡雅、高贵、凝重的装饰气氛；就尺度而言，材料的大小尺寸应符合一定比例。例如，大理石及彩色水磨石板材用于厅堂，可以取得很好的效果，如果用于住宅将失去魅力；就线型和质感而言，材料所固有质感是一方面，在某种程度上线型可作为建筑装饰整体质感的一部分。如用铝合金压型装饰板装饰外墙，可获得具有凹凸线型的效果。

(3) 装饰部位的使用环境和功能

如浴室的水汽和厨房的油烟较大，其墙面可选用表面光滑的内墙釉面砖贴面，以便清洗。塑料壁纸是广泛用于室内墙面的装饰材料，但因不透气，故较少用于住宅的内墙面。居室墙面选择用织物制作的壁纸比较合适。南方住宅的客厅常用陶瓷地砖铺设，清洁、美观、凉爽；北方寒冷地区宜选用有一定隔热保温性能的木地板较为合适。在有水的地面还应考虑防滑，如卫生间、浴室的地面，最好选用防滑的陶瓷锦砖。在人流集中的商店、候车厅的地面，应选择耐磨性能好的彩色水磨石和陶瓷地砖或花岗石贴面。

(4) 装饰材料的经济性

装饰材料经济指标，主要是用来估算装饰工程的造价及费用开支，可从三方面考虑。

1) 参考价格，从生产厂家的产品介绍及有关手册上了解的价格。

2) 市场价格。

3) 施工附加费。

装饰材料的价格直接关系到建筑装饰造价问题。所以，选择材料必须考虑装饰工程一次投资和日后的维护费用，保证装饰工程的经济性。

1.5 本课程学习目的与方法

建筑装饰材料课程的教学目的，在于配合专业课程的教学，为建筑装饰设计和施工奠定良好的基础。为了掌握正确选用装饰材料的方法，在学习时，一要着重了解各类材料的成分（组成）、性能和用途，其中首要的是了解材料的性能和特点，其他方面的内容均应围绕这个中心来进行学习；二要密切联系工程实际，建筑装饰材料是一门实践性很强的课程，学习时应注意理论联系实际，多到现场实习；三要运用对比的方法，通过对比各材料的组成和结构来掌握它们的性质和应用，特别是通过对比来掌握它们的共性和特性。

每章的思考题、实践课题，概括了每章材料的理论知识和实践应用，必须掌握并完成作业。

复习思考题

1.1 什么是建筑装饰材料？它是怎样分类的？

1.2 建筑装饰材料的作用是什么？

1.3 在选择建筑装饰材料时，应考虑哪几个方面的问题？

第 2 章

建筑装饰材料的基本性质

本章讨论材料的组成、结构和构造对性质的影响，重点讲述了材料的物理性质和力学性质，介绍了材料的装饰性和耐久性。

建筑装饰材料是建筑材料的一个重要分支，具有建筑材料的基本性质，为此建筑装饰材料除必须具有良好的装饰效果外，还必须具有抵抗上述各种作用的能力，应具有一定的防水、防腐、保温、防火、吸声、隔声等性能。建筑装饰材料的基本性质包括物理性质、力学性质。它是正确选择与合理使用建筑装饰材料的基础。

2.1　建筑装饰材料的物理性质

建筑材料的物理性质是指建筑材料物理状态特点的性质。

2.1.1　与质量有关的性质

1. 密度

密度是指材料在绝对密实状态下单位体积的质量。密度（ρ）按下式计算，即

$$\rho = \frac{m}{V}$$

式中：ρ——材料的密度，g/cm^3 或 kg/m^3；

m——材料的质量，g 或 kg；

V——材料在绝对密实状态下的体积（不包括孔隙在内的体积），cm^3 或 m^3。

材料的密度 ρ 大小取决于材料的组成与材料的内部结构。

2. 表观密度

表观密度（旧称容重）是指材料在自然状态下，单位体积的质量。表观密度（ρ_0）按下式计算，即

$$\rho_0 = \frac{m}{V_0}$$

式中：ρ_0——材料的表观密度，g/cm^3 或 kg/m^3；

m——材料的质量，g 或 kg；

V_0——材料在自然状态下的体积（包括材料内部孔隙的体积），cm^3 或 m^3。

材料的密度 ρ_0 大小取决于材料的组成与材料的内部结构。

测定材料的表观密度时，材料的质量可以是在任意含水状态下的，但需说明含水情况。材料的表观密度除与材料的密度有关外，还与材料内部孔隙的体积有关，材料的孔隙率越大，则材料的表观密度越小。

3. 堆积密度

堆积密度是指粉状或粒状材料在堆积状态下单位体积的质量。堆积密度（ρ_0'）可用下式表示，即

$$\rho_0' = \frac{m}{V_0'}$$

式中：ρ_0'——堆积密度，g/cm^3 或 kg/m^3；

V_0'——材料的堆积体积（包括了颗粒之间的空隙），cm^3 或 m^3。

4. 密实度与孔隙率

密实度是指材料体积内被固体物质所充实的程度，也是固体体积占总体积的比例。密实度（D）可用下式计算，即

$$D = \frac{V}{V_0} \times 100\% = \frac{\rho}{\rho_0} \times 100\%$$

式中：D——密实度，%；

V——材料中固体物质体积，cm^3 或 m^3；

V_0——材料体积（包括内部孔隙体积），cm^3 或 m^3；

ρ_0——材料的表观密度，g/cm^3 或 kg/m^3；

ρ——材料的密度，g/cm^3 或 kg/m^3。

对于砂石散粒材料，可用空隙率来表示颗粒之间的紧密程度。孔隙率是指材料中，孔隙体积所占整个体积的比例。孔隙率（P）可用下式计算：

$$P = \frac{V_0' - V_0}{V_0} \times 100\% = (1 - \frac{\rho_0'}{\rho_0}) \times 100\%$$

一般情况下，材料内部的孔隙率越大，则材料的体积密度、强度越小，耐磨性、抗冻性、抗渗性、耐腐蚀性、耐水性及其他耐久性越差，而保温性、吸声性、吸水性与吸湿性越强。上述性质不仅与材料的孔隙率大小有关，还与孔隙特征（如开口孔隙、闭口的孔隙、球形孔隙等）有关。几种常用建筑装饰材料的密度、表观密度见表 2.1。

表 2.1　几种常用建筑材料的密度、表观密度、空隙率

材料名称	密度/(g/cm^3)	表观密度/(kg/m^3)	空隙率/%
花岗石	2.6～2.9	2500～2850	0.2～4
碎石	2.6～2.7	2000～2600	—
砂	2.6～2.8		

续表

材料名称	密度/(g/cm³)	表观密度/(kg/m³)	空隙率/%
普通混凝土	2.6	2100～2600	5～20
烧结普通砖	2.5～2.8	1500～1800	20～40
水泥	3.0～3.2		
松木	1.55	400～800	55～75
钢材	7.85	7850	0
石膏板	2.60～2.75	800～1800	30～70

2.1.2　材料与水有关的性质

1. 亲水性与憎水性

当材料与水接触时，有些材料能被水润湿，有些材料则不能被水润湿，前者具有亲水性，后者具有憎水性。

材料被水湿润的情况，可用润湿角 θ 表示。当材料与水接触时，在材料、水、空气三相的交界处，沿水滴表面的切线和材料的接触面成的夹角 θ，称为润湿角。θ 角越小，表示材料越易被水湿润。若 $\theta<90°$，如图 2.1（a）所示，材料表现为亲水性，如木材、砖。材料亲水的原因是材料分子与水分子之间的吸引力大于水分子之间的内聚力，因此能被水湿润。当 $\theta>90°$ 时，如图 2.1（b）所示，材料表现为憎水性，如沥青、石蜡、塑料等。材料憎水的原因是材料分子与水分子之间的吸引力小于水分子之间的内聚力，因此不能被水湿润。憎水材料具有较好的防水性和防潮性，常用作防水材料。

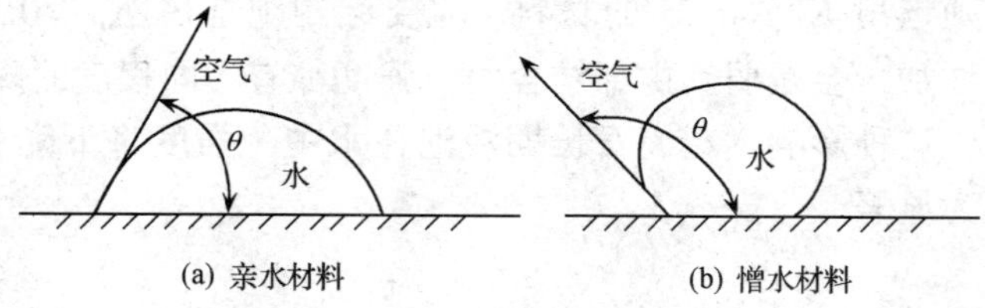

图 2.1　材料的湿润示意图

2. 吸水性

材料侵入水中吸收水分的能力为材料吸水性。吸水性的大小以吸水率表示。

吸水率是指材料吸水饱和时的吸水量占材料干燥质量的百分率，吸水率有质量吸水率（W_W）和体积吸水率（W_V）两种表示方法，即

$$W_W = \frac{m_2 - m_1}{m_1} \times 100\%$$

$$W_V = \frac{V_W}{V_0} = \frac{m_2 - m_1}{V_0} \times \frac{1}{\rho_w} \times 100\%$$

式中：W_W——质量吸水率，%；

W_V——体积吸水率，%；

m_2——材料在吸水饱和状态下的质量，g；

m_1——材料在绝对干燥状态下的质量，g；

ρ_w——水的密度，常温下可取 $1g/cm^3$。

多数材料采用质量吸水率，表观密度小的材料吸水性大。如木材的质量吸水率可大于100%，普通混凝土质量吸水率为2%～3%，烧结普通砖的质量吸水率为8%～20%，花岗岩质量吸水率为0.2%～0.7%。吸水性大小与材料本身的性质以及孔隙率的大小、孔隙特征等有关。

3. 吸湿性

吸湿性是指材料吸收空气中水分的性质。吸湿性的大小用含水率表示。含水率用材料中所含水的质量与材料干燥时质量的百分比来表示。

材料的吸湿性与空气的温度和湿度有关。空气的湿度大、温度低时，材料的吸湿性大，反之则小。

4. 耐水性

耐水性是指材料长期在吸水饱和状态下，保持其原有的功能，抵抗破坏的能力。

对于结构材料，耐水性主要指强度变化；对装饰材料则主要指颜色、光泽、外形等的变化以及是否起泡、起层等。即材料不同，耐水性的表示方法也不同。如建筑涂料的耐水性常以是否起泡、脱落等来表示，而结构材料的耐水性用软化系数来表示（材料在吸水饱和状态下的抗压强度与材料在绝对干燥状态下的抗压强度之比）。

材料的软化系数范围为0～1.0。$K_P \geqslant 0.85$ 的材料称为耐水性材料。经常受到潮湿或水作用的结构，须选用 $K_P \geqslant 0.75$ 的材料，重要结构须选用 $K_P \geqslant 0.85$ 的材料。一般材料随着含水量的增加，会减弱其内部结合力，强度都有不同程度的降低，即使致密的石材也不能完全避免这种影响，花岗石长期浸泡在水中，强度将下降3%，烧结普通砖和木材所受影响更为显著。

5. 抗渗性

抗渗性指材料抵抗水和其他液体渗透的性质，材料的抗渗性用渗透系数 K 表示，K 反映水在材料中流动的速度。K 越大，水在材料中流动的速度也越快，材料的抗渗性越差。材料抗渗性也可用抗渗等级 P_n 表示，即材料抵抗的最大渗水压力，如 P_6、P_8、P_{10}、P_{12}等来表示。材料的抗渗性不仅与材料本身的亲水性与憎水性有关，还与材料的空隙率和空隙特征有关，材料空隙率越小，其抗渗性越强。

2.1.3 材料与热有关的性质

1. 导热性

导热性是指热量由材料的一面传至另外一面的性质。导热性用导热系数 λ 表示，λ

越小，材料的隔热保温性能越好。一般认为，金属材料、无机材料、晶体材料的导热系数分别大于非金属材料、有机材料、非晶体材料。材料孔隙率越大，导热系数越小。导热系数的大小取决于材料的组成、孔隙率、孔隙尺寸和孔隙特征以及含水率等。

2. 热容量

热容量是指建筑材料温度升高（或降低）1K 时吸收（或放出）的热量。墙体、屋面采用高热容量的建筑材料时，可以长时间保持室内温度的稳定。建筑材料热容量的大小，可用比热来表示，即 1kg 材料升高 1K 时所需的热量。

3. 耐燃性与耐火性

(1) 耐燃性

材料抵抗燃烧的性质称为耐燃性。耐燃性是影响建筑物防火和耐火等级的重要因素，《建筑内部装修设计防火规范》(GB 50222—95）给出了常用建筑装饰材料的燃烧等级，见表 2.2。材料在燃烧时放出的烟气和毒气对人体危害极大，远远超过火灾本身。因此，建筑内部装修时，应尽量避免使用燃烧会释放出大量浓烟和有毒气体的装饰材料。GB 50222—95 对用于建筑物内部各部位的建筑装饰材料的燃烧等级做了严格的规定。

另外，国家还规定了下列建筑或部位室内装修宜采用非燃烧材料或难燃材料。

1) 高级宾馆的客房及公共活动用房。

2) 演播室、录音室及电化教室。

3) 大、中型电子计算机房。

(2) 耐火性

表 2.2　常用建筑内部装饰材料的燃烧性能等级划分

材料类别	级别	材料举例
各部位材料	A	花岗石、大理石、水磨石、水泥制品、混凝土制品、石膏板、石灰制品、蒙古土制品、玻璃、瓷砖、陶瓷锦砖(马赛克)、钢铁、铝、铝合金等
顶棚材料	B1	纸面石膏板、纤维石膏板、水泥刨花板、矿棉装饰吸声板、玻璃棉装饰吸声板、珍珠岩装饰吸声板、难燃烧胶合板、难燃中密度纤维板、岩棉装饰板、难燃木材、铝锚复合材料、难燃醇酯胶合板、铝筒玻璃钢复合材料等
墙面材料	B1	纸面石膏板、纤维石膏板、水泥刨花板、矿棉板、玻璃棉板、珍珠岩板、难燃胶合板、难燃中密度纤维板、防火塑料装饰板、难燃双面刨花板、多彩涂料、难燃墙纸、难燃墙布、难燃仿花岗岩装饰板、氯氧镁水泥装配式墙板、难燃玻璃钢平板、PVC 塑料护墙板、轻质高强复合墙板、阻燃模压木质复合板材、彩色阻燃人造板、难燃玻璃钢等
	B2	各类天然木材、木制人造板、竹材、纸制装饰板、装饰微薄木贴面板、印刷木纹人造板、塑料贴面装饰板、聚酯装饰板、复塑装饰板、塑纤板、胶合板、塑料壁纸、无纺贴墙布、墙布、复合壁纸、天然材料壁纸、人造革等
地面材料	B1	硬 PVC 塑料地板、水泥刨花板、水泥木丝板、氯丁橡胶地板等
	B2	半硬质 PVC 塑料地板、PVC－卷材地板、木地板、氯纶地毯等

续表

材料类别	级别	材料举例
装饰织物	B1	经阻燃处理的各类难燃织物等
	B2	纯毛装饰布、纯麻装饰布、燃处理的其他织物等
其他装饰材料	B1	聚氯乙烯塑料、酚醛塑料、聚碳酸酯塑料、聚四氟氨胶甲酯塑料、脲醛塑料、硅树脂塑料装饰型材、经阻燃处理的各类织物等
	B2	经阻燃处理的聚乙烯、聚丙烯、聚氨酯、聚苯乙烯、玻璃钢、化纤织物、木制品等

注：1) 安装在钢龙骨上的纸面石膏板，可作为A级装饰材料使用。

2) 当胶合板表面涂覆一级饰面型防火涂料时，作为B1级装饰材料使用。

3) 单位质量小于300g/m^{2}的纸质、布质壁纸，当直接粘贴在A级基材上时，可作为B1级装饰材料使用。

4) 施涂于A级基材上的无机装饰涂料，可作为A级装饰涂料使用。施涂于A级基材上，施涂覆比小于1.5kg/m^{2}的有机装饰涂料，可作为B1级装饰材料使用；施涂于B1、B2级基材上时，应连同基材一起通过实验确定其燃烧等级。

5) 其他装饰材料系指窗帘、帷幕、床罩、家具包布等。

耐火性是指材料在火焰或高温作用下保持其不破坏、性能不明显下降的能力，用耐受时间（h）来表示。即按规定方法，从材料受到火的作用起，直到材料失去支持能力、完整性被破坏或失去隔火作用止用的时间，称为耐火极限。耐燃性和耐火性的区别是，耐燃的材料不一定耐火，耐火的一般都耐燃，如金属材料、玻璃等虽属于耐燃性材料，但在高温或火的作用下在短时间内就会变形、熔融，因而不属于耐火材料；又如钢材是耐燃材料，但其耐火极限仅有0.25h。

2.2　建筑装饰材料力学性质

2.2.1　材料的强度

1. 概念

材料的强度是指材料在外力（荷载）作用下抵抗破坏的能力。建筑装饰材料受外力作用时，内部会产生应力，外力增加，应力相应增大，当材料内部质点结合力不足以抵抗所作用的外力时，材料即发生破坏，此时的应力值就是材料的强度，也称极限强度。

根据外力作用形式不同，建筑装饰材料的强度分抗压强度、抗拉强度、抗弯强度及抗剪强度（图2.2），以及断裂强度、剥离强度、抗冲击强度、耐磨性等。

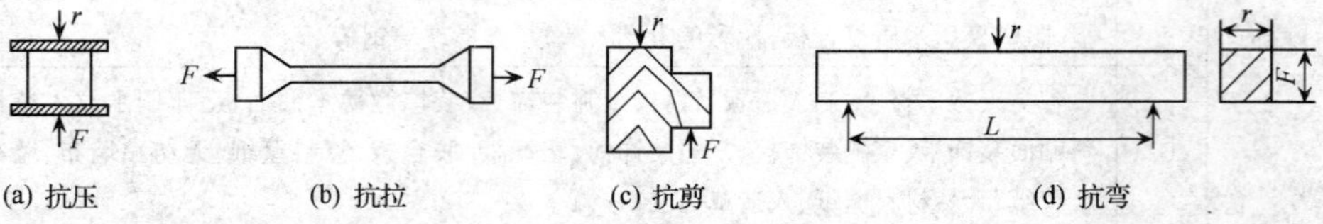

图2.2　材料受外力作用示意图

2. 强度等级

强度等级是材料按材料的分级，如混凝土、砂浆等用强度等级来表示。脆性材料（如烧结普通黏土砖、石、水泥、混凝土等）主要根据抗压强度来划分，塑性材料和韧性材料（如钢材等）主要根据抗拉强度来划分。

3. 比强度

比强度是材料强度与质量密度的比值。它是衡量材料高强性能的一项重要指标。比强度越大，则材料的轻质高强性能越好。选用比强度大的材料或者提高材料的比强度，对增加建筑物高度、减轻结构自重、降低工程造价等具有重要意义。

2.2.2　弹性、塑性、脆性与韧性

1. 弹性

材料的弹性是材料在外力作用下产生变形，外力取消后，能完全恢复到原形状的性质，这种完全恢复的变形，称为弹性变形。材料的弹性变形与荷载成正比。

2. 塑性

材料的塑性是材料在外力作用下产生变形，在外力取消后，有一部分变形不能恢复，这种不能恢复的变形，称为塑性变形。钢材在弹性极限内接近于完全弹性材料，其他建筑材料多为非完全弹性材料。这种非完全弹性材料在受力时，弹性变形和塑性变形同时产生。

3. 脆性

材料的脆性指材料受力达到一定程度后突然破坏，而破坏时并无明显塑性变形的性质。其特点是材料在接近破坏时，变形仍很小。混凝土、玻璃、砖、石材及陶瓷等属于脆性材料。它们抵抗冲击作用的能力差，抗拉强度低，但是抵抗压强度较高。

4. 韧性

材料的韧性指材料在冲击或震动荷载的作用下，能吸收较大能量，并产生较大变形而不发生破坏的性质。其特点是塑性变形大，抗拉、抗压强度较高。建筑钢材、木材、橡胶等属于韧性材料。对用作桥梁地面、路面及吊车梁等材料，都要求具有较高的抗冲击韧性。

2.2.3　材料的硬度与耐磨性

1. 硬度

硬度是材料表面抵抗较硬物体压入或刻划的能力。不同材料的硬度采用不同的测定方法。钢材、木材和混凝土等材料的硬度采用压入法测定，天然矿物的硬度采用刻划法

测定。材料的硬度愈大，则其耐磨性愈好，加工愈困难。

2. 耐磨性

耐磨性是指材料表面抵抗磨损的能力，材料的耐磨性用磨损率 N 表示。材料的耐磨性与硬度、强度及内部构造有关，材料的硬度越大，则材料的耐磨性越高。材料的磨损率也可磨损前后的体积损失来表示；材料的耐磨性有时也用耐磨次数来表示。地面、路面、楼梯踏步及其他受较强磨损作用的部位等，需选用具有较高硬度和耐磨性的材料。

3. 耐久性

材料的耐久性是指材料长期抵抗各种内外破坏因素或腐蚀介质的作用，保持其原有性质的能力。材料在使用过程中，除受到各项外力作用外，还受到物理、化学、生物和机械等因素的破坏作用。

物理作用包括光、热、电、温度差、湿度差、干湿循环、冻融循环、溶解等作用，这些变化可引起材料的收缩和膨胀，长期而反复作用会使材料逐渐破坏。

化学作用包括各种酸、碱、盐及其水溶液，各种腐蚀性气体，使材料的组成成分发生质的变化，而引起材料的破坏，如水泥石的化学侵蚀，钢材的锈蚀等。

生物作用包括菌类、昆虫等的侵蚀作用，导致材料发生腐蚀、虫蛀等而破坏，如木材及植物纤维材料的腐蚀等。

机械作用包括冲击、疲劳荷载，各种气体、液体及固体引起的磨损与磨耗等。

材料的耐久性是材料的一项综合性质，包括有耐磨性、耐擦性、耐水性、耐热性、耐光性、抗渗性、抗老化性、耐溶蚀性、耐沾污性等。材料的组成和性质不同，工程的重要性及所处的环境不同，则对材料耐久性项目的要求及耐久性年限的要求也不同。如潮湿环境的建筑物则要求装饰材料具有一定的耐水性。北方地区的建筑物外墙用装饰材料须具有一定的抗冻性。地面用装饰材料具有一定的硬度和耐磨性等。耐久性寿命的长短是相对的，如对花岗石要求其耐久性寿命为数十年至数百年以上，而对质量好的外墙涂料则要求其耐久性寿命为 10～15 年。

2.3 材料与声学有关的性质

2.3.1 吸声性

吸声性是指材料在空气中能够吸声的能力。当声波传播到材料的表面时，一部分声波被反射，另一部分穿透材料，其余部分则传递给材料。材料吸声性能的优劣以吸声系数来衡量，吸声系数是指吸收的能量与声波原先传递给材料的全部能量的百分比，吸声系数与声音的频率及声音的入射方向有关，因此吸声系数指的是一定频率的声音从各个方面入射的吸收平均值。

吸声效果与下列因素有关。① 材料的质量密度。对同一多孔材料，其质量密度增大，低频吸声效果提高，而高频吸声效果降低。② 材料的厚度。厚度增加，低频吸声效果提高，而对高频影响不大。③ 材料的孔隙特征。孔隙越多越细小、吸声效果越好，若孔隙太大，则效果就差。

2.3.2　隔声性

声波在建筑结构中的传播主要通过空气和固体来实现，因而隔声分为隔空气声和隔固体声。

1. 隔空气声

透射声功率与入射声功率的比值称为声透射系数 τ，该值越大则材料的隔声性能越差。材料或构件的隔声能力用隔声量 R 来表示。与声透射系数相反，隔声量 R 越大，材料或构件的隔声性能越好。对于均质材料，隔声量符合“质量定律”，即材料单位面积的质量越大或材料的体积密度越大，隔声效果越好，轻质材料的质量较小，隔声性较密实材料差。

2. 隔固体声

固体声是由于振源撞击固体材料，引起固体材料受迫振动而发声，并向四周辐射声能。固体声在传播过程中，声能的衰减极少。弹性材料如木板、地毯、壁布、橡胶片等具有较高的隔固体声能力。

2.4　建筑装饰材料的装饰性能

装饰材料是指用于建筑物内、外墙面，柱面，地面及顶棚等处的饰面材料，主要起装饰作用、保护作用和其他特殊作用（如绝热、防潮、防火、吸声、隔热等），而装饰效果取决于装饰材料的色彩、质感和线型。

1. 色彩

色彩是构成建筑物外观、乃至影响周围环境的重要因素，一般以白色为主的立面色调，常给人以明快、清新的感觉；以深色为主的立面，则显得端庄、稳重。在室内看到红、橙、黄等暖色，使人感到热烈、兴奋、温暖；看到绿、蓝、紫罗兰等冷色，使人感到宁静、幽雅、清凉。由于生活条件、气候条件以及传统习惯等因素不同，人们对色彩的感觉也不同。

2. 质感

质感是材料表面的粗细、软硬程度、凹凸不平、纹理构造、花纹图案、明暗色差等给人的一种综合感觉。如粗糙的混凝土或砖的表面，显得较为厚重、粗犷；平滑、滑腻的玻璃和铝合金表面，显得较为轻巧、活泼。质感与材料的材质特性、表面的加工程度、施工方法以及建筑物的形体、立面风格等有关。

3. 线型

线型主要是指立面装饰的分格缝与凹凸线条构成的装饰效果。如抹灰、水刷石、干粘石、天然石材等均应分格或分缝，既可获得不同的立面效果，又可防止开裂。分割缝的大小应与材料相配合，一般缝宽取 10～30mm 为宜，而分块大小不同，装饰效果也不同。

小　　结

了解和掌握建筑装饰材料的各种基本性质对于认识、研究和应用建筑装饰材料具有重要的意义。

重点掌握材料的密度、表观密度、体积密度、堆积密度、空隙率，材料与水有关的性质，材料的导热性，材料的耐久性及影响因素。

理解材料的组成结构和构造，影响导热性的因素。

了解材料的耐火性和耐燃性，材料的耐磨性。

复习思考题

2.1　当建筑装饰材料的体积密度增加时，其密度、强度、吸水率、抗冻性、导热性如何变化？

2.2　什么是材料的亲水性和憎水性？

2.3　什么是材料的耐水性？什么样的材料为耐水材料？

第 3 章

建筑装饰石材

石材分天然石材和人造石材。具有一定物理、化学性能，可用作建筑材料的岩石称建筑石材。具有装饰性能的建筑石材，加工后可供建筑装饰用的称装饰石材。天然装饰石材不仅具有较高的强度、硬度、耐磨性、耐久性等，而且经过表面加工处理后可获得优良的装饰性。天然装饰石材来源广泛，是人类自古以来广泛采用的建筑装饰材料，也是目前被公认为最优良的建筑装饰材料。

人造装饰石材是一种人工合成的新型装饰材料，无论在材料加工生产、使用方面，还是在装饰效果、性能价格方面，都显示出极大的优越性，成为一种具有良好发展前途的装饰材料。

3.1 岩石与石材的基本知识

3.1.1 岩石的分类

根据形成的地质条件不同，岩石通常分为岩浆岩、沉积岩和变质岩三大类。

1. 岩浆岩

岩浆岩又称火成岩，它是地下深处的岩浆侵入地壳或喷出地表冷凝而成的岩石。岩浆侵入地壳，侵入的岩浆就冷凝结晶为岩石，称为侵入岩，是组成地壳的主要岩石。岩浆岩根据岩浆冷却条件的不同，又分为深成岩（深度大于 3km 的），浅成岩（深度小于 3km 的），岩浆一直冲破上露岩层喷出地表冷凝而成的岩石则称为喷出岩（或火山岩）。火山岩直接用于装饰工程的不多，主要用作轻骨料混凝土和砂浆的骨料（如浮石）。

2. 沉积岩

沉积岩是由原来的母岩风化后，经过搬运、沉积等作用形成的岩石。沉积岩为层状构造，其各层的成分、结构、颜色、层厚等均不相同。与火成岩相比，其特性是：结构致密性较差，密度较小，孔隙率及吸水率均较大，强度较低，耐久性也较差。

沉积岩在地球上分布极广，加之藏于地表不太深处，故易于开采。根据生成条件，沉积岩分为机械沉积岩、化学沉积岩和生物沉积岩三类。根据胶结物质不同可分为硅质的、泥质的和石灰质的。硅质的代表性岩石有石英岩、砂岩、砾岩和硅藻土等；泥质的有泥岩、页岩和油页岩等；灰质的有石灰岩、白云岩、泥灰岩、石灰角砾岩等。

3. 变质岩

变质岩是由原生的岩浆岩或沉积岩经过地壳内部高温、高压等作用变化后而形成的岩石。岩石在变质作用下所发生的变化主要有两大类，分为正变质岩和副变质岩。

正变质岩是由岩浆岩变质而成。变质后的构造、性能一般较原成岩差。如由花岗岩变质而成的片麻岩，易产生分层剥落，使其耐久性变差。

副变质岩是由沉积岩变质而成。变质后的构造、性能一般较原成岩好。如石灰岩变质而成的大理岩，结构变得致密，坚实耐久。

常用的变质岩有大理石、石英岩、片麻岩。

3.1.2 石材的性质

1. 石材的物理力学性质

(1) 表观密度

天然石材按表观密度的大小分为重石和轻石两类。表观密度大于 1800kg/m^3 的为重石，主要用于建筑的基础、贴面、地面、路面、房屋外墙、挡土墙等，花岗岩、大理岩均是较致密的天然石材，其表观密度接近其密度，约为 2500～3100 kg/m^3；表观密度小于 1800kg/m^3 的为轻石，主要用作墙体材料，如采暖房屋外墙等。

(2) 抗压强度

天然岩石的抗压强度评定，采用边长 70mm 的正方体试件，用标准试验方法测得的抗压强度值作为评定石材强度等级的标准。根据《砌体结构设计规范》（GB 50003—2001）规定，天然石材的强度等级可分为 MU100、MU80、MU60、MU50、MU40、MU30、MU20 七个等级。

(3) 吸水性和耐水性

石材吸水性的大小与石材的化学成分、孔隙率大小、孔隙特征等因素有关。石材吸水后，矿物的粘结力降低了，导致石材的结构强度降低。

石材的耐水性用软化系数 K 表示。$K>0.90$ 的石材为高耐水性石材，$K=0.70\sim0.90$ 的石材为中耐水性石材，$K=0.60\sim0.70$ 的石材为低耐水性石材。一般 $K<0.80$ 的石材，不允许用在重要建筑中。

(4) 抗冻性

石材的抗冻性用冻融循环次数表示，石材在吸水饱和状态下，经规定的冻融循环次数后，若无贯穿裂缝且质量损失不超过 5%，强度降低不大于 25%，则认为抗冻性合格。

(5) 耐磨性

耐磨性是指石材在使用条件下抵抗摩擦、边缘剪切及冲击等综合外力作用的能力。耐磨性以单位面积磨耗量表示。对使用于遭受磨损的部位如道路、地面、踏步等的石材，均应选用耐磨性好的石材。

2. 石材的装饰性质

装饰石材的主要目的是美化建筑物的外貌。石材的装饰性与其结构、纹理、颜色和表面形态四个方面的因素有关。

石材的结构是指在岩石形成过程中，构成石材的不同矿物质的特殊结晶状态。纹理是指晶向排列的形态，它不仅决定石材的外部形态，同时影响石材的各向异性和各向同性等性能。颜色和表面形态应根据装饰的质感、色彩等要求来选择。此外，饰面石材尺寸的选择也非常重要。从美学、直观和视觉的效果看，在装饰面几何图形对称、美观的前提下，单体板材的面积偏大好看。但是单体面积增大，必须要增加板材厚度，造成板材自重和造价增加，所以合理选择尺寸非常重要。

3. 石材的耐久性质

用于室外的饰面石材，要有良好的稳定性和抗风化、抗老化性能，以便使建筑物得到长期持久的保护。花岗石以其优良物理性能成为室外装饰石材的最佳选择。结晶好、结构致密的大理石也可用于室外装饰，但像化石碎屑岩、角砾岩等结构不均匀的大理石，很容易受到水或含硫气体的腐蚀，不宜用于室外。对抗冻性过于敏感的石材也不能用于室外。

4. 石材的放射性质

石材的放射性是应引起关注的。石材产品的放射性来源于地壳岩石中所含的天然放射性核素。自然界的岩石中广泛存在的天然放射性核素主要有铀系、钍系的衰变产物和钾－40等。这些放射性核素在衰变过程中将生成天然放射性气体氡。人如果长期生活在氡浓度过高的环境中，氡经过人的呼吸道沉积在肺部，并放出大量射线，会危害人体健康。

放射性核素在不同种类的岩石中的含量有很大差异，大多数天然石材中所含放射性物质的剂量很小，一般不会危及人体健康。但有部分花岗岩产品放射性物质指标超标，在长期使用过程中会对环境造成污染，因此必须加以控制。《建筑材料放射性核素限量》(GB 6566—2001）中，按放射性比浓度把建筑装饰石材分为A、B、C三类。A类石材适用范围不受限制；B类石材不可用于I类民用建筑的内饰面，但可用于I类民用建筑的外饰面及其他建筑物的内、外饰面；C类石材只可用于建筑物的外饰面。

3.2 建筑装饰天然石材

3.2.1 天然大理石

大理石是大理岩的俗称，是石灰岩、方解石、白云岩、蛇纹岩等在高温高压作用下变质而成的变质岩，其主要成分为$CaCO_3$（$CaCO_3$占50%左右），SiO_2含量很少，属碱性的结晶岩石。石材行业通常将与大理岩具有相似性能的各类碳酸盐岩或镁质碳酸盐岩以及有关的变质岩统称为大理石。

1. 天然大理石的性能、特点及品种

(1) 天然大理石的性能

1) 结构较均匀，质地较细腻，抗压强度较高。

2) 构造致密，但硬度不高，属中硬性石材，易于锯解、雕琢。

3) 抗风化性差，不耐酸，由于大理岩中的 $CaCO_3$ 容易受环境中的酸性物质（CO_2、SO_2 等）的侵蚀作用，大理岩受侵蚀后表面会失去光泽，变得粗糙多孔，故除个别品种（如汉白玉、艾叶青等）外，一般不宜用于室外。

4) 装饰性、加工性好。大理岩纹理斑斓，磨光后美丽典雅，是理想的饰面材料之一。浅色大理石的装饰效果庄重而清雅，深色大理石的装饰效果华丽而高贵。

5) 耐磨、耐久性好，吸水率低。

天然大理石的物理力学性能指标见表 3.1。

表 3.1　天然大理石的物理力学性能指标

项　　目		指　　标
表观密度/(kg/m^3)		2500～2700
强度/MPa	抗压强度	47～140
	抗折强度	3.5～14
	抗剪强度	8.5～18
平均韧性/cm		10
平均重量磨耗率/%		12
吸水率/%		<1
膨胀系数 $\times 10^{-6}$/℃		9.02～11.2
耐用年限/年		20 以上

(2) 天然大理石的装饰特点及品种

大理石品种繁多，石质细腻，光泽柔润，十分惹人喜爱。目前开采利用的主要有三类，即云灰、白色和彩花大理石。

1) 云灰大理石。云灰大理石因其多呈云灰色，或在云灰底色上泛起朵朵酷似天然云彩状花纹而得名。云灰大理石加工性能特别好，主要用来制作建筑饰面板材，是目前开采利用最多的一种。

2) 白色大理石。纯净的大理石为白色，因其晶莹纯净，洁白如玉，熠熠生辉，故又称为汉白玉，属于大理石中的珍品，是重要建筑物的高级装修材料。

3) 彩花大理石。彩花大理石呈薄层状，产于云灰大理石层间，是大理石中的精品，经过研磨、抛光，便呈现色彩斑斓、千姿百态的天然图画，为世间所罕见。常见国产大理石的花纹特点及品种见表 3.2。

表3.2 常见国产大理石的花纹特点

名 称	特 点	产 地
汉白玉	玉白色，略有杂点和脉纹	北京房山、湖北黄石
晶 白	白色晶体，微有杂点和脉纹	湖 北
雪 云	白和灰相间	广东云浮
雪 花	白色相间淡灰色，有均匀中晶，并有较多黄杂点	山东掖县
影晶白	乳白色，间有微红至深赭的陷纹	江苏高资
风 雪	灰白间有深灰色晕带	云南大理
墨晶白	玉白色，有微晶，有黑色纹脉或斑点	河北曲阳
云 灰	白色或浅灰色，有烟状或云状，黑灰纹脉	北京房山
晶 灰	灰色微赭，均匀细晶粒，间有灰条纹或超色斑	河北曲阳
驼 灰	土灰色底，有深黄赭色疏落纹脉	江苏苏州
海 涛	浅灰底，有深浅间隔的青灰色条状斑带	湖 北
艾叶青	青底，深灰间白色叶状斑纹，间有片状纹缕	北京房山
残 雪	灰白色，有黑色斑带	河北铁山
螺 青	深灰色底，满布青白相间螺纹状花纹	北京房山
锦 灰	浅黑灰底，有红色和灰白色脉络	湖北大冶
银 河	浅灰底，密布粉红脉络杂有黄色脉络	湖北下陆
橘 络	浅灰底，密布粉红和紫红叶脉	浙江长兴
墨 壁	黑色，杂有少量浅黑色斑或少量黄缕纹	河北获鹿
墨 夜	黑色杂有少量白络纹或白斑	江苏苏州
墨 玉	墨色	贵州，广西
黄花玉	浅黄色，有较多稻黄脉络	湖北黄石
凝 脂	猪油色底，稍有深黄色细脉，偶带透明杂晶	江苏宜兴
彩 云	浅翠绿色底，深浅绿絮状相间，有紫斑和脉	河北获鹿
碧 玉	嫩绿或深绿和白色絮状相渗	辽宁连山关
斑 绿	灰白色底，有深草绿点、斑状纹	山东莱阳
晚 霞	石黄间土黄斑底，有深黄叠脉，间有黑晕	北京顺义

我国大理石储量很大，约在$240\times10^8\text{m}^3$以上，花色品种有400多种。其中花色品种较好的有：纯白的有北京房山的“汉白玉”，安徽的“贵池白”，河北的“曲阳白”，以及掖县的“雪花白”等；纯黑的有广西的“桂林黑”，湖南的“双峰黑”，安阳的“墨豫黑”等；红色的有辽宁铁岭的“东北红”，河北的“涞水红”等。

现在国内石材市场上也有大量的进口大理石，它们的名称也主要是根据其颜色花纹而得，例如西班牙米黄、挪威红等。

2. 天然大理石板材的分类等级和命名标记

(1) 天然大理石板材的分类

按照形状，天然大理石板材分为普型板材（N）和异型板材（S）两大类。普型板材是指长方形或正方形板材；异型板材指其他形状的板材。

(2) 天然大理石板材的等级

天然大理石板材根据规格尺寸偏差、平面度允许公差、角度允许极限公差、外观质量及镜面光泽度等标准，分为优等品（A）、一等品（B）和合格品（C）三个等级。

(3) 天然大理石的命名与标记

天然大理石的命名顺序为：荒料产地名称、花纹色调特征名称、大理石代号（M）。

标记顺序为：命名、分类、规格尺寸、等级、标准号。例如：北京房山白色大理石荒料生产的普通型板，规格尺寸为的 600mm×400mm×20mm 的一等品板材的命名和标记如下：

命名：房山汉白玉大理石

标记：房山汉白玉（M）N 600×400×20　B　JC79

3. 天然大理石板材的质量技术要求

大理石板材的质量标准包括板材规格尺寸允许偏差、板材平面允许极限公差、角度允许极限公差和外观缺陷要求。根据《天然大理石建筑板材》（JC/T79—2001）规定，大理石不同等级板材质量技术要求见表 3.3 和表 3.4。此外，还规定同一批（50～100m^2 为一批）板材的色调与花纹应达到基本一致，不可以与标准样板有明显差异。非定型配套产品，每一部位色调深浅可以逐渐过渡，花纹特征基本调和，不准有突变。

板材的光泽度标准按板材的化学成分进行控制，其控制数值不应低于表 3.5 的规定。

表 3.3　天然大理石板材技术要求（mm）

项　目	规　格		允许偏差		
			优等品	一等品	合格品
规格尺寸允许偏差	长度、宽度		0 −1.0	0 −1.0	0 −1.5
	厚度	≤12	±0.5	±0.8	±1.0
		＞12	±1.0	±1.5	±2.0
平面允许极限公差	板材长度	＜400	0.20	0.30	0.50
		≥400	0.50	0.60	0.80
		≥800	0.70	0.80	1.00
		≥1000	0.80	1.00	1.20
角度允许极限公差	板材长度	≤400	0.20	0.30	0.50
		＞400	0.50	0.60	0.80

表3.4　天然大理石板材正面外观缺陷要求

<table>
<tr><th>名称</th><th>规　定　内　容</th><th>优等品</th><th>一等品</th><th>合格品</th></tr>
<tr><td>裂纹</td><td>长度超过10mm的允许条数(条)</td><td rowspan="4">0</td><td rowspan="4">1</td><td rowspan="4">2</td></tr>
<tr><td>缺角</td><td>沿板材边长顺延方向,长度不超过3mm,宽度不超过3mm(长度不超过2mm,宽度不超过2mm不计),每块板允许个数(个)</td></tr>
<tr><td>缺棱</td><td>长度不超过8mm,宽度不超过1.5mm(长度不超过4mm,宽度不超过1mm不计),每块板允许个数(个)</td></tr>
<tr><td>色斑</td><td>面积不超过6cm²(面积小于2cm²不计)每块板允许个数(个)</td></tr>
<tr><td>砂眼</td><td>直径在2mm以下</td><td>无</td><td>不明显</td><td>有,不影响效果</td></tr>
</table>

表3.5　天然大理石板材镜面光泽度要求

<table>
<tr><th colspan="4">化学主成分含量/%</th><th colspan="3">镜面光泽度(光泽单位)</th></tr>
<tr><th>氧化钙</th><th>氧化镁</th><th>二氧化硅</th><th>灼烧减量</th><th>优等品</th><th>一等品</th><th>合格品</th></tr>
<tr><td>40～56</td><td>0～5</td><td>0～5</td><td>30～45</td><td rowspan="2">90</td><td rowspan="2">80</td><td rowspan="2">70</td></tr>
<tr><td>25～35</td><td>15～25</td><td>0～15</td><td>35～45</td></tr>
<tr><td>25～35</td><td>15～25</td><td>10～25</td><td>25～35</td><td rowspan="2">80</td><td rowspan="2">70</td><td rowspan="2">60</td></tr>
<tr><td>34～37</td><td>15～18</td><td>0～1</td><td>42～45</td></tr>
<tr><td>1～5</td><td>44～50</td><td>32～38</td><td>10～20</td><td>60</td><td>50</td><td>40</td></tr>
</table>

4. 天然大理石的储存与选用

由于天然大理石板材表面光亮、细腻、易受污染和划伤，所以板材应在室内储存，室外储存时应加遮盖。板材应按品种、规格、等级或工程料部位分别码放。板材直立码放时，应光面相对，倾斜度不大于15°，层间加垫，垛高不得超过1.5m。板材平放时，地面必须平整，垛高不得超过1.2m。包装箱码放高度不得超过2m。

天然大理石属于高级装饰材料，大理石镜面板材主要用于大型建筑或装饰等级高的建筑，如用于商场、展览馆、宾馆、饭店、影剧院、图书馆、写字楼等公共建筑物的室内墙面、柱面、台面和地面的装饰。天然大理石板材还可以制作成壁画、坐屏、挂屏、壁挂等工艺品，也可用来拼接花盆和镶嵌高级硬木雕花家具等。大理石除个别品格外，一般不宜用于室外。

3.2.2　天然花岗石

石材行业通常将具有与花岗岩相似性能的各种岩浆岩和以硅酸盐矿物为主的变质岩统称为花岗石。

从岩石形成的地质条件看，花岗岩属火成岩中的深成岩。构成花岗岩的主要造岩矿物是长石（结晶铝硅酸盐）、石英（结晶 SiO_2）和少量云母（片状含水铝硅酸盐）。从化学成分看，花岗岩主要含有 SiO_2（约 70％）和 Al_2O_3，CaO 和 MgO 含量很少，属酸性结晶岩石。花岗石的颜色由长石颜色和少量云母及其他深色矿物颜色而定，一般呈灰色、黄色、蔷薇色、淡红色、黑色或灰、黑相间的颜色。其以深色品种较为名贵。

1. 天然花岗石的性能、特点及品种

(1) 天然花岗石的性能特点

1) 构造致密，质地坚硬，抗压强度较高，耐磨性好。

2) 化学稳定性好，抗风化能力强，耐腐蚀性能强。

3) 装饰性好，质感强。板材磨光后色泽质地庄重大方，形成色泽深浅不同的美丽斑点状花纹。花纹的特点是晶粒细小均匀，并分布着繁星般的云母亮点与闪闪发光的石英结晶。

4) 耐热性差，石英在高热下受热膨胀强度会急速下降。

天然花岗石的主要性能指标见表 3.6。

表 3.6　天然花岗石的性能指标

项　　目		指　　标
表观密度/(kg/m^3)		2500～2700
强度/MPa	抗压强度	120～150
	抗折强度	8.5～15
	抗剪强度	13～19
平均韧性/cm		8
平均重量磨耗率/％		12
吸水率/％		<1
膨胀系数/($\times 10^{-6}$/℃)		5.6～7.34
耐用年限/年		75～200

(2) 天然花岗石的品种

我国花岗石资源极为丰富，经探明其储量约达 $1000\times10^8 m^3$，分布地域广阔，花色品种达 150 种以上，山东、广东、福建、四川、广西、山西、北京、河南、湖南、新疆、浙江、江苏、黑龙江等省市都有生产。我国花岗石主要有北京的白虎涧，济南的济南青，青岛的黑色花岗石，四川石棉的“石棉红”，湖北的“将军红”，山西灵邱的“贵妃红”等品种。新疆的“天山蓝”、四川雅安的“中国红”、山西浑源青磁窑的“太白青”、河北阜平的“阜平黑”、内蒙古丰镇的“丰镇黑”、河北易县的“易县黑”等名贵品种可以与世界的名牌（克拉拉白、印度红、巴西蓝）相媲美。国内部分花岗石品种、特色、产地见表 3.7。

表3.7 我国部分花岗石品种、特征、产地

生产厂家	品 名	装饰性能
福建泉州风山	蓝宝石	淡蓝灰色
北京市 大理石厂	济南青 白虎涧 将军红	黑色，有小白点 肉粉色带黑斑 黑灰棕红浅灰间小斑块
山东掖县 大理石矿 （莱州牌）	莱州白 莱州青 莱州黑 莱州红 莱州棕黑	色底黑点 黑底青白点 黑底灰白点 粉红底深灰点 黑底棕点
湖北黄石市 大理石厂	济南青 芝麻青 红花岗石	黑色 白底黑点 红底起黑点花
济南市 花岗石厂	济南青 红色花岗石板 白色花岗石板	纯黑 紫红色 白色

在国际上，花岗岩材分为三个档次：高档花岗石抛光板主要品种有巴西黑、非洲黑、印度红等，其特点是呈色调纯正、颗料均匀的深色调；中档花岗石材主要有粉红色，浅紫罗兰色、浅绿色等，其特点是呈粗中粒结构，色彩均匀、变化少；低档花岗石板材为灰色、粉红色等。

2. 天然花岗石板材的分类、等级和命名标记

(1) 天然花岗石板材的分类

部颁标准《天然花岗石建筑板材》(JC/T 205—2001) 规定按照板材的形状分为普型板材 (N) 和异型板材 (S) 两类。普型板材有正方形和矩形两种；其他为异型板材。

按照板材的不同用途分为以下四个品种。

1) 剁斧板材：经剁斧加工，表面粗糙，具有规则的条状斧纹。

2) 机刨板材：经机械加工，表面平整，有相互平行的机械刨纹。

3) 粗磨板材：经过粗磨，表面光滑，无光泽。

4) 磨光板材：经过磨洗加工和抛光，表面光亮，晶体裸露，有的品种同大理石板材一样具有鲜明的色彩和绚丽的花纹。

按照表面加工程度分为三个品种。

1) 细面板材 (RB)。一种表面平整、光滑的板材。

2) 镜面板材 (PL)。一种表面平整、具有镜面光泽的板材。

3) 粗面板材 (RU)。一种表面平整而粗糙、具有较规则加工条纹的板材。其品种有机刨板、剁斧板、捶击板、烧毛板等。

(2) 天然花岗石板材的等级

按照板材的规格尺寸允许偏差、平面度允许极限公差、角度允许极限公差及外观质

量，天然花岗石板材分为优等品（A)、一等品（B）和合格品（C）三个等级。

(3) 天然花岗石板材的命名和标记

天然花岗石板材的命名顺序为：荒料产地名称、花纹色调特征名称、花岗石（G)。

天然花岗石板材的标记顺序是：名、分类、规格尺寸、等级、标准号。

例如：用山东济南黑色花岗岩荒料生产的普型600mm×400 mm×20 mm镜面优等品板材，其命名和标记如下：

命名：济南青花岗石

标记：济南青（G）N　PL　600×4000×20　A　JC205

3. 天然花岗石板材的技术要求

为确保装饰效果，用于同一工程的天然花岗岩板材的外观质量和花纹应基本一致，相同尺寸规格板材间的尺寸偏差不得明显。但是，由于材质和加工水平等方面的差异，花岗岩板材的外观质量有可能产生较大差别，从而造成装饰效果和施工操作等方面的缺陷。因此，国家规定了天然花岗石板材的质量标准。根据《天然花岗石建筑板材》(GB/T 18601—2001）和《天然花岗石建筑板材》（JC/T 205—2001)，天然花岗石建筑板材的技术要求如表3.8和表3.9所示。

表3.8　天然花岗石建筑板材技术要求（mm）

项目	规格		亚光面和镜面板材			粗面板材		
			优等品	一等品	合格品	优等品	一等品	合格品
规格尺寸允许偏差	长度、宽度		0 −1.0	0 −1.0	0 −1.5	0 −1.0	0 1.0	0 −1.5
	厚度	≤12	±0.5	±1.0	+1.0 −1.5	—		
		>12	±1.0	±1.5	+2.0 −2.0	+1.0 −2.0	+2.0 −2.0	+2.0 −3.0
平面允许极限公差	板材长度	<400	0.20	0.35	0.50	0.60	0.80	1.00
		≥400	0.50	0.65	0.80	1.20	1.50	1.80
		≥800	0.70	0.85	1.00	1.50	1.80	2.00
角度允许极限公差	板材长度	≤400	0.30	0.50	0.80	0.30	0.50	0.80
		>400	0.40	0.60	1.00	0.40	0.60	1.00

4. 天然花岗石的储存与选用

天然花岗石板材的储存方法与天然大理石基本相同。

天然花岗石属于高级建筑装饰材料，主要应用于大型公共建筑或装饰等级要求较高的室内外装饰工程。一般镜面花岗石板材和细面花岗石板材表面光洁光滑、质感细腻，多用于室内墙面和地面、部分建筑的外墙面装饰，也可用于室内外柱面、墙裙、楼梯、台阶及造型等部位，还可用于酒吧台、服务台、收款台、展示台及家具等装饰。粗面花岗石板材表面质感粗糙、粗犷，主要用于室外墙基础和墙面装饰，有一种古朴、回归自

表3.9　天然花岗石板材正面外观缺陷要求

<table>
<tr><th>名称</th><th>规　定　内　容</th><th>优等品</th><th>一等品</th><th>合格品</th></tr>
<tr><td>缺棱</td><td>长度不超过10mm，宽度不超过1.2mm(长度小于5mm，宽度小于1.0mm的不计)，周边每米长允许个数(个)</td><td rowspan="6">不允许</td><td rowspan="4">1</td><td rowspan="4">2</td></tr>
<tr><td>缺角</td><td>沿板材边长，长度不超过3mm，宽度不超过3mm(长度小于2mm，宽度小于2mm的不计)，每块板允许个数(个)</td></tr>
<tr><td>裂纹</td><td>长度不超过两端顺延至板边总长度的1/10(长度小于2mm的不计)，每块板允许条数(条)</td></tr>
<tr><td>色斑</td><td>面积不超过15mm×30mm(面积小于10mm×10mm的不计)，每块板允许个数(个)</td></tr>
<tr><td>色线</td><td>长度不超过两端顺延至板边总长度的1/10(长度小于40mm的不计)，每块板允许条数(条)</td><td>2</td><td>3</td></tr>
<tr><td>坑窝</td><td>粗面板材的正面出现坑窝</td><td>不明显</td><td>出现，不影响使用</td></tr>
</table>

然的亲切感。

天然石材的放射性是引起人们普遍关注的问题。经检验表明，绝大多数天然石材中所含放射物质的剂量很小，一般不会危及人体健康。但有部分花岗岩产品放射性物质含量超标，在长期使用过程中会对环境造成污染，因此有必要加以控制。家居装饰时应选用A类产品，而不能用B类和C类产品。此外，在购买石材产品时，千万不要忘记索要产品的放射性检测合格证，只有认真对待这个问题，装修所使用的石材才不会成为美丽的杀手。

3.2.3　青石板与板岩饰面板

1. 青石板的特点及选用

青石板系水成沉积岩，主要矿物成分为$CaCO_3$，材质软、易风化，其风化程度及耐久性随岩体埋深情况差异很大。如青石板处于地壳表层，埋深较浅，风化较严重，则岩石呈片状，易撬裂成片状青石板，可直接应用于建筑，所以产地附近民间早有应用青石板作屋面、地面的传统。这种石板不属高档材料，便于加工，造价不高，使用规格一般为长宽300～600mm不等的矩形或正方形状，表面保持其劈开后的自然纹理形状，再加上青石板具有暗红、灰、绿、蓝、紫等不同颜色，掺杂使用可形成色彩丰富有变化而又具有一定自然风格的装饰墙面。这样的青石板在我国东北及西南地区较多，如岩石埋藏较深，则板块厚，抗压强度（可达210MPa）及耐久性均较理想，可加工成所需的板材。这样的板材按表面处理形式可分为毛面（自然劈裂面）青石板和光面（磨光面）青石板两类。

毛面青石板由人工用錾子按自然纹理劈开，表面不经修磨，纹理清晰，再加上本身固有的暗红、灰绿、蓝、紫、黄等不同颜色，搭配混合使用时，可形成色彩丰富、有变化又有一定自然风格的青石板贴面。用于室内墙面可获得天然材料粗犷的质感，如用于地面，不但起到防滑的作用，同时有一种硬中带“软”的效果，效果甚佳。

光面青石板是一种较为珍贵的饰面材料，可用于柱面、墙面，也可采用不规则的板块，组成有一定构成规律的自然图案，有很独特的装饰风格。

近些年，我国许多新的公共建筑中都采用了青石板，如北京动物园爬行动物馆、深圳博物馆展楼都采用青石板贴面，均获得了理想的建筑装饰效果。

2. 板岩饰面板的特点及选用

板岩系由黏土页岩变质而成的变质岩，其矿物成分为颗粒很细的长石、石英、云母和黏土。板岩具有片状结构，易于分解成薄片而获得板材。它的解理面与所受的压力方向垂直并与原沉积层无关。板岩质地坚密、硬度较大；耐水性良好，在水中不易软化，耐久，寿命可达数十年甚至上百年。板岩有黑、蓝黑、灰、蓝灰、紫、红及杂色斑点等不同色调，是一种优良的极富装饰性的饰面石材。其缺点是自重较大，韧性差，受震时易碎裂，且不易磨光。

板岩饰面板在欧美大多用于覆盖斜屋面以代替其他屋面材料。近些年也常用作非磨光的外墙饰面，常做成面砖形式，厚度为5～8 mm，长度为300～600mm，宽度为150～250mm。以水泥砂浆或专用胶黏剂直接粘贴于墙面，是国外很流行的一种饰面材料，国内已有引进，常被用作外墙饰面，也常用于室内局部墙面装饰，通过其特有的色调和质感，营造一种欧美的乡村情调。

3.3 人造饰面石材

3.3.1 人造石材概述

人造石材（又称合成石）是以水泥或不饱和聚酯为胶黏剂，配以天然大理石或方解石、白云石、硅砂、玻璃粉等无机物粉料以及适量的阻燃剂、稳定剂、颜料等，经配料混合、浇筑、振动、压缩、挤压等方法成型固化制成的一种人造石材。

人造石材于1958年出现在美国，迄今已经有40多年的历史。我国人造石材的研制与生产起步较晚，20世纪70年代末期才开始引进国外的人造石样品、技术资料及成套设备。20世纪80年代进入发展时期，目前有些产品的质量已经达到国际同类产品的水平，并成功地应用于高级场所的装修工程中。

1. 人造石材的类型

按照人造石材生产时所用的原材料，一般有以下四种类型。

(1) 水泥型人造石材

水泥型人造石材以各种水泥如普通水泥、硅酸盐水泥、矿渣水泥等为胶黏剂，砂为细骨料，碎大理石、花岗石、工业废渣等为粗骨料，经配料、搅拌、成型、加压蒸养、磨光、抛光而成。

这类人造石材的物理力学性能和表面的花纹色泽等装饰性能比天然石材稍差，但其极为经济。水磨石和各类花阶砖属于水泥型人造石材。

水泥型人造石材除用硅酸盐系列水泥外，也有以铝酸盐水泥为胶黏剂的。因为铝酸盐水泥水化时产生了氢氧化铝凝胶，氢氧化铝凝胶在硬化过程中可以不断填充到人造石材的毛细孔中，形成很致密的结构，同时形成很光滑的表面层。因此，这种人造石材成型后一般不用经过抛光表面就很光滑，具有光泽，其装饰效果比较好。

(2) 树脂型人造石材

树脂型人造石材是以不饱和聚酯等有机胶凝材料为胶黏剂，与天然碎石、石粉、颜料或染料等搅拌混合，经浇筑成型，在固化剂作用下产生固化作用，经脱模、烘干、抛光等工序而制成。这种方法在国际上比较流行，我国也多采用此法生产人造石材。

(3) 复合型人造石材

复合型人造石材的胶黏剂中既有无机粘结材料，也有有机粘结材料。先用无机粘结剂将石粉等填料粘结成型，然后再将形成的坯体在具有聚合功能的有机单体中浸渍，使其在一定条件下聚合形成复合型人造石材。对于板材制品，也可以分成两层生产，即底层使用价格低廉而性能稳定的无机粘结材料将石粉粘结成型，面层采用聚酯和大理石粉制作，从而形成色彩鲜艳、光泽度高的装饰表面。

无机粘结材料可以采用各种水泥，例如普通硅酸盐水泥、白水泥、粉煤灰水泥、矿渣水泥、快硬水泥、铝酸盐水泥等。有机单体可用苯乙烯、甲基丙烯酸甲酯、醋酸乙烯、丙烯腈、丁二烯、二氯乙烯等，这些单体可以单独使用，也可以组合使用。

(4) 烧结型人造石材

烧结型人造石材的生产工艺与陶瓷的生产相似。将斜长石、石英、辉石、方解石等石粉、赤铁矿粉及部分高岭土等混合，用泥浆法制成坯料，用半干压法成型，然后在窑中以1000℃左右温度烧结而成。这种人造石材性能稳定，耐久性好，但因要高温烧结，能耗大，造价较高，所以在实际中采用的很少。

在上述四种人造石材中，树脂型人造石材的物理和化学性能最好，花纹容易设计，有重现性，但价格相对较高；水泥型人造石材价格最低廉，但耐腐蚀性能较差，容易出现微龟裂，适用于作板材而不适用于作卫生洁具等；复合型人造石材则综合了前二者的优点，既有良好的物化性能，成本也较低；烧结型人造大理石虽然只用黏土、石粉作原料，但需经高温焙烧，因而能耗大，造价高，而且产品破损率高，实际应用得较少。

我国天然石材资源虽然十分丰富，但是目前浪费惊人，成材率仅为30%左右，其余成为大量碎石，除少量利用外，大部分成为废石处理掉，造成资源大浪费。而这些碎石可以成为人造石材的主要原料，变废为宝。因此，发展人造石材符合国家资源综合利用的基本国策。发展人造石材对合理利用石材资源具有十分重要的意义，特别是国家颁布了《矿产资源保护法》，矿产资源的利用将受到严格的控制，浪费矿产资源的现象将得到遏制。香港会议大厦、上海浦东第一百货、深圳贸易大厦、北京中粮广场等写字楼，内部装饰均大量采用人造石材作为地面装饰材料。从近几年的发展使用趋势来看，人造石材有着广阔的发展前景。

2. 人造石材的特点

人造石材是以天然石材为原料加工而成，因此它继承了天然石材的一些优点，同时舍弃了天然石材的某些缺点。人造石材的具体特点如下。

1) 人造石材的品种繁多，它不但具有天然石材的纹理和质感，而且没有色形和纹路差异，用户在选购时不用担心因为存在色差而影响整体装修效果。

2) 人造石材表面没有孔隙，油污、水渍不易渗入，因此抗污力强，容易清洁。

3) 人造石材的厚度较天然石材薄，本身质量比天然石材轻，搬运方便，若用于铺设地面，可减轻楼体承重。

4) 人造石材的背面经过波纹处理，因此施工时与基体易于粘结，施工工艺简单，铺设后的墙、地面质量更可靠。

5) 人造石材的成本只有天然石材的十分之一，且无放射性，是目前最理想的绿色环保材料，符合21世纪人们的消费理念。

6) 人造石材的主要原料是天然石粉，完全是废物利用。

人造石材除具有以上的优点外，与天然石材相比，由于同类型板材的色泽与纹理完全一样，缺少了自然天成的纹理和质感，因此视觉上略有生硬的感觉。

3. 人造石材的用途

按照其不同的应用部位，人造石材主要用于以下几个方面。

1) 台面类。厨房整体橱柜的台面、餐桌的桌面，甚至于家具都可以用这种材料制作。天然石材有着自然的花纹和色彩，但是不能弯曲，而且曲面加工十分困难。人造石材则克服了这个缺点，可以塑造成型或热压弯曲成各种造型。对于台面而言，无缝整体效果更佳。

2) 墙面、地面类。人造石材质量轻、厚度薄、耐腐蚀、抗污染，而且可以完全仿效天然石材的花纹和色泽，色差小，整体装饰效果好，可以用于墙面、柱面、地面等处。

3.3.2 常用人造石材

人造石材是装饰工程中应用比较广泛的材料，常见的有建筑水磨石板、人造大理石板、人造花岗岩板和微晶玻璃板材等。

1. 建筑水磨石板

(1) 建筑水磨石板的特点

建筑水磨石板是以水泥为胶凝材料，以不同粒径的大理石渣为骨料，经搅拌、成型、养护、研磨等工序制成的一种建筑装饰板材。

建筑水磨石板强度较高，坚固耐用，花纹、颜色和图案等都可以任意配制，花色品种多，在施工时可根据要求组合成各种图案，装饰效果较好，施工方便，价格较低。

建筑水磨石板除用硅酸盐水泥外，也可用铝酸盐水泥。用铝酸盐水泥生产的水磨石板表面结构致密、光滑，光泽度高，防潮性能好。

(2) 建筑水磨石板的用途

建筑水磨石板的生产已经实现了工业化、机械化、系列化，而且花色可以根据要求随意配制，品种繁多，价格低，比天然石材有更多的选择性，是建筑装饰工程中广泛使用的一种物美价廉的材料。建筑水磨石板可以预制成各种形状的制品和板材，也可在现场浇筑，用作建筑物的地面、墙面、柱面、窗台、台阶、踢脚和踏步等处。

(3) 水磨石板的分类与命名

水磨石板材的分类方法通常有以下三种：

1) 根据表面加工程度分为磨光水磨石 (M) 和抛光水磨石 (P) 两类。

2) 根据水磨石制品在建筑物中的使用部位可分为墙面和柱面用水磨石 (Q)；地面和楼面用水磨石 (D)；踢脚板、立板和三角板类水磨石 (T)；隔断板、窗台板和台面板类水磨石 (G) 四类。

3) 根据水磨石的外观质量和物理力学性能可分为优等品 (A)、一等品 (B) 和合格品 (C) 三类。

建筑装饰用水磨石板材的常用规格有300mm×300mm；305mm×305mm；400mm×400mm和500mm×500mm。其他规格的水磨石板材可由设计、使用部门与生产厂家共同议定。

水磨石的标记顺序是牌号、类别、等级、规格、标准号。

例如，钻石牌，规格尺寸为400mm×400mm×25mm，一等品地面抛光水磨石标记为：钻石牌水磨石 DPB400×400×25JC507。

(3) 水磨石的质量技术要求

水磨石的质量技术要求包括规格尺寸允许偏差、外观质量和物理性能，物理性能则包括光泽、强度、吸水率等。抛光水磨石的光泽，优等品不得低于45.0光泽单位，一等品不得低于35.0光泽单位，合格品不得低于25.0光泽单位。水磨石的吸水率不得大于8.0%。抗折强度平均值不得低于5.0MPa，且单块的最小值不得低于4.0MPa。

2. 聚酯型人造石材

聚酯型人造石材是采用不饱和聚酯树脂为胶黏剂生产的树脂型人造石材。

(1) 聚酯型人造石材的类型

生产聚酯型人造石材时，由于所加颜色不同，采用的天然石料的种类、粒度和品位不同。制作的工艺方法不同，人造石的花纹、图案、颜色、质感也就不同。根据人造石材表面图案不同，聚酯型人造石材又分为人造大理石、人造花岗石、人造玛瑙石和人造玉石等。

1) 人造大理石，有类似大理石的花纹和质感。

2) 人造花岗石，有类似花岗石花色质感，如粉红底黑点、白底黑点等品种。

3) 人造玛瑙石，有类似玛瑙的花纹和质感。所使用的填料有很高的细度和纯度，制品具有半透明性，填充料可使用氢氧化铝（三分子结晶水）和合适的大理石粉料。

4) 人造玉石，有类似玉石的光泽，呈半透明状。所使用的填料有很高的细度和纯度。人造玉石可惟妙惟肖地造出紫晶、彩翠、芙蓉石、山田玉等品种。

(2) 聚酯型人造石材的特点

1) 装饰性好。由于生产时采用的天然石料种类、粒度和纯度不同，加入的颜料及加工工艺不同，使生产出的聚酯型人造石材的花纹、图案、色彩和质感也不尽相同，而且还可以达到和天然石材以假乱真的装饰效果。

2）强度高，耐磨性好。聚酯型人造石材的抗压强度可以达到 80～100MPa，抗折强度达到 25～40MPa，布氏硬度为 32～40HB，略低于天然大理石，具有较好的耐磨性。

3）耐腐蚀性、耐污染性好。由于聚酯型人造石材采用不饱和聚酯树脂为胶黏剂，所以具有良好的耐酸性、耐碱性和耐污染性。

4）生产工艺简单、可加工性好。聚酯型人造石材的生产工艺简单，主要的成型工艺包括浇筑成型、压板成型和大块荒料成型等。而且可以按设计要求生产出各种形状、尺寸、色泽及光泽度的制品，制品比天然大理石易于锯切、钻孔等，可加工性好。

5）耐热性、耐候性差。不饱和聚酯的耐热性相对较差，其使用温度不宜太高，一般不得高于 200℃。这种树脂在大气中光、热、电等的作用下会产生老化，板材表面会逐渐失去光泽，甚至会出现变暗、翘曲等质量问题，装饰效果随之降低，所以聚酯型人造石材一般用于室内。

(3) 聚酯型人造石材的用途

聚酯型人造石材是一种不断发展的室内外装饰材料，人造大理石和人造花岗石可用作室内墙面、柱面、壁画、建筑浮雕等处装饰，也可用于制作卫生洁具，如浴缸、带梳妆台的整体台式洗面盆、立柱式脸盆、坐便器等；人造玛瑙石和人造玉石可用于制作工艺壁画、装饰浮雕、立体雕塑等各种人造石材工艺品。

意大利在聚酯型人造石的加工方面十分发达，举世闻名，所仿制的人造大理石与天然大理石条纹极为相似，堪称独特产品，但价格昂贵。目前，我国北京、天津、青岛、江苏及广东等地均有生产聚酯型人造石的厂家。常见聚酯型人造石的品种及规格如表 3.10 所示。

表 3.10　聚酯型人造石的常见品种及规格

品　种	品　名	规格/mm			备　注
		长	宽	厚	
人造大理石板	红五花石	450	450	8～10	种类规格较多，花色特征均仿天然大理石
	蔚蓝雪花	800	800	15～20	
	絮状墨碧	600	600	10～12	
	栖霞深绿	700	700	12～15	
人造花岗岩板	奶　白	1730	890	12	图案和色彩多样
	麻　花	1730	890	12	
	彩　云	1730	890	12	
	贵妃红	1730	890	12	
	锦　黑	1730	890	12	
人造玉石板	白 云 紫	400	400	10	白色
	天 蓝 红	400	400	10	蓝红色
	芙 蓉 石	400	400	10	粉红色
	黑白玉质板	400	400	10	黑白花纹
	山田玉硬板	400	400	10	绿色
	碧玉黑金星	400	400	10	绿色带金星

3. 石塑防滑地砖

石塑防滑地砖是一种新型的人造地面材料，是由聚氯乙烯（PVC）为主，经人工合成的复合型地面材料。其表层为聚氯乙烯树脂耐磨层，依次为印刷层、天然石粉，底层为防水层。最薄可制成3mm厚。石塑防滑地砖防滑性能好，脚感不像天然石材那样坚硬，有一定的韧性和保温性；表面可以做出不同的色泽、图案，装饰效果好；质量比天然石材轻，可以降低对地面的荷重，铺装方便。

石塑防滑地砖特别适合于幼儿园、老人居住的房间、医院等的地面装饰，也可用于内墙面、柱面等处的装饰。

4. 微晶玻璃板

微晶玻璃又称微晶石材，它不是传统意义上用来采光的无机平板玻璃，也不是现代用作玻璃幕墙的热反射玻璃，是一种新型高档的豪华建筑装饰材料。

微晶玻璃装饰板是应用受控晶化高技术而得到的多晶体，其特点是结构致密、高强、耐磨、耐蚀，外观上纹理清晰、色泽鲜艳、无色差、不褪色，作为豪华建筑装饰的新型高档装饰材料，正逐步受到众多工程单位的青睐，目前已代替天然花岗岩而用于墙面、地面、柱面、楼梯、墙裙及踏步等处装饰。

微晶玻璃装饰板的成分与天然花岗岩相同，均属硅酸盐质，除了比天然石材具有更高的强度、耐蚀性外，还具有吸水率小（0%～0.1%），无放射性污染，颜色可调整，规格大小可控制等优点。此外，还可生产弧形板。表3.11为微晶玻璃板与大理石、花岗岩饰面板主要性能比较。

表3.11 微晶玻璃板与大理石、花岗岩饰面板主要性能比较

性　能	微晶玻璃板	大理石板	花岗岩板
密度/(g/m^3)	2.70	2.70	2.70
抗压强度/MPa	300～549	60～150	100～300
抗折强度/MPa	40～60	8～15	10～20
莫氏硬度	6.5	3～5	5.5
吸水率/%	0～0.1	0.3	0.35
扩散反射率/%	89	59	66
耐酸性(1% H_2SO_4)/%	0.08	10.3	1.0
耐碱性(1% NaOH)/%	0.05	0.30	0.10
热膨胀系数/($\times10^{-7}$/℃)	62	80～260	50～150
耐海水性/(mg/cm^2)	0.08	0.19	0.17
抗冻性/%	0.028	0.23	0.25

微晶玻璃板由于其优良的装饰性能，使得产品一上市就深受消费者的欢迎。近几年，日本新建车站或车站翻修时，其内墙、外墙、地面大多采用微晶玻璃板，如名古屋附近的车站、东京地铁车站、上野地铁车站、新大阪地铁车站等。此外，在为数众多的

公共建筑、商业建筑、娱乐设施及工业建筑的装饰中也大量采用微晶玻璃板。

微晶玻璃除了可在建筑行业作为优良的装饰材料之外，在机械、化工、航空等行业均具有很好的应用前景，是发展智能建筑材料的主要方向之一。

微晶玻璃装饰板的施工安装方法有传统石材施工法、粘贴法和干挂法。

装饰材料试验

石材放射性试验

1. 本试验根据国家标准的要求和装饰材料放射性水平大小划分为以下三类

(1) A类装修材料

装修材料中天然放射性核素镭-226、钍-232、钾-40的放射性比活度同时满足$I_{Ra}\leqslant 1.0$和$I_{\gamma}\leqslant 1.3$要求的为A类装修材料。A类装修材料产销与使用范围不受限制。

(2) B类装饰材料

不满足A类装修材料要求但同时满足$I_{Ra}\leqslant 1.3$和$I_{\gamma}\leqslant 1.9$要求的为B类装修材料。B类装修材料不可用于I类民用建筑的内饰面，但可以用于I类民用建筑的外饰面及其他一切建筑物的内、外饰面。

(3) C类装修材料

不满足A、B类装修材料要求但同时满足$I_{\gamma}\leqslant 2.8$要求的为C类装修材料。C类装修材料只可以用于建筑物的外饰面及室外其他用途。

(4) $I_{\gamma}>2.8$的花岗石只可用于碑石、海堤、桥墩等人类很少涉及的地方

2. 试验方法

(1) 仪器

低本底多道γ能谱仪。

(2) 取样与制样

1) 取样。随机抽取样品两份，每份不少于3kg。一份密封保存，另一份作为检验样品。

2) 制样。将检验样品破碎，磨细至粒径不大于0.16m。将其放入与标准样品几何形态一致的样品盒中，称重（精确至1g）、密封、待测。

3) 测量。当检验样品中天然放射衰变链基本达到平衡后，在与标准样品测量条件相同情况下，采用低本底多道γ能谱仪对其进行镭-226、钍-232、钾-40比活度测量。

4) 测量不正确度的要求。当样品中镭-226、钍-232、钾-40的放射性比活度之和大于$37Bq\cdot kg^{-1}$时，本标准规定的试验方法要求测量不正确度（扩展因子$K=1$）不大于20%。

3. 检验规则

1) 本标准所列镭-226、钍-232、钾-40的放射性比活度均为型式检验项目。

2) 在正常生产情况下，每年至少进行一次型式检验。

3) 有下列情况之一时随时进行型式检验。

① 一新产品定型时。

② 一生产工艺及原料有较大改变时。

③ 一产品异地生产时。

4) 检验结果的判定。

装修材料检验结果按标准进行分类判定。

实践课题

了解装饰涂料的种类、性能、价格和使用情况等。重点掌握合成树脂乳液内墙涂料及溶剂型内、外墙涂料种类、价格及如何选用和使用。

1. 实践目的

让学生自主地到建筑装饰材料市场和建筑装饰施工现场进行调查和实习，收集各种石材并识别各种石材的名称、外观、使用要求、适用范围等，了解应用情况。

2. 实践方式

(1) 建筑装饰材料市场的调查

学生分组：3～5 人一组，自主地到建筑装饰材料市场进行收集、调查、识别。

调查方法：学会以调查、咨询、收集为主，认识各种石材、调查材料价格、收集材料样本、掌握材料的选用要求。

(2) 建筑装饰施工现场装饰材料使用的调研

学生分组：10～15 人一组，由教师或现场负责人带队。

调查方法：结合施工现场和工程实际情况，由教师或现场负责人带队，讲解材料在工程中的使用情况和注意事项。

3. 实践内容及要求

1) 认真完成调研日记。

2) 编写材料调研报告。

3) 实习总结。

小　结

本章介绍了岩石的分类，石材的基本性质，建筑装饰常用饰面石材的品种、性能和应用范围。通过对天然石材性能的学习，应熟悉它们的技术要求与特点，掌握它们的品种和性能，进而能正确合理地选择石材，最大限度地发挥石材本身的作用和功能。此外，还应掌握建筑装饰常用饰面石材的品种、性能和应用范围。

复习思考题

3.1　岩石按形成的地质条件分哪些类型？各有什么特点？

3.2　大理石与花岗石的主要成分是什么？大理石为什么不宜用于室外？

3.3　大理石与花岗石在性质上有什么区别？

3.4　什么叫人造石？人造石有哪些类型？

3.5　人造石的主要用途有哪些？

3.6　常用的人造石种类、特点是什么？

第 4 章

石膏装饰材料

4.1　石膏的基本知识

石膏及其制品具有保温、绝热、吸声、防火等多种功能。由于建筑石膏色白质细，加水调拌后有良好的可模塑性，硬化后体积稳定，不变形，故很早就被用作室内装饰材料，特别是模塑成各种石膏花饰、柱饰及线脚等，装贴在墙面、柱面和顶棚上，古朴典雅、立感强，具有典型的欧式装饰效果。传统的石膏花饰色泽洁白细腻，虽然美观，但制作精度较低，目前已很少使用，取而代之的是制作精良、工艺精确的各种彩色浮雕艺术制品，即利用金粉或其他色彩在传统的石膏制品表面进行彩绘。作为现代装饰的石膏制品主要是各种石膏板，如纸面石膏板和各种石膏装饰板等。

4.1.1　建筑石膏

1. 建筑石膏的生产

生产石膏的主要原料是天然二水石膏 $CaSO_4 \cdot 2H_2O$ 和天然无水石膏 $CaSO_4$（又称硬石膏），二者统称为生石膏。常用的建筑石膏是将生石膏加热至 1500～1700℃，二水石膏分解而得的半水石膏 $CaSO_4 \cdot \frac{1}{2}H_2O$，故建筑石膏又称熟石膏或半水石膏。

2. 建筑石膏的水化与硬化

石膏之所以能作为一种胶凝材料是在于它在加热到适当温度时，能部分或全部失去水分成为烧石膏，而烧石膏遇水又水化变成二水石膏，即凝结成硬化的石膏，这些过程叫作石膏的水化与硬化，是石膏工业的工艺基础。石膏胶凝材料的制备一般是指将二水石膏加热脱水形成半水石膏后再磨细成石膏粉，即石膏脱水硬化的过程；而石膏胶凝材料的凝结过程是半水石膏（粉末）吸水后形成二水石膏（固体），即石膏水化的过程。

3. 建筑石膏的性质及技术要求

石膏及其制品具有质量轻、保温隔热性好、防火、吸声、形体饱满、线条清晰、表面光滑而细腻、装饰性好、施工方便等特点。其性质主要有：

1）凝结硬化快、强度较低。建筑石膏在加水拌和后，浆体在 6～10min 内便开始失去塑性，20～30min 内完全硬化产生强度。半水石膏水化转变为二水石膏时，理论需水量仅为石膏质量的 18.6%。但为使石膏浆体具有必要的塑性，通常需要加入石膏质量 60%～80%的水，由于硬化后这些多余水分的蒸发，在石膏硬化体内留下很多孔隙，从而导致强度降低。为避免上述现象，可以在拌制石膏时加入适量的乳白胶等胶液来减慢石膏的硬化速度并提高其强度。

2) 体积微膨胀。石膏浆体在凝结硬化初期体积会发生微膨胀，膨胀率为 0.5%～1.0%。这一特性使模塑形成的石膏制品的表面光滑，尺寸精确，棱角清晰、饱满，装饰性好。

3) 孔隙率大、保温性好、吸声性好。建筑石膏制品硬化后内部形成大量的毛细孔隙，孔隙率达 50%。这决定了石膏制品导热系数小，保温隔热性及吸声性好。

4) 具有一定的调温、调湿性能。建筑石膏制品的热容量较大，具有一定的调节温度的作用，建筑石膏制品内部的大量毛细孔隙对空气中的水蒸气具有较强的吸附能力，所以对室内空气的湿度有一定的调节作用。

5) 耐水性、抗冻性差。石膏制品的孔隙率大，且二水石膏微溶于水．具有很强的吸湿性和吸水性，所以石膏制品的耐水性和抗冻性较差。

6) 防火性好、但耐火性差。建筑石膏制品的导热系数小、传热慢，且二水石膏受热脱水产生的水蒸气能阻碍火势的蔓延。但二水石膏脱水后，强度下降，因此建筑石膏耐火性较差。

普通建筑石膏的比重为 2.5～2.7，松散容积密度为 800～1100kg/m^3，紧密容积密度为 1250～1450kg/m^3。普通建筑石膏的技术要求见表 4.1。

表 4.1 普通建筑石膏的技术要求

指	标	一 级	二 级	三 级
抗压强度 /×10^{-1}MPa	1.5 h(不小于)	40	30	20
	干燥至恒质量(不小于)	100	75	70
抗拉强度 /×10^{-1}MPa	1.5 h(不小于)	9	7	6
	干燥至恒质量(不小于)	17	13	11
凝结时间 /min	初凝(不早于)	4	4	4
	终凝(不早于)	30	30	30
细度(900 孔/cm^2 筛余)(不大于)		15	25	35

4. 建筑石膏的应用

建筑石膏适宜做绝热、保湿、吸声和防火材料，是被广泛用于顶棚和隔墙工程中的一种建筑装饰材料。建筑石膏可以用作生产水泥、高强石膏粘粉、粉刷石膏以及生产各种石膏板材（如纸面石膏板、装饰石膏板等）、石膏花饰、柱饰等，建筑石膏及其制品被大量用于石膏抹面灰浆、墙面刮腻子、模型制作、石膏浮雕制品、石膏板隔墙及吊顶等工程。

4.1.2　其他石膏

二水石膏随加热程度和加热条件的不同，可形成一系列性能差别很大的变体，如半水石膏、无水石膏、高温煅烧石膏等。

1. 建筑石膏（半水石膏）

当二水石膏在饱和水蒸气条件下加热脱水或在加压水溶液中脱水，可以形成 $\alpha\text{-}CaSO_4\cdot\frac{1}{2}H_2O$；如果二水石膏脱水过程是处于缺少水蒸气的干燥环境中进行，则得到 $\beta\text{-}CaSO_4\cdot\frac{1}{2}H_2O$。$\beta\text{-}CaSO_4\cdot\frac{1}{2}H_2O$ 叫普通建筑石膏，$\alpha\text{-}CaSO_4\cdot\frac{1}{2}H_2O$ 叫高强建筑石膏。β 型半水石膏是鳞片状的不规则次生颗粒，这种颗粒由很小的单个晶体所组成。α 型半水石膏则是由致密的、完整的而且几乎是透明的粗大原生颗粒所组成。由于 β 型半水石膏的分散度比 α 型半水石膏大，因而调成同样稠度的可塑性浆体时需水量比 α 型半水石膏大，故而硬化体强度较低。

半水石膏遇水时能发生如下水化反应：

$$CaSO_4\cdot\frac{1}{2}H_2O+1\frac{1}{2}H_2O\longrightarrow CaSO_4\cdot 2H_2O + Q$$

如果上述水化反应是在适量水调成的有一定流动性的稳定浆体中进行，则混合物就会逐渐变稠，随之失去流动性而发生凝结硬化。浆体失去流动性并开始失去部分可塑性时为初凝；浆体最终失去可塑性，形成具有一定强度的结构时为终凝。

建筑石膏可用于室内高级粉刷、油漆工程刮腻子打底、石膏饰件、生产纸面石膏板和石膏装饰板等。

2. 硬石膏（无水石膏）

α 型半水石膏加热到 230℃、β 型半水石膏加热到 360℃时可分别制得 α 型和 β 型的无水石膏（即可溶性硬石膏）。两者的物理、机械性质很接近，密度为 $2.5g/cm^3$，都会很快从空气中吸收水分而水化。它们的凝结比半水石膏快，标准稠度需水量比半水石膏大，强度低。

硬石膏再加热至 400～750℃，均可生成难溶的或不溶性硬石膏，此时石膏结晶体变得紧密稳定，密度达 $2.99g/cm^3$，难溶于水，凝结很慢，加入某些激发剂（常用的有各种硫酸盐、明矾石、石灰等）便可使它具有一定的水化和硬化能力。此种加入激发剂的无水石膏混合物磨细后称为硬石膏胶结料。

硬石膏胶结料可以用于配制抹灰砂浆、混凝土砌块以及建筑构件等。

3. 高温煅烧石膏

二水石膏或硬石膏在 800～1100℃的温度下煅烧，可得到煅烧石膏。此时由于少量硫酸钙在高温下分解出新生相 CaO，而使煅烧石膏具有一定的水化能力。煅烧石膏凝结缓慢，标准稠度需水量约为石膏质量的 25%～30%，硬化体耐磨性好，可作室内地坪，故又称地板石膏。

4.2 石膏装饰制品

建筑石膏适宜做绝热、保湿、吸声和防火材料，不仅可以用作石膏抹面灰浆、墙面刮腻子及制作石膏花饰等，还大量用于生产各种石膏板材，如装饰石膏板、嵌装式装饰石膏板、普通纸面石膏板及吸声穿孔石膏板等。

4.2.1 装饰石膏板

装饰石膏板是以建筑石膏为基料，掺入少量增强纤维、胶黏剂、改性剂等，经搅拌、成型、烘干等工艺制成的不带护面纸的装饰板材。装饰石膏板具有轻质、高强、防潮、不变形、防火、阻燃、可调节室内湿度等特点，并具有施工方便，加工性能好、可锯、可钉、可刨、可粘结等优点，适用于工业及民用建筑的内墙及顶棚装饰。

1. 装饰石膏板的分类与规格

装饰石膏板为正方形，按其棱边断面形式有直角型和45°倒角型两种；按其功能不同分为普通板、防潮板、耐水板和耐火板等；按其表面装饰效果不同分为平板、穿孔板、浮雕板等。

常见板材的规格为500mm×500mm×9mm，600mm×600mm×11mm。这里板材的厚度是指不包括棱边倒角、孔洞和浮雕图案在内的板材正面和背面间的垂直距离。

2. 装饰石膏板产品的标记

装饰石膏板品种很多，有各种平板、花纹浮雕板、穿孔板等。表4.2是几种石膏装饰板产品的分类和代号。

表4.2 装饰石膏板产品的分类和代号

分　类	普通板			防潮板		
	平板	孔板	浮雕板	平板	孔板	浮雕板
代号	P	K	D	FP	FK	FD

3. 装饰石膏板的性能与技术要求

装饰石膏板具有轻质、高强、耐火、隔声、韧性高等性能，可进行锯、刨、钉、钻、粘等加工，施工安装方便。装饰石膏板的物理力学性能需满足《装饰石膏板》(JC/T 799—96)的要求。

装饰石膏板正面不应有影响装饰效果的气孔、污痕、裂纹、缺角、色彩不均和图案不完整等缺陷。装饰石膏板板材的含水率、吸水率、受潮挠度应满足表4.3的要求。

表 4.3　装饰石膏板的技术要求

项　目	优等品		一等品		合格品	
	平均值	最大值	平均值	最大值	平均值	最大值
含水率（≤）/%	2.0	2.5	2.5	3.0	3.0	3.5
吸水率（≤）/%	5.0	6.0	8.0	9.0	10.0	11.0
受潮挠度（≤）/mm	5.0	7.0	10.0	12.0	15.0	17.0

4. 装饰石膏板的应用

装饰石膏板的表面光滑洁白，质地细腻，色彩、花纹图案丰富，浮雕板和穿孔板具有较强的立体感，给人以清新柔和之感，并具有质轻、保温、吸声、防火、不燃及调节室内湿度等特点。

装饰石膏板主要用于工业与民用建筑室内墙壁装饰和吊顶装饰以及非承重内隔墙等。如办公楼、影剧院、餐厅、宾馆、音乐厅、商场、会议室、候车室、幼儿园等建筑的室内吊顶及墙面装饰工程。对湿度较大的环境应使用防潮石膏板。

4.2.2　嵌装式装饰石膏板

嵌装式装饰石膏板是带有嵌装企口的装饰石膏板，其物理力学性质需满足《嵌装式装饰石膏板》（JC/T 800—96）的要求。性质和装饰石膏板类似，只是还可以具备各种色彩、浮雕图案、不同孔洞形式和排列方式，因而装饰性更强。同时，嵌装式装饰石膏板在安装时只需嵌固在龙骨上，不再需要另行固定，整个施工全部为装配化，并且任意部位的板材均可随意拆卸和更换，极大地方便了施工。

1. 嵌装式装饰石膏板的性质与技术要求

(1) 嵌装式装饰石膏板的的性质

板材的物理力学性能应满足表 4.4 的要求。

表 4.4　嵌装式装饰石膏板的物理力学性能

单位面积质量(≤)/(kg/m^2)		含水率（≤）/%			断裂荷载（≤）/N				平均吸收因数(混响室法)≥
		优等品	一等品	合格品	优等品		一等品	合格品	
平均值	16.0	2.0	3.0	4.0	平均值	196	176	157	
最大值	18.0	3.0	4.0	5.0	最小值	176	157	127	0.3

注：吸声系数仅对吸声板有要求。

(2) 嵌装式装饰石膏板的技术要求

1) 外观质量。嵌装式装饰石膏板正面不得有影响装饰效果的气孔、污痕、裂纹、缺角、色彩不均和图案不完整等缺陷。

2) 尺寸允许偏差、不平度和直角偏离度。板材边长（L）、铺设高度（H）和厚度（S）的允许偏差、不平度和直角偏离度（δ）应符合表 4.5 的规定。

表 4.5　嵌装式装饰石膏板尺寸允许偏差、不平度和直角偏离度（mm）

项目		优等品	一等品	合格品
边　长 L		±1		+1 −2
铺设高度 H		±0.5	±1.0	±1.5
边　厚 S	$L=500$		≥25	
	$L=600$		≥28	
不　平　度		1.0	2.0	3.0
直角偏离度		±1.0	±1.2	±1.5

3）单位面积重量。板材单位面积重量的平均值应不大于 16.0kg/m^2，单个最大值应不大于 18.0kg/m^2。

4）含水率。板材必须经过干燥，其含水率应不大于表 4.6 的规定值。

表 4.6　嵌装式装饰石膏板含水率的规定值（%）

等级	优等品	一等品	合格品
平均值	2.0	3.0	4.0
最大值	3.0	4.0	5.0

5）断裂荷载。板材必须具有足够的机械强度，其断裂荷载值应不小于表 4.7 的规定值。

表 4.7　嵌装式装饰石膏板的断裂荷载值（N）

等级	优等品	一等品	合格品
平均值	196(20.0)	176(18.0)	157(16.0)
最小值	176(18.0)	157(16.0)	127(13.0)

6）对吸声板的附加要求。嵌装式吸声石膏板必须具有一定的吸声性能，125Hz，250Hz，500Hz，1000Hz，2000Hz 和 4000Hz 六个频率，混响室法平均吸声系数 $as \geqslant 0.3$。对于每种吸声石膏板产品必须附有贴实和采用不同构造安装的吸声频谱曲线。穿孔数、孔洞形式和吸声材料种类由生产厂自定。

2. 嵌装式装饰石膏板的应用

嵌装式装饰石膏板具有质轻、强度较高、吸声、防潮、防火、阻燃、不变形、能调节室内湿度等特点，并有施工安装方便，可锯、可钉、可刨、可粘结等优点，特别是兼有较好的装饰性和吸声性。

嵌装式装饰石膏板用于影剧院、餐厅、宾馆、礼堂、音乐厅、会议室、候车室、展厅等公共建筑及纪念性建筑物的室内顶棚装饰以及某些部位的墙面装饰等。

4.2.3　纸面石膏板

以半水石膏和护面纸为主要原料，掺加适量纤维、胶黏剂、促凝剂、缓凝剂，经料浆配制、成型、切割、烘干而成的轻质薄板即为纸面石膏板。主要有普通纸面石膏板、防火纸面石膏板和防水纸面石膏板等几种。

普通纸面石膏板的物理力学性能参见国家规范《普通纸面石膏板》（GB 9775—99）的要求。它具有质轻、抗弯和抗冲击性高、防火、保温隔热、抗震性好，并具有较好的隔声性和可调节室内湿度等优点，但是耐水性差，耐火极限也仅为5～15min。普通纸面石膏板还具有可锯、可钉、可刨等良好的可加工性。板材易于安装，施工速度快，是目前广泛使用的轻质板材之一。

1. 纸面石膏板的形状与规格

纸面石膏板形状为矩形，长边为护面纸包封边，短边是与长边相垂直的切割平面。板材长边的形状有矩形（代号 J）、450°倒角（代号 D）、楔形（代号 C）、半圆形（代号 B）、圆形（代号 Y）五种。纸面石膏板按其用途分为普通纸面石膏板、耐火纸面石膏板和耐水纸面石膏板三种。

普通纸面石膏板（代号 P）是以建筑石膏为主要原料，掺入适量的纤维和外加剂制成芯板，再在其表面贴厚质护面纸板制成的板材。护面纸板主要起到提高板材抗弯、抗冲击的作用。

耐水纸面石膏板（代号 S）是以建筑石膏为主要原料，掺入适量耐水外加剂构成耐水芯材，并与耐水的护面纸牢固粘结在一起的轻质建筑板材。其物理力学性能应符合《耐水纸面石膏板》（JC/T 801—96）的规定。耐水石膏板具有较好的耐水性，其他性能与普通纸面石膏板相同，主要用于厨房、卫生间等潮湿场所的装饰。

耐火纸面石膏板（代号 H）是以建筑石膏为主，掺入适量无机耐火纤维材料构成芯材，并与护面纸牢固粘结在一起的耐火轻质建筑板材。板材的遇火稳定性（即在高温明火下焚烧时不断裂的性质）用遇火稳定时间来表示。耐火纸面石膏板物理力学性能应符合《耐火纸面石膏板》（JC/T 802—96）的规定。

常用的纸面石膏板的规格：长度为 2440mm、3000mm；宽度为 900mm、1200mm；板的厚度为 9mm、10mm、12mm、15mm 等。

2. 纸面石膏板的性质与技术要求

纸面石膏板具有质轻、抗弯和抗冲击性高等优点，此外防火、保温、隔热、抗震性好，并具有较好的隔声性，良好的可加工性（可锯、可钉、可刨），且易于安装，施工速度快，劳动强度小，还可以调节室内温度和湿度。

生产纸面石膏板所使用的主要原料为半水石膏与专用护面纸（纸厚≤0.6mm）。根据《纸面石膏板》（GB/T 9775—1999）的规定，有以下技术要求：

1) 外观质量。石膏板面应平整，不得有影响使用的破损、波纹、沟槽、污痕、过烧、亏料、边部漏料和纸面脱开等缺陷。

2) 尺寸偏差。纸面石膏板的尺寸偏差不应大于表 4.8 的规定，板材两对角线长度差应不大于 5mm。

表 4.8　纸面石膏板的尺寸偏差（mm）

项　目	长　度	宽　度	厚　度	
			9.5	≥12.0
尺寸偏差	0	0	±0.5	±0.6

3）断裂荷载。板材的纵向断裂荷载值和横向断裂荷载值应不低于表 4.9 的规定。

表 4.9　断裂荷载（N）

板材厚度/mm	断裂荷载	
	纵　向	横　向
9.0	360	140
12.0	500	180
15.0	650	220
18.0	800	270
21.0	950	320
25.0	1100	370

4）单位面积质量。板材的单位面积质量应不大于表 4.10 的规定。

表 4.10　纸面石膏板单位面积质量

板材厚度/mm	单位面积质量/(kg/m^2)	板材厚度/mm	单位面积质量/(kg/m^2)
9.0	9.0	18.0	18.0
12.0	12.0	21.0	21.0
15.0	15.0	25.0	25.0

5）护面纸与石膏芯的粘结。护面纸与石膏芯应粘结良好，按规定方法测定时，石膏芯应不裸露。

6）吸水率。耐水纸面石膏板的吸水率不大于 10%。

7）遇火稳定性。耐火纸面石膏板的遇火稳定时间应不小于 20min，其他板材的遇火稳定时间一般为 5～10 min。

3. 纸面石膏板的应用

普通纸面石膏板适用于办公楼、影剧院、饭店、宾馆、候车室、住宅等建筑的室内吊顶、墙面、隔断、内隔墙等的装饰，表面需进行饰面再处理（如刮腻子、刷乳胶漆或贴壁纸等），但仅适用于干燥环境中，不宜用于厨房、卫生间以及空气湿度大于 70%的潮湿环境中。

耐水纸面石膏板具有较高的耐水性，其他性能与普通纸面石膏板相同，主要适用于厨房、卫生间、厕所等潮湿场所以及空气相对湿度大于 70%的潮湿环境中，其表面也需进行饰面再处理。

耐火纸面石膏板具有较高的防火性能，其他性能与普通纸面石膏板相同。当耐火纸面石膏板安装在钢龙骨上时，可作为耐火等级为 A 级的装饰材料使用。

4.2.4　吸声用穿孔石膏板

吸声用穿孔石膏板是吸声穿孔纸面石膏板和吸声穿孔装饰石膏板的统称。它是以装饰石膏板和纸面石膏板为基础材料，由穿孔石膏板、背覆材料、吸声材料及板后空气层等组合而成，表面形式如图 4.1 所示。石膏板本身不是吸声功能突出的材料，但在板面上冲孔打眼之后，使每个孔眼与其背后的空气层构成共振吸声结构，同时为了防止杂物通过穿孔散落，通常在板背面粘贴一层膜状材料（如皱纹纸、桑皮纸、微孔玻纤布等）起着一种薄膜共振吸声作用。如果再在其后装置一些多孔吸声材料（如玻璃棉、矿棉、泡沫塑料等）能进一步提高吸声效果，尤其是对高频的吸收。因此，在选择时，首先应考虑其吸声功能，其次还应对其规格尺寸和图案色彩作出选择。

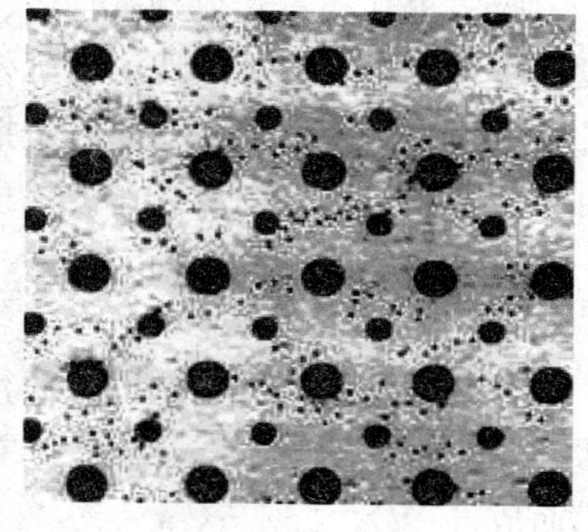

图 4.1　吸声用穿孔纸面石膏板表示

1. 形状与规格

吸声用穿孔石膏板为正方形，板材棱边形状分直角型和倒角型两种。规格尺寸为边长：500 mm×500 mm；600 mm×600 mm；厚度：9 mm 和 12 mm。板材的厚度不包括棱边倒角、孔洞和浮雕图案。

2. 产品标记

吸声用穿孔纸面石膏板的产品标记顺序为：产品名称、背覆材料、基板类型、边长、厚度、孔径与孔距及标准号。如：带背覆材料，边长 600mm×600mm，厚度 12mm，孔径 6mm，孔距 18mm 的吸声用穿孔石膏板的标记为：吸声用穿孔石膏板 YC600X12-6-18GBl1980。另外，标志包装箱上应注明产品标记、质量等级、制造厂名和生产日期等，包装箱内应附有质量合格证。

3. 性能与技术要求

吸声用穿孔石膏板按基板的不同可分为普通板、防潮板、耐水板和耐火板等。板后可以贴有吸声材料（如岩棉、矿棉等）或背覆材料（贴于石膏板背面的透气性材料）。吸声用穿孔石膏板应满足《吸声用穿孔石膏板》（JC/T 803—96）的要求，它具有较高的吸声性能。以不同石膏板为基板的吸声用穿孔石膏板还具有其基板的各种性质，但是其抗弯、抗冲击性能和断裂荷载较基板为低，使用时应予以注意。

4. 吸声用穿孔石膏板的用途

由于吸声穿孔石膏板是利用板面的盲孔、穿通孔及背面的吸声材料，以及具有一定厚度的浮雕花纹来共同达到吸声效果的，所以孔眼、材料和浮雕等组成的不同，吸声效果也就不尽相同。对于有一般吸声要求的建筑，可选用装饰石膏吸声板；对于吸声要求较高时，应选择具有良好吸声效果的吸声穿孔石膏板，也可采用浮雕板与穿孔板叠合。

吸声用穿孔石膏板主要用于室内吊顶和墙体的吸声结构中。安装时，应使吸声穿孔石膏板背面的箭头方向和白线一致，以保证图案花纹的整体性。在潮湿环境中使用或对耐火性能有较高要求时，则应采用相应的防潮、耐水或耐火基板。

吸声用穿孔石膏板具有轻质、防火、隔声、隔热、抗振性能好，可用于调节室内湿度等特点，并有施工简便、施工效率高、劳动强度小、干法作业及加工性能好等特点。

吸声用穿孔石膏板主要用于播音室、音乐厅、影剧院、会议室等对音质要求高的或对噪声限制较严的场所，作为吊顶、墙面的吸声装饰材料。

4.2.5 其他石膏制品

艺术装饰石膏制品是以优质建筑石膏粉为基料，配以纤维增强材料、胶黏剂等，加水拌制成均匀的料浆，浇注在具有各种造型、图案、花纹的模具内，经硬化、干燥、脱模而成。

艺术装饰石膏制品主要是根据室内装饰设计的要求而加工制作的。制品主要包括浮雕艺术石膏线角、线板、花角、灯圈、壁炉、罗马柱、圆柱、方柱、麻花柱、灯座、花饰等。在色彩上，可利用优质建筑石膏本身洁白高雅的色彩，也可以利用金粉或彩绘等效果，造型上可洋为中用，古为今用，将石膏这一传统材料赋予新的装饰内涵。

1. 浮雕艺术石膏线角、线板、花角

浮雕艺术石膏线角、线板和花角具有表面光洁、颜色洁白高雅、花型和线条清晰、立体感强、尺寸稳定、强度高、无毒、防火、施工方便等优点，广泛用于高档宾馆、饭店、写字楼和居民住宅的吊顶装饰，是一种造价低廉、装饰效果好、调节室内湿度和防火的理想装饰装修材料，可直接用粘贴石膏腻子和螺钉进行固定安装。

浮雕艺术石膏角线图案花型多样，其断面形状一般呈钝角形，也可不制成角状而制成平面板状，则称为浮雕艺术石膏板线或直线。石膏角线两边（或称翼缘）宽度有相等和不等的两种，翼宽尺寸多种，一般为120～300mm左右，翼厚为10～30mm左右，通常制成条状，每条长约2300mm。石膏板线的花纹图案较线角简单，其花式品种也有多种。石膏板线的宽度一般为50～150mm，厚度为15～25mm左右，每条长约1500mm。各种浮雕艺术石膏角线的图案花型如图4.2～图4.5所示。

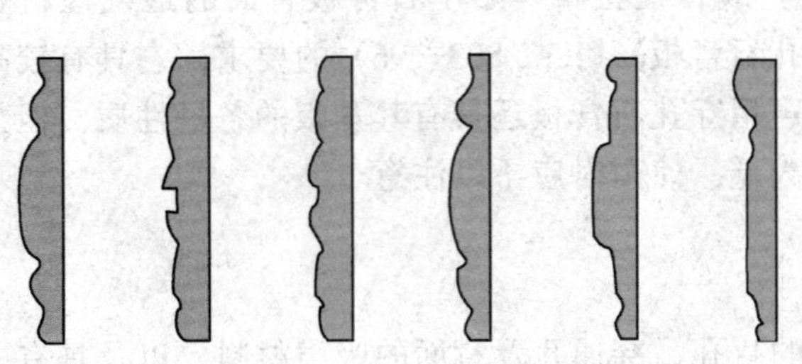

图4.2 浮雕艺术石膏板线（直线）

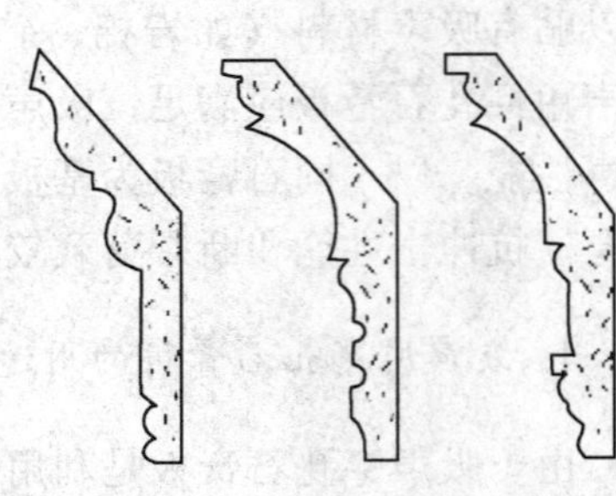

图4.3 浮雕艺术石膏棚角线

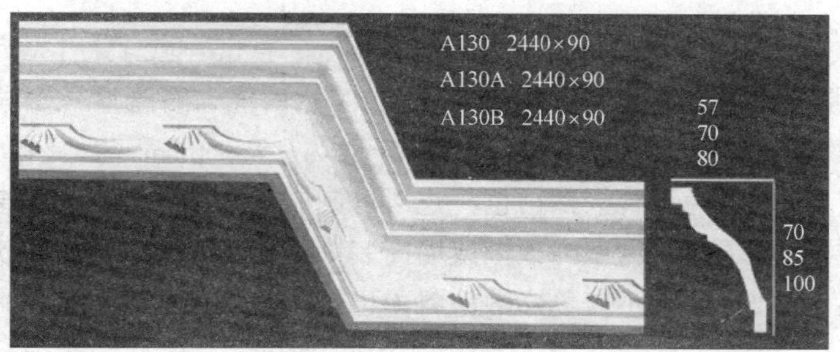

图 4.4　彩色浮雕艺术石膏棚角线

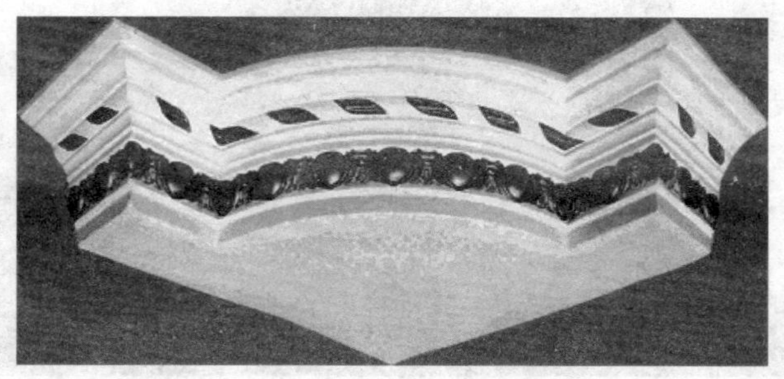

图 4.5　浮雕艺术石膏线角形状

2. 浮雕艺术石膏灯圈

作为一种良好的吊顶装饰材料，浮雕艺术石膏灯圈与灯饰作为一个整体，表现出相互烘托，相得益彰的装饰气氛。石膏灯圈外形一般加工成圆形板材，也可根据室内装饰设计要求和用户的喜好制作成椭圆形或花瓣型，其直径有 500～1800mm 等多种，板厚一般为 10～30mm。室内吊顶装饰的各种吊挂灯或吸顶灯，配以浮雕艺术石膏灯圈，使人进入一种高雅美妙的装饰意境。图 4.6 是彩色（金粉彩绘）浮雕艺术石膏灯圈。

图 4.6　彩色（金粉彩绘）浮雕艺术石膏灯圈

3. 石膏花饰、壁挂

石膏花饰是按设计方案先制作阴模（软模），然后浇入石膏麻丝料浆成型，再经硬化、脱模、干燥而成的一种装饰板材，板厚一般为15～30mm。石膏花饰的花型图案、品种规格很多，表面可为石膏天然白色，也可以制成描金、象牙白色、暗红色、淡黄色等多种彩绘效果。用于建筑物室内顶棚或墙面装饰，如图4.7所示。建筑石膏还可以制作成浮雕壁挂，表面可涂饰不同色彩的涂料，也是室内装饰的新型艺术制品。

图4.7　石膏花饰

材料选用案例

装饰石膏板和纸面石膏板在室内装修工程中的应用实例。

1. 工程名称：某造纸厂办公楼室内装修工程

2. 工程概况

建筑面积：5000m^2

建筑结构：四层砖混结构

使用要求：一层为接待厅、洽谈室、值班室和餐厅；二层为董事长办公室、经理室、会议室和财务室；三层为办公室、化验室和监控室；四层为多功能厅、产品陈列室。

3. 材料选用

(1) 纸面石膏板的选用

吊顶石膏板和隔墙石膏板选用北京龙牌纸面石膏板，规格1200mm×3000mm，厚度9.5mm；参考价35.00元/张。

在董事长办公室、经理室、会议室、多功能厅及产品陈列室等的吊顶工程中，考虑到实际效果，顶棚采用轻钢龙骨纸面石膏板吊顶，石膏腻子穿孔纸带嵌缝，面层刮石膏腻子，刷乳胶漆。在顶棚造型的设计上，结合顶棚的功能、音响和灯光等的需要，创造出符合不同使用功能的吊顶设计，使顶棚造型与灯光布置营造出符合使用要求的氛围。

室内非承重隔墙使用轻钢龙骨纸面石膏板隔墙，石膏腻子穿孔纸带嵌缝，面层刮石膏腻子，刷乳胶漆，内填保温吸音材料。充分满足防火及其他功能要求。

(2) 装饰石膏板的选用

吊顶石膏板选用的是北京龙牌装饰石膏板（毛毛虫表面），规格 600mm×600mm，厚度 9.5mm；参考价 22.50 元/m^2。

在办公室、化验室、监控室、洽谈室、值班室和餐厅等的吊顶工程中，吊顶材料采用T形轻钢龙骨毛毛虫装饰石膏板，体现简洁、大方的装饰效果。照明采用嵌入式格栅吸顶灯，使办公环境简洁明亮。在卫生间、化验室、餐厅等的吊顶中，考虑到防潮的要求，吊顶石膏板选用了防潮型装饰石膏板材。

小　结

本章重点介绍了石膏装饰材料的组成、种类、性能及应用。在教学中，对于石膏装饰材料中的石膏装饰板材、石膏花饰等的要求是：其理论教学部分要求学生掌握各种石膏装饰材料的成分及特性，学会利用所掌握的理论知识解释各种石膏装饰材料的性能特点及使用注意事项；实践教学部分应使学生掌握常用的石膏装饰材料的名称、性能、用途和使用要求。对每一种石膏材料应结合在实际工程中的使用情况，要求学生掌握其名称、规格、性能、价格和用途等。

复习思考题

4.1　建筑石膏的水化硬化过程有哪些特点？

4.2　建筑石膏的应用有哪些？

4.3　常用的石膏装饰板材有哪些？各有什么特点？

4.4　装饰石膏板的特点和使用要求有哪些？

4.5　纸面石膏板的特点和使用要求有哪些？

4.6　吸声穿孔石膏板的技术要求和用途有哪些？

4.7　常用的石膏花饰的性能和使用要求有哪些？

第 5 章

建筑装饰水泥

水泥呈粉末状，与适量水拌和成可塑性浆体，经过物理化学过程浆体能变成坚硬的石状体，并能将散粒状材料胶结成为整体。水泥浆体不但能在空气中硬化，还能更好地在水中硬化，保持并发展其强度，故水泥是一种良好的水硬性胶凝材料。它在胶凝材料中占有极其重要的地位，是最重要的建筑材料之一。

在建筑装饰工程中，常用装饰水泥如白水泥、彩色水泥等配制成水泥色浆、装饰砂浆和装饰混凝土，用于建筑物室内外表面的装饰，以装饰材料本身的质感、色彩美化建筑。有时也以水泥作为胶凝材料，以各种大理石、花岗岩作为骨料，配制成水刷石、水磨石等来做建筑物的饰面。

5.1 通用水泥

5.1.1 硅酸盐水泥

根据国家标准《硅酸盐水泥、普通硅酸盐水泥》（GB 175—1999）的规定：凡由硅酸盐水泥熟料、0%～5%石灰石或粒化高炉矿渣、适量石膏磨细制成的水硬性胶凝材料，称为硅酸盐水泥（即国外通称的波特兰水泥）。硅酸盐水泥分两种类型，不掺加混合材料的称Ⅰ型硅酸盐水泥，代号为P·Ⅰ。在硅酸盐水泥粉磨时掺加不超过水泥质量5%的石灰石或粒化高炉矿渣混合材料的称Ⅱ型硅酸盐水泥，代号为P·Ⅱ。

生产硅酸盐水泥的原料，主要是石灰质原料和黏土质原料两类。石灰质原料（如石灰石、白垩、石灰质凝灰岩等）主要提供CaO，黏土质原料（如黏土、黏土质页岩、黄土等）主要提供SiO_2、Al_2O_3及Fe_2O_3。有时以上两种原料化学组成不能满足要求，还要加入少量校正原料（如铁矿粉、黄铁矿渣、砂岩等）进行调整。

硅酸盐水泥的生产工艺：先将几种原材料按一定比例混合磨细制成生料，然后将生料入窑进行高温（1450℃左右）煅烧得熟料，在熟料中加入适量石膏和混合材料混合磨细即得硅酸盐水泥，此过程可概括为“两磨一烧”。

1. 水泥熟料矿物组成

硅酸盐水泥的主要化学成分是由石灰质原料的氧化钙（CaO），黏土质原料来的氧化硅（SiO_2）、氧化铝（Al_2O_3）和氧化铁（Fe_2O_3）组成。经过高温煅烧后，以上四种化学成分化合为熟料中的主要矿物组成，即硅酸三钙（$3CaO \cdot SiO_2$，简式为C_3S，含量37%～60%）；

硅酸二钙（$2CaO \cdot SiO_2$，简式为C_2S，含量15%～37%）；

铝酸三钙（$3CaO \cdot Al_2O_3$，简式为C_3A，含量7%～15%）；

铁铝酸四钙（$4CaO \cdot Al_2O_3 \cdot Fe_2O_3$，简式为$C_4AF$，含量10%～18%）。

在以上的几种熟料矿物中，C_3S和C_2S的总含量在70%以上，C_3A和C_4AF的含量在25%左右，故称为硅酸盐水泥。除主要熟料矿物外，水泥中还含有少量的游离氧化钙、游离氧化镁和碱，但其总含量一般不超过水泥量的10%。

2. 水泥熟料矿物的水化、凝结与硬化

(1) 硅酸盐水泥的水化和凝结硬化

硅酸盐水泥与水作用后经过一系列的物理和化学变化最后变成人造石的过程叫凝结硬化，生成的主要水化产物有：水化硅酸钙、水化铁酸钙凝胶体，氢氧化钙、水化铝酸钙和水化硫铝酸钙晶体。在完全水化的水泥石中，水化硅酸钙约占50%，氢氧化钙约占25%。

(2) 影响硅酸盐水泥凝结硬化的主要因素

掌握影响水泥凝结硬化的因素，其目的是在水泥实际生产中调节水泥性能和在混凝土工程中正确使用水泥。影响水泥凝结硬化的因素，除矿物成分、细度、用水量外，还有养护时间、环境的温湿度以及石膏掺量等。

3. 水泥的技术性质和技术要求

国家标准《硅酸盐水泥、普通硅酸盐水泥》（GB 175—1999）对硅酸盐水泥的技术性质要求如下。

(1) 水泥的细度

水泥的细度是指水泥颗粒的粗细程度，它直接影响水泥的性能和使用。水泥颗粒越细，水泥与水接触面积越大，水化越充分，水化速度越快。

(2) 水泥标准稠度用水量

为使水泥凝结时间和安定性的测定结果具有可比性，在此两项测定时必须采用标准稠度的水泥净浆。ISO标准规定，水泥净浆稠度采用稠度仪（维卡仪）测定，以试杆沉入净浆并距离玻璃底板6±1mm时的水泥净浆为“标准稠度净浆”，此时的拌和用水量为该水泥的标准稠度用水量（P），按水泥质量的百分比计。水泥熟料矿物成分不同时，其标准稠度用水量亦有所不同，磨得越细的水泥，标准稠度用水量越大。硅酸盐水泥的标准稠度用水量，一般在24%～30%之间。

(3) 凝结时间

凝结时间分为初凝时间和终凝时间。初凝时间是从水泥加水到水泥浆开始失去塑性的时间；终凝时间是从水泥加水到水泥浆完全失去塑性的时间。

国家标准规定，水泥凝结时间用凝结时间测定仪进行测定。硅酸盐水泥的初凝时间不得早于45min，终凝时间不得迟于6.5h。凡初凝时间不符合国家标准规定者为废品，

终凝时间不符合国家标准规定者为不合格品。

水泥的凝结时间在施工中具有重要意义。初凝不宜过快是为了保证有足够的时间在初凝之前完成混凝土成型等各工序的操作；终凝不宜过迟是为了使混凝土在浇筑完毕后能尽早完成凝结硬化，以利于下一道工序及早进行。

(4) 体积安定性

水泥的体积安定性是指水泥在凝结硬化的过程中，其体积变化的均匀性。如果水泥在凝结硬化过程中产生均匀的体积变化，则其体积安定性合格，否则为体积安定性不良。水泥的体积安定性不良，会使水泥制品、混凝土构件产生膨胀性裂缝，影响工程质量，甚至引起严重的工程事故。因此，凡是体积安定性不良的水泥均作为废品处理，不能用于工程中。

(5) 强度及强度等级

水泥的强度是指水泥胶结能力的大小，是评价水泥质量的重要指标，也是划分水泥强度等级的依据。

国家标准《水泥胶砂强度检验方法（ISO法）》（GB/T 17671—1999）规定，采用软练胶砂法测定水泥强度。该方法是由按质量计的一份水泥、三份中国ISO标准砂，用0.50的水灰比拌制的一组塑性胶砂，制成40mm×40mm×160mm的试件，将试件连模一起在湿润条件下养护24h，脱模后在标准温度（20±1）℃的水中养护，分别测定3d和28d的抗压强度和抗折强度，根据测定结果对照国家标准，确定硅酸盐水泥的强度等级。

硅酸盐水泥分为42.5、42.5R、52.5、52.5R、62.5、62.5R六个强度等级，其中代号R表示早强型水泥。各龄期的强度均不得低于国家标准，否则应降级使用。对硅酸盐水泥各龄期的强度要求见表5.1。

表5.1　硅酸盐水泥各龄期的强度要求

强度等级	抗压强度/MPa		抗折强度/MPa	
	3d	28d	3d	28d
42.5	17.0	42.5	3.5	6.5
42.5R	22.0	42.5	4.0	6.5
52.5	23.0	52.5	4.0	7.0
52.5R	27.0	52.5	5.0	7.0
62.5	28.0	62.5	5.0	8.0
62.5R	32.0	62.5	5.5	8.0

(6) 水泥的水化热

水泥与水接触发生水化反应时所放出的热量，称为水泥的水化热。水泥的大部分水化热在凝结硬化的初期放出，如硅酸盐水泥，1～3d龄期内水化放热量为总热量的50%，7d龄期为75%，6个月为83%～91%。一般水泥强度等级高，水化热大；水泥颗粒细，水化速度快；掺速凝剂时，早期水化热多。

(7) 碱含量

碱含量是指水泥中氧化钠（Na_2O）和氧化钾（K_2O）的含量。近些年来，在混凝土施工中发现了许多碱集料反应，即水泥中的碱和集料中的活性二氧化硅反应，生成膨胀性的碱硅酸盐凝胶，导致混凝土开裂。因此，当使用活性骨料时，要使用低碱水泥。国家标准规定，水泥中碱总含量（按 $Na_2O+0.658K_2O$ 计算）不得大于 0.60%，或由供需双方商定。

4. 水泥石的腐蚀与防止

(1) 水泥石的腐蚀

硅酸盐水泥在正常的环境条件下，随着水泥石持续硬化，强度会不断增长。但在某些环境条件下，可能会引起水泥石强度降低，严重的甚至引起混凝土的破坏，这种现象称为水泥石的腐蚀。腐蚀类型主要有软水腐蚀、酸性腐蚀、盐类腐蚀、强碱腐蚀等。

1）软水腐蚀（溶出性侵蚀）。

软水腐蚀又称淡水侵蚀或溶出性侵蚀。雨水、雪水、蒸馏水、工业冷凝水及含重碳酸盐很少的河水及湖水都属于软水。当水泥石长期与这些水分相接触时，水泥中的氢氧化钙溶出（每升水中能溶解氢氧化钙 1.3g 以上）。

在实际工程中，将与软水接触的水泥构件事先在空气中硬化一定时间，形成碳酸钙外壳，可对溶出性侵蚀起到防止作用。

2）碳酸性腐蚀。

在工业污水、地下水中常溶解有较多的二氧化碳。水中的二氧化碳与水泥石中的氢氧化钙反应，所生成的碳酸钙如继续与含碳酸的水作用，则变成易溶解于水的碳酸氢钙，由于碳酸氢钙的溶失以及水泥石中其他产物的分解，而使水泥石结构破坏。

3）一般酸性腐蚀。

在工业废水、地下水、沼泽水中常含有一定量的无机酸和有机酸。各种酸类对水泥石均有不同程度的侵蚀作用。它们与水泥石中的氢氧化钙作用后生成的化合物，或者易溶于水，或者产生体积膨胀，导致水泥石破坏，并且由于氢氧化钙被大量消耗，引起水泥石的碱度降低，促使其他水化物大量分解，从而会引起水泥石强度的急剧下降。

4）强碱腐蚀。

碱类溶液在浓度不大时，一般对水泥石没有大的侵蚀作用，可以认为是无害的。但铝酸盐含量较高的硅酸盐水泥在遇到强碱（NaOH、KOH）时，会受到侵蚀破坏。

5）硫酸盐腐蚀。

绝大多数的硫酸盐（硫酸钡除外）对水泥石都有显著的侵蚀作用，这主要是由于硫酸盐与水泥石中的氢氧化钙起置换反应，生成硫酸钙（二水石膏），硫酸钙再与水泥石中固态的水化铝酸钙作用，生成比原体积增加 1.5 倍以上的高硫型水化硫铝酸钙。

6）镁盐的腐蚀。

在地下水、海水及某些工业废水中，常有氯化镁、硫酸镁等镁盐存在，这些镁盐会与水泥石中的氢氧化钙反应，生成可溶性钙盐及无胶结能力的松散物氢氧化镁。其化学反应方程式为

$$Ca(OH)_2 + MgCl_2 = CaCl_2 + Mg(OH)_2$$

$$2H_2O + Ca(OH)_2 + MgSO_4 = CaSO_4 \cdot 2H_2O + Mg(OH)_2$$

因此，硫酸镁对水泥石起镁盐和硫酸盐的双重腐蚀作用。

(2) 水泥石腐蚀的防止

由以上水泥石的六种腐蚀类型可以看出，水泥石的腐蚀主要是由于内部的某些组分(如氢氧化钙、水化铝酸钙）和水泥石不密实，而使侵蚀介质进入而造成的。因此，针对具体情况可采取下列防止措施。

1）合理选择水泥。

合理选择水泥，即根据侵蚀环境特点，合理选用水泥品种。如当水泥石遭受软水侵蚀时，可选用水化物中氢氧化钙含量较少的水泥（如选用硅酸三钙含量低的水泥）；当水泥石遭受硫酸盐侵蚀时，可选用铝酸三钙含量较低的抗硫酸盐水泥；又如选用掺混合材水泥，可提高水泥的抗腐蚀能力。

2）提高水泥石密实度。

提高施工质量和水泥石的密实度，这是防止水泥石腐蚀的重要措施。水泥石的密实度越高，其抗渗透能力越强，环境中的侵蚀介质越难渗入。因此，在施工中应合理选择水泥混凝土的配合比，尽量降低水灰比，改善集料级配，掺加外加剂等措施提高其密实度。另外，还可在混凝土表面进行碳化处理，使其表面进一步密实，也可减少侵蚀介质渗入内部。

3）表面加作保护层。

当侵蚀作用较强，上述防止措施不能奏效时，可在水泥石的表面加作一层耐侵蚀介质的材料，如耐酸石材、玻璃、陶瓷、沥青、涂料、塑料等。

5. 水泥的应用、运输与储存

(1) 水泥的应用

由于硅酸盐水泥熟料中硅酸三钙和铝酸三钙含量高，凝结硬化快，强度高，尤其是早期强度高，主要用于重要结构的高强混凝土、预应力混凝土和有早强要求的混凝土工程，还适用于寒冷地区和严寒地区遭受反复冻融的混凝土工程。硅酸盐水泥抗碳化性能高，可用于有碳化要求的混凝土工程中。硅酸盐水泥耐磨性好，可应用于路面和机场跑道等混凝土工程中。

由于硅酸盐水泥熟料中硅酸三钙和铝酸三钙含量高，其水化产物中易腐蚀的氢氧化钙和水化铝酸三钙含量高，因此耐腐蚀性差，不宜长期使用于含有侵蚀性介质（如软水、酸和盐）的环境中，且硅酸盐水泥水化热高并释放集中，不宜用于大体积混凝土工程中；硅酸盐水泥耐热性差，不宜用于有耐热性要求的混凝土工程中。

(2) 水泥的运输与储存

硅酸盐水泥在运输与储存过程中，应十分注意防水防潮。因为水泥遇水后，会发生凝结硬化、丧失部分胶结能力，导致强度降低，甚至不能用于工程中。

水泥的存放应按不同品种、不同强度等级以及出厂日期分别堆放，并加贴标志。散装水泥应分库储存，袋装水泥堆放高度应不超过10袋。使用时应掌握先到先用的原则，储存较长时间的水泥，应重新测定其强度并按实际强度使用。在一般条件下储存的水泥，3个月后水泥强度降低10%～20%；6个月后强度降低15%～30%；1年以后，强度降低 25%～40%。因此，水泥的有效储存期一般为 3 个月。

5.1.2　掺混合材料的硅酸盐水泥

1. 混合材料

在水泥熟料中掺加一定数量的混合材料，目的是为了改善水泥的某些性能、调节水泥的强度等级、节约水泥熟料、提高水泥产量、降低水泥成本、利用工业废料等。混合材料按其性能不同，可分为活性混合材料和非活性混合材料两大类，其中以活性混合材料用量最大。

(1) 活性混合材料

所谓活性混合材料是指这类材料磨成粉末后，与石灰、石膏或硅酸盐水泥加水拌和后能发生水化反应，在常温下能生成具有水硬性的胶凝物质。常用的活性混合材料有粒化高炉矿渣、火山灰质材料及粉煤灰等。

掺活性混合材料的硅酸盐水泥与水拌和后，首先是水泥熟料水化，之后是水泥熟料的水化产物 $Ca(OH)_2$ 与活性混合材料中的活性 SiO_2 和活性 Al_2O_3 发生水化反应（亦称二次反应）生成水化产物，由此可知，掺活性混合材料的硅酸盐系水泥的水化速度较慢，故早期强度较低，而由于水泥中熟料含量相对减少，故水化热较低。

(2) 非活性混合材料

凡不具有活性或活性很低的人工或天然的矿物质材料，磨成细粉后与石灰、石膏或硅酸盐水泥加水拌和后，不能或很少生成水硬性的胶凝物质的材料，称为非活性混合材料。掺加非活性混合材料的目的主要是：起填充作用、增加水泥产量、降低水泥强度等级、降低水泥成本和水化热、调节水泥的某些性质等。常用的非活性混合材料有石英岩、石灰岩、砂岩、黏土、硬矿渣等，凡不符合技术要求的粒化高炉矿渣、火山灰质混合材料，也可作为非活性混合材料。

2. 普通硅酸盐水泥

根据国家标准《硅酸盐水泥、普通硅酸盐水泥》（GB 175—1999）的规定，凡由硅酸盐水泥熟料、6%～15%混合材料、适量石膏磨细制成的水硬性胶凝材料，称为普通硅酸盐水泥（简称普通水泥），代号为 P·O。在掺加活性混合材料时，最大掺量不得超过 15%，其中允许用不超过水泥质量 5%的窑灰或不超过水泥质量 10%的非活性材料来代替。掺加非活性混合材料时，最大掺量不得超过水泥质量的 10%。普通水泥按 GB 175—1999 的规定分为 32.5、32.5R、42.5、42.5R、52.5 和 52.5R 六个强度等级，各龄期强度不得低于表 5.2 中的数值。普通水泥的初凝时间不得早于 45min，终凝时间不得迟于 10h。

由于普通水泥掺加混合材料很少，性质与硅酸盐水泥相近，所以普通水泥的应用场合与硅酸盐水泥基本相同。

表 5.2　普通硅酸盐水泥各龄期的强度要求

强度等级	抗压强度/MPa		抗折强度/MPa	
	3d	28d	3d	28d
32.5	11.0	32.5	2.5	5.5
32.5R	16.0	32.5	3.5	5.5
42.5	16.0	42.5	3.5	6.5
42.5R	21.0	42.5	4.0	6.5
52.5	22.0	52.5	4.0	7.0
52.5R	26.0	52.5	5.0	7.0

3. 矿渣硅酸盐水泥、火山灰质硅酸盐水泥、粉煤灰硅酸盐水泥

(1) 矿渣硅酸盐水泥

根据国家标准《矿渣硅酸盐水泥、火山灰质硅酸盐水泥及粉煤灰硅酸盐水泥》(GB 1344—1999) 中的规定，凡由硅酸盐水泥熟料和粒化高炉矿渣、适量石膏磨细制成的水硬性胶凝材料称为矿渣硅酸盐水泥（简称矿渣水泥），代号为 P·S。水泥中粒化高炉矿渣掺加量按质量百分比计为 20%～70%。允许用石灰石、窑灰、粉煤灰和火山灰质混合材料中的一种材料代替矿渣，代替数量不得超过水泥质量的 8%，替代后水泥中粒化高炉矿渣不得少于 20%。

1) 矿渣硅酸盐水泥的特性。

矿渣水泥按 GB 1344—1999 的规定分为 32.5、32.5R、42.5、42.5R、52.5 和 52.5R 六个强度等级，其各龄期强度不得低于表 5.3 中的数值。矿渣水泥对细度、凝结时间及沸煮安定性的要求均与普通硅酸盐水泥相同。

表 5.3　矿渣水泥、火山灰质水泥及粉煤灰水泥各龄期的强度要求

强度等级	抗压强度/MPa		抗折强度/MPa	
	3d	28d	3d	28d
32.5	10.0	32.5	2.5	5.5
32.5R	15.0	32.5	3.5	5.5
42.5	15.0	42.5	3.5	6.5
42.5R	19.0	42.5	4.0	6.5
52.5	21.0	52.5	4.0	7.0
52.5R	23.0	52.5	4.5	7.0

2) 矿渣硅酸盐水泥的应用。

矿渣硅酸盐水泥具有以上特性，主要应用于以下场合：①大体积混凝土；②高温车间和有耐热要求的混凝土；③需要蒸汽养护的结构；④一般地上、地下和水中混凝土及钢筋混凝土；⑤耐腐蚀性要求高的工程。但不得用于早期强度要求较高的混凝土工程，也不得用于有抗冻、抗渗要求的混凝土工程。

(2) 火山灰质硅酸盐水泥

根据国家标准 GB 1344—1999 中的规定，凡由硅酸盐水泥熟料和火山灰质混合材

料、适量石膏磨细制成的水硬性胶凝材料称为火山灰质硅酸盐水泥（简称火山灰水泥），代号为P·P。水泥中火山灰质混合材料掺量按质量百分比计为20%～50%。

火山灰水泥的细度、凝结时间、沸煮安定性和强度的要求与矿渣水泥相同，主要特性与矿渣水泥大同小异，它们的共同点是：早期强度低、后期强度高、水化热较低、耐腐蚀性好、抗冻性较差、抗碳化能力差、干缩性较大。它们的不同点是：火山灰水泥抗渗性较好、抗冻性和耐磨性比矿渣水泥差、干燥收缩较大、在干热条件下会产生起粉现象。

火山灰质硅酸盐水泥主要用于以下场合：①地下、水中大体积混凝土；②有抗渗要求的混凝土；③需要蒸汽养护的构件；④耐腐蚀要求高的工程；⑤一般混凝土及钢筋混凝土工程。但不能用于早期强度要求较高的工程、有抗冻要求的混凝土工程、干燥环境的混凝土工程及耐磨性要求高的工程。

(3) 粉煤灰硅酸盐水泥

根据国家标准GB 1344—1999中的规定，凡由硅酸盐水泥熟料和粉煤灰、适量石膏磨细制成的水硬性胶凝材料称为粉煤灰硅酸盐水泥（简称粉煤灰水泥），代号为P·F。水泥中粉煤灰掺量按质量百分比计为20%～40%。

粉煤灰水泥的细度、凝结时间、体积安定性和强度的要求与火山灰水泥相同；主要特性与火山灰质水泥大同小异，它们的共同点是：早期强度低，后期强度高，水化热较低，耐热性较差，耐腐蚀性好，抗冻性较差，抗碳化能力较差。它们的不同点是：粉煤灰水泥干缩性较小，抗裂性好。

粉煤灰水泥主要应用于以下场合：①地上、地下、水中大体积混凝土；②需要蒸汽养护的构件；③有抗裂性要求较高的构件；④耐腐蚀性要求高的工程；⑤一般混凝土工程。但不能用于早期强度要求较高的工程、抗冻性要求较高的工程、耐磨性要求较高的工程。

4. 复合硅酸盐水泥

根据国家标准《复合硅酸盐水泥》（GB 12958—1999）的规定，凡由硅酸盐水泥熟料、两种或两种以上规定的混合材料、适量石膏磨细制成的水硬性胶凝材料，称为复合硅酸盐水泥（简称复合水泥），代号为P·C。水泥中允许用不超过8%的窑灰代替部分混合材料；掺矿渣时混合材料掺量不得与矿渣硅酸盐水泥重复。

复合水泥分为32.5、32.5R、42.5、42.5R、52.5和52.5R六个强度等级，其各龄期强度不得低于表5.6中的数值。对细度、凝结时间及体积安定性的要求与普通硅酸盐水泥相同。

复合水泥的主要特性与所掺两种或两种以上混合材料的种类、掺量有关，其特性基本与矿渣硅酸盐水泥、火山灰质硅酸盐水泥和粉煤灰硅酸盐水泥的特性相似，即掺加何种混合材料具备何种水泥的特性。

复合硅酸盐水泥的应用场合，可参照矿渣硅酸盐水泥、火山灰质硅酸盐水泥和粉煤灰硅酸盐水泥，但其性能受所掺加混合材料的性能影响，在使用时应针对工程的性质加以选用。

5.1.3 通用水泥的选用

目前，通用水泥是我国广泛使用的六种水泥，在混凝土结构工程中，这些水泥的使用可参照表 5.4 选择。

表 5.4 常用水泥的选用

混凝土工程特点或所处环境条件		优先选用	可以使用	不宜使用
普通混凝土	1. 在一般气候环境中的混凝土	普通水泥	矿渣水泥、火山灰水泥、粉煤灰水泥、复合水泥	
	2. 在干燥环境中的混凝土	普通水泥	矿渣水泥	火山灰水泥、粉煤灰水泥
	3. 在高湿度环境中或永远处在水下的混凝土	矿渣水泥	普通水泥、火山灰水泥、粉煤灰水泥、复合水泥	
	4. 厚大体积的混凝土	粉煤灰水泥、矿渣水泥、火山灰水泥、复合水泥	普通水泥	硅酸盐水泥
有特殊要求的混凝土	1. 要求快硬的混凝土	硅酸盐水泥	普通水泥	矿渣水泥、火山灰水泥、粉煤灰水泥、复合水泥
	2. 高强混凝土	硅酸盐水泥	普通水泥	火山灰水泥、粉煤灰水泥
	3. 严寒地区的露天混凝土，寒冷地区处在水位升降范围内的混凝土	普通水泥	矿渣水泥	火山灰水泥、粉煤灰水泥
	4. 严寒地区处在水位升降范围内的混凝土	普通水泥		火山灰水泥、矿渣水泥、粉煤灰水泥、复合水泥
	5. 有抗渗性要求的混凝土	普通水泥、火山灰水泥		矿渣水泥
	6. 有耐磨性要求的混凝土	硅酸盐水泥、普通水泥	矿渣水泥	火山灰水泥、粉煤灰水泥

注：蒸汽养护时用的水泥品种，宜根据具体条件通过试验确定。

5.2 白水泥与彩色硅酸盐水泥

5.2.1 白色硅酸盐水泥

白色硅酸盐水泥即将适当成分的生料烧至部分熔融，得到以硅酸钙为主要成分、铁质含量少的熟料，加入适量的石膏，磨成细粉制成的白色水硬性胶凝材料，简称白水泥。它与常用的硅酸盐水泥的主要区别在于氧化铁（Fe_2O_3）的含量只有后者的 1/10 左右。水泥的颜色与含铁量有关，含铁量越高，水泥的颜色越深。若氧化铁含量达 3%～4%，水泥呈暗灰色；若氧化铁含量为 0.45%～0.70%，水泥呈淡绿色；若氧化铁含量在 0.35%～0.40%以下，水泥接近白色。因此，严格控制水泥中的含铁量是白水泥生产中的一项主要技术措施。

白水泥从原材料的选择、生产和运输等过程中都应避免有色物质混入，以免影响其白度。原材料一般选用纯净的高岭土、纯石英砂、纯石灰石和白垩等。煅烧时采用天然气、煤气或重油等代替煤，煅烧温度一般在 1500～1600℃。在生料和熟料磨细时使用硅质石材和白色的陶瓷作为衬板及研磨体代替铸钢板和钢球。白水泥生产成本高。

白水泥具有强度高、色泽洁白的特点，可配制各种彩色砂浆及彩色涂料，用于装饰工程的粉刷；制造有艺术性的各种白色和彩色混凝土或钢筋混凝土等的装饰结构部件；制造各种颜色的水刷石、仿大理石及水磨石等制品；配制彩色水泥。白水泥的技术性能基本与硅酸盐水泥相同，按《白色硅酸盐水泥》（GB/T 2015—2005）标准，白水泥分 32.5、42.5、52.5 三个强度等级。

5.2.2　彩色水泥

凡以白色硅酸盐水泥熟料、优质白色石膏及矿物颜料、外加剂（防水剂、保水剂、增塑剂等）共同粉磨而成，或在白水泥生料中加入金属氧化物着色剂直接烧成的一种水硬性胶凝材料，称为彩色硅酸盐水泥，简称彩色水泥。

彩色水泥起初是在施工现场往白水泥中掺入耐碱性矿物原料制成，此法较为简单，色泽较多，但不易均匀，颜料用量较大。后来才逐渐发展为由工厂直接生产的两种方法。另一种生产方法是在白水泥生料中加入少量金属氧化物直接烧成彩色水泥。彩色水泥具有色泽均匀、耐大气稳定性好和抗碱性强等特点，可用于装饰工程粉刷、雕塑石山景观；配制彩色混凝土和灰浆；配制水磨石、水刷石、人造大理石、花阶砖等。

材料选用案例

【案例】　某混凝土工程工期较短，现有强度等级同为 42.5MPa 的硅酸盐水泥和矿渣水泥可选用，从有利于完成工期的角度分析选用哪种水泥更为有利？

【案例分析】　相同强度等级的硅酸盐水泥与矿渣水泥 28 d 的强度指标虽相同，但 3d 强度指标（硅酸盐水泥为 17.0MPa、矿渣水泥为 15.0MPa）不同；3d 抗折强度矿渣水泥也低于同强度等级的硅酸盐水泥。硅酸盐水泥早期强度较高，若其他性能可满足需要，从缩短工程工期来看选用硅酸盐水泥更为有利。

小　　结

本章重点介绍了硅酸盐水泥的熟料矿物组成、凝结硬化机理及其主要技术性质，也简要介绍了掺混合材料水泥和白水泥及彩色水泥的特性及应用。

复习思考题

5.1　硅酸盐水泥的主要矿物组成是什么？它们单独与水作用时有何特性？

5.2　制造硅酸盐水泥时为什么必须掺入适量的石膏？

5.3　何谓水泥的凝结时间？

5.4 影响硅酸盐水泥凝结硬化的因素有哪些?

5.5 在下列混凝土工程中，试分别选用合适的水泥品种，并说明选用的理由。1) 早期强度要求高、抗冻性好的混凝土。2) 抗软水和硫酸盐腐蚀较强的混凝土。3) 抗渗性高的混凝土。4) 抗硫酸盐腐蚀较高、干缩小、抗裂性较好的混凝土。5) 大体积混凝土。6) 水中、地下的建筑物。7) 配制彩色混凝土。

5.6 白水泥和彩色水泥特性如何?

5.7 以下是 *A*、*B* 两种硅酸盐水泥熟料的矿物组成，请分析二者的早期强度及水化热有何差别?

矿物组成	C_3S/%	C_2S/%	C_3A/%	C_4AF/%
A 水泥	60	15	16	9
B 水泥	47	28	10	15

第 6 章

建筑装饰混凝土和砂浆

混凝土由以胶凝材料，粗、细骨料及其他外掺材料按适当比例拌制、成型、养护、经一定时间后硬化而形成的人造石材。混凝土是世界上用量最大的一种工程材料之一。砂浆由胶凝材料、水和细骨料拌制而成。

6.1 混凝土概述

6.1.1 混凝土特点及分类

1. 混凝土分类

按胶凝材料分类：普通混凝土（水泥混凝土）、沥青混凝土、水玻璃混凝土、聚合物混凝土。

按性能特点分类：抗渗混凝土、沥青混凝土、水玻璃混凝土、聚合物混凝土等。

按体积密度分类：重混凝土（表观密度大于 2500kg/ m^3)、普通混凝土（表观密度 1950～2500kg/m^3)、轻混凝土（表观密度小于 1950kg/m^3)。

2. 混凝土特点

混凝土在建筑工程中应用得非常广泛，与其他材料相比有许多优点，但也存在一些缺点。

优点：① 原材料来源丰富、成本低；② 在凝结前具有良好的可塑性，可按工程要求浇筑成不同形状和尺寸的制品和构件；③ 有较高的抗压强度和良好的耐久性；④ 与钢筋共同作用，相互间有牢固的粘结力，所组成的钢筋混凝土坚固耐久；⑤ 通过调整配合比配制出特定性能的混凝土。

缺点：表观密度大、抗拉强度低、自重大、养护时间长、导热系数较大、耐高温较差。

6.1.2 混凝土材料的组成

普通混凝土由水泥、水、天然砂（细骨料）和石子（粗骨料）四种基本材料组成，另外还常掺入适量的掺和料和外加剂。水和水泥形成水泥浆，包裹石子并填充石子间的空隙而形成混凝土。砂、石在混凝土中起骨架作用，所以称为骨料，可以有效抵抗水泥浆的干缩。水泥浆在混凝土硬化前起润滑和流动作用，便于施工。硬化后，起胶结作用，把砂石骨料胶结在一起，成为坚硬的人造石材，并产生强度。

1. 水泥

水泥是混凝土中的胶结材料，是一种人工材料，是决定混凝土成本的主要材料，是决定混凝土强度、耐久性及经济性的重要因素，故水泥的选用格外重要，水泥的选用，主要考虑水泥的品种和强度等级。水泥品种主要是根据混凝土工程的特点及所处的环境加以选择，水泥强度等级的选择应与混凝土设计强度等级相当，过高或过低均对混凝土的技术性能和经济性带来不利的影响。水泥选择可参考表 5.4。

2. 骨料

骨料由粗骨料（石子）和细骨料（砂子）组成。

粗骨料是指粒径大于 4.75mm 的岩石颗粒，通常称为石子。混凝土中常用的粗骨料有碎石和卵石两种。

细骨料是指粒径小于 4.75mm 的岩石颗粒，通常称为砂。混凝土中常用的细骨料分为天然砂和人工砂，天然砂包括河砂、湖砂、海砂和山砂，随着资源逐步减少，使用将会受到影响。人工砂是经除土处理的机制砂和混合砂构成，机制砂是由机械破碎、筛分而得的岩石颗粒，它既有效利用资源又保护了环境。

混凝土对骨料的技术性能要求有以下几个方面。

(1) 含泥量、有害杂质

含泥量是指砂、石骨料中粒径小于 0.075mm 的岩屑、淤泥和黏土颗粒含量。这些颗粒粘附于砂、石骨料表面，影响水泥浆与骨料的胶结，降低混凝土强度。有害杂质是指砂、石中含有的云母、轻物质、硫化物、硫酸盐、氯盐、塑料、树叶、炉渣和有机物等。这些有害杂质均会给混凝土的技术性能带来不利的影响。

砂、石中的有害杂质含量应符合《普通混凝土用砂标准及检验方法》(JGJ 52—92）及《普通混凝土用碎石或卵石质量标准及检验方法》(GB/T 14685—2001）的规定。

(2) 颗粒级配

颗粒级配是指骨料颗粒大小的搭配情况。级配良好的骨料颗粒间大小搭配合理，可以获得较小的空隙率和总表面积，这样可以节约水泥、使混凝土拌和物的和易性良好、提高混凝土的密实度，进而提高混凝土的强度和耐久性。

混凝土对细骨料（砂）要求颗粒的总表面积要小，即尽可能粗。

混凝土对粗骨料（砂）要求颗粒的总表面积要小和颗粒大小搭配合理。

粗骨料的级配有连续级配和间断级配两种。连续级配是石子由小到大各粒径均占有一定的比例，这种级配方式在工程中采用的较多。间断级配是指在连续级配的石子中，人为地剔除某些粒径的石子，用小粒径的石子直接和大粒径的相配。这种级配的骨料空隙小，节约水泥，但混凝土拌和物易产生离析现象，在工程中应用较少。

工程中选用粗骨料时，在满足级配范围的条件下，应尽量选择公称粒级大一些的，这样骨料的最大粒径，可以减小骨料的比表面积，从而减少水泥用量，但粗骨料的最大粒径也不宜过大。

(3) 粗骨料的强度

粗骨料在混凝土中起骨架作用。为了保证混凝土的强度，粗骨料必须具有足够的强度。石子的强度用岩石立方体抗压强度或压碎指标值表示。

立方体抗压强度是将 5mm× 5mm× 5mm 的立方体试件，在水饱和状态下测得的极限抗压强度。压碎指标是用间接方法测得的粗骨料抗压强度，方法是取 10～20m 级气干状态的石子试样，放入标准的圆桶内，按规定施加压力。卸荷后测粒径小于 2.5mm 的碎粒占试样总量的百分比。此百分比即为压碎指标。压碎指标越小，粗骨料的强度越高。

3. 拌和及养护用水

一般来说，凡可饮用的自来水或天然水均可用来拌制和养护混凝土。地表水、地下水必须按标准，经检验合格后方可使用。当对水质有疑问时，必须将该水与洁净水分别制成混凝土试件，进行强度对比试验。水的选用：符合国家标准的生活用水（自来水、河水、江水、湖水）可直接拌制各种混凝土；海水只可用于拌制素混凝土；首次使用的地表水和地下水前应按 JGJ 63—1989 进行有害物质含量检测。

4. 混凝土外加剂

混凝土外加剂是指在拌制混凝土过程中，掺入的用以改善混凝土性能的物质，其掺入量不多，但对改善拌和物的和易性，调节凝结硬化时间，控制强度发展和提高耐久性等方面起着显著的作用。常用的外加剂有减水剂、引气剂、早强剂、速凝剂、缓凝剂、防水剂、抗冻剂等。

(1) 早强剂

能加速混凝土早期强度发展的外加剂称为早强剂。早强剂能促进水泥的水化与凝结硬化，缩短混凝土养护周期，加快施工进度，尤其是在低温、负温（不低于 -5 ℃）条件下，作用更为突出。

(2) 缓凝剂

缓凝剂是指能延长混凝土拌和物凝结时间，而不显著影响混凝土后期强度的外加剂。混凝土施工中，为防止在气温较高、运距较长的情况下，混凝土拌和物过早发生凝结而影响浇筑质量，同时能减缓大体积混凝土的放热。

(3) 减水剂

减水剂是指能保持混凝土拌和物和易性不变，而显著减少拌和用水量的外加剂。按减水效果可分为普通减水剂和高效减水剂两类，是目前国内外应用最广，用量最大的一种外加剂。

(4) 外加剂使用注意事项

1) 对产品质量严格检验。

2) 对外加剂品种的选择：依据《混凝土外加剂应用技术规范》(GB 50119) 及国家有关环境保护的规定进行品种的选择。

3）外加剂掺量的选择：外加剂的掺量和水泥品种、环境温湿度、搅拌条件等有关，一般不大于水泥质量的5%。

4）外加剂的掺入方法。将溶解的粉状或液态状外加剂，先配置成适宜浓度的溶液，再按所需掺量加入拌和水中，与拌和水一起加入搅拌机内。

6.1.3 混凝土材料的技术性质

混凝土的主要技术性质包括三个方面：新拌混凝土和易性；硬化后混凝土达到的强度；混凝土的耐久性。此外，在满足上述性能要求的前提下，还应尽量降低成本，以使其具有良好的经济性。

1. 新拌混凝土的和易性

(1) 和易性的概念

和易性是指混凝土拌和物在一定的施工条件下，易于施工操作（拌和、运输、浇筑、捣实）并能获得均匀密实的混凝土的性质。和易性是一项综合的技术性质，包括流动性、黏聚性和保水性三个方面的含义。

1）流动性是指混凝土拌和物在本身自重或机械振捣作用下，能产生流动，并均匀密实地填充模板各个角落的性质。流动性的大小反映了混凝土拌和物的稀稠和成型的密实。因此，常用塌落度作为评定新拌混凝土流动性的指标。

2）黏聚性是指混凝土拌和物的组成材料之间具有一定的黏聚力，在运输及浇筑过程中不致出现分层离析现象，使混凝土保持整体均匀的性能。黏聚性不好的拌和物，砂浆与石子容易分离，振捣后会出现蜂窝、麻面的现象。

3）保水性是指混凝土拌和物具有一定的保持水分的能力，在施工过程中不致产生严重的泌水现象。

(2) 和易性的测定方法

由于混凝土和易性是一项综合的技术性质，目前没有找到一种简易、迅速准确、全面反映和易性的指标及测定方法。通过实际分析，流动性对混凝土拌和物性质影响较大，所以通常是测定混凝土拌和物的流动性，辅以对黏聚性和保水性的观察，判断新拌混凝土的和易性是否满足需要。所以采用塌落度试验或维勃稠度试验来测定混凝土拌和物的和易性。

1）塌落度试验（塌落度不小于10mm）。将塑性混凝土拌和物按规定方法装入现落度筒内，垂直提起明落度筒后，拌和物因自重向下明落，量出现落的高度即为塌落度(mm)，如图6.1所示。测定塌落度的同时，应观察混凝土拌和物的黏聚性和保水性。

2）维勃稠度试验（塌落度小于10mm）。对于干硬性混凝土拌和物，采用维勃稠度仪（图6.2）。

3）测定其和易性。其方法是在明落度筒中装满混凝土拌和物后，提起明落度筒，在拌和物试体顶面放一透明圆盘，开启振动台，同时用秒表计时，到透明圆盘底面全部被水泥浆布满为止，此时秒表的读数即为维勃稠度值。

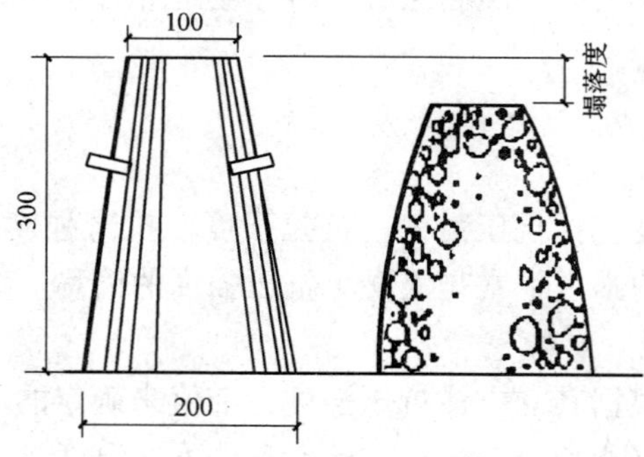

图 6.1　塌落度试验

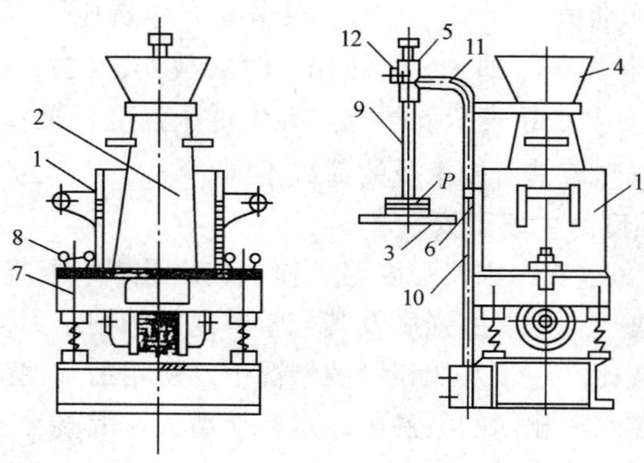

图 6.2　维勃稠度仪

1. 容器；2. 塌落度筒；3. 圆盘；4. 喂料斗；5. 套筒；6. 螺丝；7. 振动台；8. 螺丝；9. 测杆；10. 支柱；11. 旋转架；12. 螺丝

2. 影响和易性的主要因素

影响混凝土拌和物和易性的主要因素有水泥浆的数量、水灰比、砂率，组成材料的性质和外加剂等。

1）混凝土拌和物的流动性是由水泥浆数量决定的。水灰比一定时，单位体积混凝土拌和物内，水泥浆愈多，流动性愈大。但水泥浆过多，会出现流浆及泌水现象，对混凝土的强度和耐久性也带来不利的影响，浪费水泥。当水泥浆过少，不能填满骨料空隙或不能很好包裹骨料表面时，就会产生崩塌现象，流动性和黏聚性都差，严重影响强度。

2）水灰比过大，水泥浆很稀，拌和物黏聚力和保水性降低；水灰比过小，水泥浆干稠，拌和物流动性降低，影响施工。实际上对混凝土拌和物流动性起决定性作用的是用水量的多少。

3）砂率是指混凝土中砂子质量占砂、石总量的百分率。砂率过大，水泥浆被砂子所吸附，拌和物显得干稠，流动性减小。砂率过小，砂子的体积不足以填满石子间的空隙，必须有一部分水泥浆填充空隙，从而使拌和物流动性降低，黏聚性和保水性也变差，然后出现溃散现象。因此，配制混凝土时，应选择合理的砂率，使水泥用量最省又达到所要求的和易性。

3. 混凝土的强度

混凝土硬化后的强度包括抗压强度、抗拉强度、抗弯强度等，其中抗压强度最高，抗拉强度最小。混凝土的强度常常是混凝土抗压强度的简称。

(1) 混凝土强度等级

混凝土强度等级是根据其立方体抗压强度标准值来确定的。混凝土立方体抗压强度是根据标准立方体试件（边长150mm）在标准条件下（温度20±3℃，相对湿度90%以上）下，养护28d所测得的抗压强度值，以 f_{cu} 表示。具有95%保证率的立方体抗压强度称为立方抗压强度标准值，以 $f_{cu.k}$ 表示。根据立方体抗压强度标准值（以MPa计），将混凝土划分为12个等级，即C7.5、C10、C15、C20、C21、C30、C35、C40、C45、C50、C55和C60。例如，C40表示混凝土立方体抗压强度标准值值 $f_{cu.k}=40$MPa。混凝土的强度等级不同，意味着其所能承受的荷载不同。

(2) 影响混凝土强度的主要因素

1) 水泥强度等级和水灰比水泥强度等级和水灰比是影响混凝土强度最重要的因素。混凝土的强度主要取决于水泥石的强度及其与骨料之间的粘结力，而这两者又主要决定于水泥强度等级和水灰比。在水灰比相同的情况下，所用的水泥强度等级越高，制成的混凝土强度也越高。在水泥相同的条件下，水灰比增大，混凝土强度降低。

2) 养护温度和湿度。混凝土浇筑成型后，必须保持适当的温度和充足的湿度，使水泥充分水化，混凝土强度不断增长。

在保持一定湿度的条件下，养护温度较高，水泥反应速度加快，混凝土强度增长也快。反之则慢，当温度降至0℃时，混凝土强度停止发展，甚至因受冻而破坏。

一定的湿度能够保证水泥水化的充分进行，如果湿度较小混凝土会失水造成水化停止，结果使得内部结构疏松，表面干缩开裂，强度降低。为了保证混凝土成型后正常硬化，应按有关施工规程，对混凝土表面进行覆盖和浇水养护，在一定时间内保持足够的湿润状态。

3) 龄期。龄期是指混凝土在正常养护条件下所经历的时间。在正常养护条件下，混凝土的强度在最初3～7d内增长较快，随后逐渐变慢，28d达到设计强度，之后会显著变慢，如果能长期保持适当的湿度和湿度，强度的增长可延续数十年之久。

4) 混凝土的耐久性。

混凝土在长期外界因素作用下，抵抗外部和内部不利影响的能力。混凝土的耐久性包括抗渗性、抗冻性、抗腐蚀性、抗碳化性及碱-骨料反应等。

① 抗渗性。抗渗性是指混凝土抵抗压力液体（水、油等）渗透作用能力。它是决定混凝土耐久性最主要因素。如对房屋的屋面、卫生间地面、基础和其他一些构筑物（油罐、水池等）工程。混凝土的抗渗性用抗渗等级表示。抗渗等级有P4、P6、P8、P10、P12五个等级，分别表示能抵抗0.4MPa、0.6MPa、0.8MPa、1.0MPa、1.2MPa的静水压力而不渗透。实际工程中提高混凝土抗渗性的主要措施是通过降低水灰比、选择

级配良好的骨料、充分振捣和养护、掺入引气剂等方法来实现。

② 抗冻性。混凝土的抗冻性是指混凝土在吸水饱和状态下，有经受多次冻融循环而不破坏，同时强度也不明显降低的性能。混凝土的抗冻性用抗冻等级来表示。抗冻等级是以 28d 龄期的混凝土标准立方体试件，在吸水饱和后承受反复冻融循环次数来确定的。抗冻等级有 F10、F15、F25、F50、F100、F150、F200、F250 和 F300 九个等级，其中数字表示混凝土能经受的最大冻融循环次数。

③ 抗腐蚀性。混凝土的化学腐蚀，主要是水泥石在外界侵蚀性介质作用下受到破坏所引起的，故混凝土抗腐蚀性与所用水泥的品种几混凝土本身的密度有关。密实的并且孔隙处于封闭状态的混凝土，侵蚀介质不易进入，抗腐蚀性强。

④ 混凝土抗碳化性及碱-骨料反应。碱-骨料反应主要是指水泥中的碱（Na_2O、K_2O）与骨料中的活性二氧化硅发生化学反应，在骨料表面生成复杂的碱-硅酸凝胶，吸水后体积膨胀（体积可增加 3 倍以上），从而导致混凝土开裂而破坏，这种现象称为碱-骨料反应。

在实际工程中，要采取相应的措施，抑制碱-骨料反应的危害，如控制水泥中的碱含量；选用非活性骨料；降低混凝土的单位水泥用量；在混凝土中掺入引气剂；防止水分侵入，保持混凝土干燥等。

6.1.4　装饰混凝土

装饰混凝土是利用普通混凝土成型时良好的塑性，选择适当的组成材料，使成型后的混凝土表面具有装饰性的线型、纹理、质感及色彩效果，则可以满足建筑物立面装饰的不同要求。

1. 清水装饰混凝土

清水装饰混凝土是利用混凝土结构或构件的线条或几何外形的处理而获得装饰性的。它具有简单、明快大方的立面装饰效果，也可以在成型时利用模板等在构件表面上做出凹凸花纹，使立面质感更加丰富，从而获得艺术装饰效果。其成型方法有三种。

1) 正打成型工艺。

正打成型工艺多用在大板建筑的墙板预制，它是在混凝土墙板浇筑完毕水泥初凝前后，在混凝土表面进行压印，使之形成各种线条和花饰。根据其表面的加工工艺方法不同，可分为压印和挠刮两种方式。压印工艺一般有凸纹和凹纹两种做法。凸纹是用刻有镂花图案的模具，在刚浇筑的壁板表面上印出的。挠刮工艺是在新浇的混凝土壁板上，用硬毛刷等工具挠刮形成一定毛面质感。正打压印、挠刮工艺制作简单，施工方便，但壁面形成的凹凸程度小，层次少、质感不丰富。

2) 反打成型工艺。

反打成型工艺即在浇筑混凝土的底面模板上做出凹槽，或在底模上加垫具有一定花纹、图案的衬摸，拆模后使混凝土表面具有线型或立体装饰图案。

3) 立模工艺。

正打、反打成型工艺均为预制条件下的成型工艺。立模工艺即在现浇混凝土墙面时做饰面处理，利用墙板升模工艺，在外模内侧安置衬模，脱模时使模板先平移，离开新浇筑混凝土墙面再提升。这样随着模板爬升形成具有直条形纹理的装饰混凝土，立面效果别具一格。

2. 彩色混凝土

在普通混凝土中掺入适当的着色颜料，可以制成着色的彩色混凝土。在混凝土中掺入适量的彩色外加剂、无机氧化物颜料和化学着色剂等着色料，或者干撒着色硬化剂等，均是使混凝土着色的常用方法。

3. 露骨料混凝土

露骨料混凝土是在混凝土硬化前或硬化后，通过一定工艺手段使混凝土骨料适当外露，以骨料的天然色泽和不规则的分布，达到一定的装饰效果。

露骨料混凝土的制作方法有水洗法、缓凝剂法、酸洗法、水磨法、喷砂法、抛丸法、凿剁法、火焰喷射法和劈裂法等。①水洗法工艺。水洗法就是在水泥硬化前冲刷水泥浆以暴露骨料的做法。这种方法只适用于预制墙板正打工艺，即在混凝土浇筑成型后1～2h，水泥浆即将凝结前，将模板一端抬起，用具有一定压力的水流把面层水泥浆冲刷掉，使骨料暴露出来，养护后即为露骨料装饰混凝土。②缓凝剂法工艺。现场施工采用立模浇筑或预制反打工艺中，因工作面受模板遮挡不能及时冲刷水泥浆，就需要借助缓凝剂使表面的水泥不硬化，待脱模后再冲洗。缓凝剂在混凝土浇筑前涂刷于底模上。

6.2 砂　浆

砂浆是由水泥、石灰膏、砂子和水按适当比例配置而成，建筑砂浆按所用胶凝材料的不同，分为水泥砂浆、水泥混合砂浆、石灰砂浆及石膏砂浆等。按其主要用途可分为砌筑砂浆和抹面砂浆。用于砌筑砖、石、砌块等砌体的砂浆称为砌筑砂浆。它起着胶结和传递荷载的作用。抹面砂浆也称抹灰砂浆，用以涂抹在建筑物或建筑构件的表面，兼有保护基层、满足使用要求和增加美观的作用。

1. 砂浆的材料组成

在砌筑砂浆中，选择的水泥强度等级一般为砂浆强度等级的4～5倍，使用较多的是32.5强度等级水泥和42.5强度等级的水泥。为了改善砂浆的和易性和节约水泥，可在掺配砂浆时掺入适量的石灰、石膏或黏土。砂浆中的砂子的最大粒径一般不宜超过灰缝厚度的1/4～1/5。

2. 砂浆的选择和应用

新拌砂浆应具有良好的和易性。和易性良好的砂浆容易在粗糙的块状砌筑材料的基面上铺抹成均匀的薄层，而且能够和基面紧密粘结，既便于施工操作，提高生产效率，又能保证工程质量。砂浆的和易性包括流动性和保水性两个方面。

(1) 流动性

砂浆的流动性，也称稠度，是指在砂浆在自重或外力作用下产生流动的性能。用砂浆稠度仪测定，以沉入度（mm）作为砂浆稠度指标。砂浆稠度随用水量、胶凝材料的品种及用量，以及砂浆的数量而变化。

砌筑砂浆的稠度主要由砌体种类、施工条件和天气条件来确定。砌砖（块）砂浆的沉入度宜为70～100mm，砌石（混凝土块、板）砂浆宜为50～70mm。当天气干热时取高值，湿冷时可取低值。

(2) 保水性

新拌砂浆能够保持其内部水分泌出流失的能力，称为保水性。保水性用砂浆分层度筒测定，以分层度（mm）表示。分层度过大，表示砂浆易产生分层离析，不利于施工及水泥硬化。水泥砂浆分层度不宜大于30 mm，水泥混合砂浆不宜大于20mm。分层度过小，易发生干缩裂缝。所以，砂浆分层度不宜小于20mm。

(3) 强度及强度等级

砂浆以抗压强度为其强度指标。其抗压强度是以一组（6块）标准试件，养护至28d所测定的抗压强度平均值来确定的。砂浆的强度等级共分为M2.5、M5.0、M7.5、M10、M15、M20六个等级。对于吸水基层，砂浆的强度主要取决于水泥的强度及用量。

在一般建筑工程中，办公楼、教学楼与及多层商店等工程宜用M5.0～M10；平房宿舍、商店等工程多用M1.0～M5.0；食堂、仓库、地下室及工业厂房等多用M2.5～M10；检查井、雨水井、化粪池等多用M5.0砂浆。对有较高耐久性要求的工程，宜采用M10以上的砂浆。

与砌筑砂浆不同，抹灰砂浆的主要技术要求不是强度，而是和易性及与基底材料的粘结力。抹面砂浆通常分为两层或三层进行施工。底层的抹灰作用是使砂浆与底层能牢固的粘结。中层抹灰主要为了找平，有时可以省去不用。面层抹灰要达到平整美观的表面效果。

用于砖墙的底层抹灰，多用石灰砂浆或石灰炉灰砂浆；用于板条墙或板条顶棚的底层抹灰多用麻刀石灰砂浆；混凝土墙、梁、柱、顶板等底层抹灰多用混合砂浆；用于中层抹灰多用混合砂浆或石灰砂浆；用于面层抹灰多用混合砂浆，麻刀石灰砂浆或纸筋石灰砂浆。

在容易遭到碰撞或潮湿的地方，应采用水泥砂浆，如墙裙、踢脚板、地面、雨篷、窗台、水井等处，一般多用1:2.5水泥砂浆。

砌筑砂浆参考配合比见表6.1，普通抹灰砂浆参考配合比见表6.2，砂浆种类的选择见表6.3。

表6.1 砌筑砂浆参考配合比

砂浆强度等级	重量配合比	
	水泥砂浆(水泥:砂)	水泥混合砂浆(水泥:石灰:砂)
M2.5	–	1:0.96:11.6
M5.0	1:5	1:0.55:8.1
M7.5	1:4.4	1:0.36:6.6
M10	1:3.8	1:0.19:5.4

表 6.2　普通抹灰砂浆参考配合比

材料	体积配合比	材料	体积配合比
水泥:砂		石灰:石膏:砂	
石灰:砂	–	石灰:黏土:砂	
水泥:石灰:砂	1:5	石灰膏:麻刀	

表 6.3　砂浆种类的选择

砂浆种类	适　用　范　围
水泥石灰混合砂浆	地面以上的承重和非承重砖石砌体
水泥砂浆	毛石基础、砖基础及一般地下构筑物 砖平拱、钢筋砖过梁等，要求砂浆强度等级高的水塔、烟囱、筒拱
石灰砂浆	平房或临时性建筑

装饰材料试验

砂浆稠度试验

1. 实验目的

评定砂浆的流动性。施工时控制砂浆的稠度，以达到控制用量的目的。

2. 砂浆试样拌和及拌和物取样

(1) 试验室拌制砂浆进行试验时的一般规定

试验室拌制砂浆进行试验时，试验材料应与现场用料一致，并提前运入室内使砂风干。拌和时室温应为20±5℃（需要模拟施工条件下所用的砂浆时，试验室原材料的温度宜与施工现场保持一致）。水泥若有结块应充分混合均匀，并通过孔径为0.9mm筛过筛，砂也应以5mm筛过筛。拌制砂浆时，材料称量计量的精度：水泥、外加剂等为±5%；砂、石灰膏、黏土膏等为±1%。

(2) 砂浆试样的拌和

在建筑工程中，大量应用混合砂浆，其试样拌和方法为：按计算配合比，采用风干砂，配备5L砂浆用的水泥和砂，以重量配合比计。先将称好的水泥和砂倒入拌锅中干拌均匀（拌约1.5min），然后用拌铲在中间作一凹槽，将称好的石灰膏倒入凹槽中，并倒入适量的水，将石灰膏调稀，然后再与水泥和砂共同拌和，继续逐次加水搅拌，直至拌和物色泽一致、和易性凭经验观察大约符合要求时，即可进行稠度试验，一般需拌和5min。

(3) 拌和物取样

建筑砂浆试验用料应根据不同要求，可以同一盘搅拌或同一车运送的砂浆中取出；试验室取样时，可以从拌和的砂浆中取出，所去试样数量应多于试验用料的1~2倍。

3. 主要仪器设备

主要仪器设备有砂浆稠度测定仪（见图 6.3）、捣棒、台秤、拌锅、拌和钢板、秒表等。

试验方法与步骤为：①将拌好的砂浆装入圆锥筒内，装至筒口下约 10mm，用捣棒插捣 25 次，前 12 次需插到筒底，然后将砂浆筒在桌上轻轻振动 5～6 下，使之表面平整，再移置于砂浆稠度仪台座上；②放松固定螺钉，使圆锥体的尖端和砂浆表面接触，并对准中心，拧紧固定螺钉，读出标尺读数，然后突然放开固定螺钉，使圆锥体自由沉入砂浆中 10s 后，读出下沉的距离（以 mm 计），即为砂浆的稠度值。

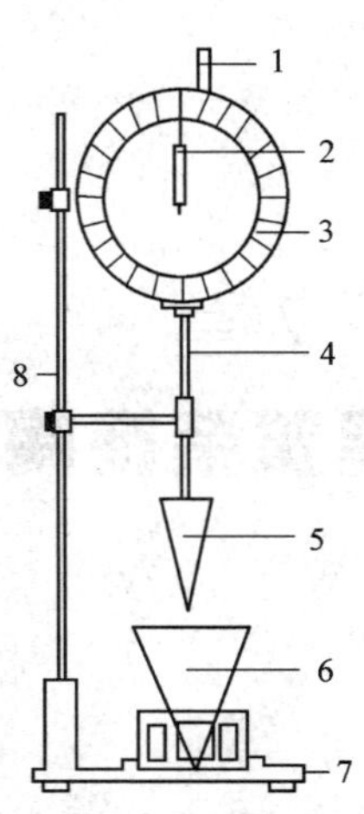

图 6.3　砂浆稠度测定仪

1. 齿条测杆；2. 指针；3. 刻度盘；4. 滑杆；5. 圆锥体；6. 圆锥筒 7. 底座；8. 支架

4. 试验结果确定

1) 以两次测定结果的算术平均值作为砂浆稠度测定结果，如两次测定值之差大于 20mm，应重新配砂浆测定。

2) 如稠度值不符合要求，可酌情加水或石灰膏，重新再测，直到符合要求为止。但从加水拌和算起，时间不准超过 30min，否则重拌。

小　结

本章介绍普通混凝土材料的技术性质；重点掌握装饰混凝土的性能；建筑装饰砂浆的性能；材料的应用。了解普通混凝土材料的技术性质。

复习思考题

6.1　砂浆的种类有哪些?

6.2　砂浆的流动性和保水性分别用什么指标来表示?

6.3　影响装饰混凝土强度的主要因素有哪些?

第 7 章

建筑装饰陶瓷

7.1 陶瓷概述

7.1.1 陶瓷的概念与分类

1. 陶瓷的概念

凡以黏土、长石、石英为基本原料，经配料、制坯、干燥、焙烧而制成的成品，称为陶瓷制品。用于建筑工程中的陶瓷制品，则称为建筑陶瓷。我国建筑陶瓷源远流长，自古以来就是一种良好的建筑装饰材料。随着科学技术的发展和人民生活水平的不断提高，陶瓷的花色、品种、性能都发生了极大变化。在现代建筑装饰工程中应用的陶瓷制品，主要包括陶瓷墙地砖、卫生陶瓷、园林陶瓷、琉璃陶瓷制品等，其中以陶瓷墙地砖生产量最大。

2. 陶瓷的分类

从产品的种类来说，陶瓷制品可分为陶质、瓷质和炻质三大类。

陶质制品烧结程度相对较低，为多孔结构，通常吸水率较大（10%～22%），强度较低，抗冻性较差，断面粗糙无光，不透明，敲击时声粗哑。其分无釉和施釉两种制品，适用于室内使用。根据其原料土杂质含量的不同，陶质制品可分为粗陶和精陶两种。粗陶不施釉，建筑上常用的烧结黏土砖、瓦及日常用的瓦罐、瓦缸等就是最普通的粗陶制品；精陶一般要经素烧、施釉和釉烧工艺，根据施釉状况呈白、乳白、浅绿等颜色，建筑上常用的釉面砖及卫生陶瓷、彩陶等均属此类。

瓷质制品烧结程度高，结构致密、断面细致并有光泽、强度高、坚硬耐磨，基本上不吸水（吸水率＜1%），有一定的半透明性，通常施有釉层。根据原料中所含化学成分及制作工艺的不同，其分为粗瓷和细瓷两种制品。建筑装饰中所用的墙地砖多为粗瓷制品、日用餐茶具、工艺美术品及电瓷产品多为细瓷制品。

炻质制品介于两者之间，也称半瓷。其构造比陶质致密，吸水率较小（1%～10%），但又不如瓷器洁白，其坯体多带有颜色，且无半透明性。根据坯体细密程度的不同，可分为粗炻器和细炻器两种制品。建筑装饰中用的外墙面砖、地面砖和陶瓷锦砖等均属粗炻器制品，其吸水率一般在4%～8%。日用器皿、化工及电器工业用陶瓷等均属于细炻器制品，其吸水率小于 2%。炻质制品的机械强度和热稳定性均优于瓷质制品，并且炻质制品原料可采用质量较差的黏土，成本也较低。

7.1.2 陶瓷的材料组成

陶瓷生产使用的原料品种很多，从来源讲，一种是天然矿物原料，一种是通过化学方法加工处理的化工原料。天然矿物原料主要为黏土，由多种矿物组合而成，是生产陶瓷的主要原料，黏土中的成分决定陶瓷制品的质量和性能。釉是指附着于陶瓷坯体表面的连续玻璃质层，施釉的目的是为了改善坯体的表面性能并提高其力学强度。

1. 黏土

(1) 黏土的成分

黏土是由天然岩石经过长期风化而成，是多种微细矿物的混合体，有白、灰、黄、黑、红等各种颜色。常见的黏土矿物有高岭石、蒙脱石、水云母等，其主要化学成分是层状结构的含水铝硅酸盐，黏土中还含有石英、长石、铁矿物、碳酸盐、碱及有机物等多种杂质，其种类及含量对黏土性能影响较大。如含石英较多时，会降低黏土的可塑性；黏土中铁和钛的氧化物是影响烧结坯体颜色的主要因素；钙和镁的化合物会降低黏土的耐火性，缩小烧结范围，过量时会起泡；含有机杂质多时，吸水性强的黏土可塑性较高，干燥后强度较高，但收缩性较大。

(2) 黏土的种类

根据黏土中杂质的含量、耐火性及用途的不同，可将黏土分为以下四种。

1) 高岭土。高岭土不含氧化铁等染色杂质，是高纯度的黏土，熔烧后呈白色。其颗粒较粗、塑性差、熔烧温度高，是制造瓷器的主要原料，有瓷土之称。

2) 易熔黏土。此种黏土含有大量的细砂、尘土、有机物和铁矿物等杂质，熔烧后呈红色，是生产砖瓦及粗陶制品的主要原料，又可称为硅土。

3) 难熔黏土。此种黏土也称微晶高岭土，其杂质含量少，较纯净，熔烧后呈淡灰色、淡黄色或红色，是生产陶质制品的主要原料，因此有陶土之称。

4) 耐火黏土。此种黏土含杂质较少，耐火温度高，可达 1580℃，熔烧后呈淡黄至黄色，是生产耐火、耐酸陶瓷制品的主要原料，有火泥之称。

2. 釉

(1) 釉的作用

一般情况下，烧结的陶瓷坯体表面都较粗糙无光，这不仅影响美观和力学性能，而且也容易沾污和吸湿。如果坯体表面施釉经高温焙烧后，釉与坯体表面之间会发生相互反应，在坯体表面形成一层玻璃质。它具有玻璃般的光泽和透明性，从而使坯体表面变的平整、光亮、不吸水、不透气，还能提高制品的艺术性和机械强度。同时可对釉层下图案画面起透视及保护作用，并有防止彩料中有毒元素溶出的作用，还可以遮盖坯体的不良颜色和某些缺陷，从而可扩大陶瓷的应用范围。

(2) 釉的种类及特性

1) 长石釉。由石英、长石、石灰石、高岭土、黏土及废瓷粉等配制而成。长石釉烧结温度较高，属高温透明釉，是瓷器、炻质陶瓷及硬质精陶广为使用的一种釉层原料。其特点是硬度大、透明、光泽强，有柔和感，烧结温度范围宽等。

2) 滑石釉。其是在长石釉基础上加入滑石粉配制而成。此种釉的白度高、透明度好，不易产生裂纹、烟熏现象。缺点是附着力差，烧结后光亮度差。

3) 混合釉。它是在长石、石英、高岭土中加入滑石、白云石、方解石、氧化锌等多种助熔剂组成的釉料，并根据各种熔剂的特性进行配制而成。混合釉可以充分利用各种熔剂及各种釉料的优点，最大限度地克服各釉料的缺点，以获得最满意的使用性能。

4) 色釉。色釉是在釉料中加入着色氧化物或某些盐类化合物配制而成。色釉按烧结温度不同可分为高温色釉和低温色釉两种，其界限为 1250℃，陶制品通常采用低温色釉，而炻器和瓷器则用高温色釉。色釉具有一定的装饰效果，操作方便、价廉、可遮盖不美观的坯体，广泛用于陶瓷工艺中。

5) 食盐釉。食盐釉不是在陶瓷生坯上直接施釉，而是当制品焙烧到一定温度时，把食盐投入到窑中，在高温及水蒸气的作用下，食盐分解为氧化钠和氯化氢，以气态均匀分布于窑内，这两种物质与坯体表面的黏土及二氧化硅作用在坯体表面形成一种玻璃质的釉层。它具有坚固不脱落、不开裂、耐酸性强等特点。

7.2　釉面内墙砖

釉面内墙砖简称釉面砖、内墙砖或瓷砖，是以烧结后呈白色的耐火黏土、叶蜡石或高岭土等为原材料制成坯体，面层为釉料，经高温烧结而成。

7.2.1　釉面内墙砖的特点和用途

1. 特点

釉面砖是用于建筑物内墙面装饰的薄片状精陶建筑材料，其结构由坯体和表面釉彩层两部分组成。它具有色泽柔和而典雅、美观耐用、表面光滑洁净、耐火、防水、抗腐蚀、热稳定性能良好等特点，是一种高级内墙装饰材料。用釉面砖装饰建筑物内墙，可使建筑物具有独特的卫生、易清洗和装饰美观的建筑效果。釉面砖的主要种类及特点见表 7.1。

表 7.1　釉面砖的主要种类及特点

种类		特点
白色釉面砖		色纯白、釉面光亮、清洁大方
彩色釉面砖	有光彩色釉面砖	釉面光亮晶莹、色彩丰富雅致
	无光彩色釉面砖	釉面半无光、不晃眼、色泽一致、柔和

续表

种　类		特　点
装饰釉面砖	花釉砖	是在同一砖上施以多种彩釉经高温烧成;色釉互相渗透,花纹千姿百态,装饰效果良好
	结晶釉砖	晶化辉映,纹理多姿
	斑纹釉砖	斑纹釉面,丰富生动
	理石釉砖	具有天然大理石花纹,颜色丰富,美观大方
图案砖	白色图案砖	是在白色釉面砖上装饰各种图案经高温烧成;纹样清晰
	色地图案砖	是在有光或无光的彩色釉面砖上装饰各种图案,经高温烧成;具有浮雕、缎光、绒毛、彩漆等效果
字画釉面砖	瓷砖画	以各种釉面砖拼成各种瓷砖画,或根据已有画稿烧制成釉面砖,拼装成各种瓷砖画;清晰美观,永不褪色
	色釉陶瓷字	以各种色釉、瓷土烧制而成;色彩丰富,光亮美观,永不褪色

2. 用途

由于釉面砖的热稳定性好、防火、防潮、耐酸碱、表面光滑、易清洗，故常用于厨房、浴室、卫生间、实验室、医院等室内墙面、台面等的装饰。

釉面砖是多孔的精陶坯体，吸水率约为 18%～21%，在长期与空气的接触过程中，特别是在潮湿的环境中使用，会吸收大量的水分而产生吸湿膨胀的现象。由于釉的吸湿膨胀非常小，当坯体膨胀的程度增长到使釉面处于张应力状态，应力超过釉的抗拉强度时，釉面会发生开裂。故釉面砖不能用于外墙和室外，否则经风吹日晒、严寒酷暑，将导致碎裂。

7.2.2　釉面内墙砖的技术要求

1. 釉面砖的品种及规格

釉面砖按釉面颜色分为单色（含白色）砖、花色砖、图案砖等；按产品形状分为正方形砖、长方形砖及异型配件砖等。为增强与基层的粘结力，釉面砖的背面均有凹槽纹，背纹深度一般不小于 0.2mm。釉面砖的尺寸规格很多，有 300mm × 200mm × 5mm、150mm × 150mm × 5mm、100mm × 100mm × 5mm、300mm × 150mm × 5mm 等。异形配件砖有阴角、阳角、压顶条、腰线砖、阴三角、阳三角、阴角座、阳角座等，其外形及规格尺寸更多，可根据需要选配。

2. 釉面砖的技术性能

釉面砖执行《陶瓷砖》（GB/T 4100.5—1999）标准。按外观质量分为优等品和合格品。优等品：至少有 95% 的砖距 0.8m 远处垂直观察表面无缺陷；合格品：至少有 95%

的砖距1m远处垂直观察表面无缺陷。

釉面砖的尺寸偏差见表7.2，边直度、直角度和表面平整度见表7.3，主要物理化学性能见表7.4。

表7.2　釉面砖的尺寸允许偏差（%）

类型尺寸允许偏差		无间隔凸缘	有间隔凸缘
长宽度	每块砖(2或4条边)的平均尺寸相对于工作尺寸的允许偏差[1)]	L≤12cm：±0.75 L≤12cm：±0.50	+0.60 −0.30
	每块砖(2或4条边)的平均尺寸相对于10块砖(20或40条边)平均尺寸的允许偏差[1)]	L≤12cm：±0.50 L≤12cm：±0.30	±0.25
厚度	每块砖厚度的平均值相对于工作尺寸厚度的最大允许偏差	±10.0	±10.0

注：1）砖可以有1条或几条上釉边。模数砖名义尺寸连接宽度为1.5～5mm，非模数砖工作尺寸与名义尺寸之间的偏差不大于±2mm；特殊要求的尺寸偏差可由供需双方协商。

表7.3　釉面砖的边直度、直角度和表面平整度

允许偏差/%	无间隔凸缘		有间隔凸缘	
	优等品	合格品	优等品	合格品
边直角度[1)]（正面）相对于工作尺寸的最大允许偏差	±0.20	±0.30	±0.20	±0.30
直角度[1)]（正面）相对于工作尺寸的最大允许偏差	±0.30	±0.50	±0.20	±0.30
表面平整度相对于工作尺寸的最大允许偏差：a)对于由工作尺寸计算的对角线的中心弯曲度；b)对于由工作尺寸计算的边的弯曲度	+0.40 −0.20	+0.50 −0.30	+0.70mm −0.10mm	+0.80mm −0.20mm
c)对于由工作尺寸计算的对角线的翘曲度	±0.30	±0.50	S≤250cm^2：0.30 mm S＞250 cm^2：0.50 mm	S≤250cm^2：0.50mm S＞250 cm^2：0.75 mm

注：1）不适用于有弯曲形状的砖。

表7.4　釉面砖的物理化学性能

项　目	性 能 要 求
吸水率	平均值E＞10%，单个值不小于9%
破坏强度	厚度≥7.5mm：平均值不小于600N 厚度＜7.5mm：平均值不小于200N
断裂模数（不适用于破坏强度大于等于3000N的砖）	平均值不小于15MPa，单个值不小于12MPa
抗热震性	经10次抗震试验不出现炸裂或裂纹
抗釉裂性	有釉陶瓷砖经抗釉裂性试验后，釉面应无裂纹或剥落

续表

项目		性能要求
抗冻性		陶瓷砖经抗冻性试验后,应无裂纹或剥落
耐磨性		用于铺地的有釉砖表面耐磨性报告磨损等级和转数
抗冲击性		经抗冲击性试验后报告陶质砖的平均恢复系数
线性热膨胀系数(从室温到100℃)		经检验后报告陶瓷砖的线性热膨胀系数
湿膨胀/(mm/m)		经试验后报告陶瓷砖的湿膨胀平均值
小色差		经检验后报告陶瓷砖的色差值
摩擦系数		用于铺地的陶质砖经检验后报告陶瓷砖的摩擦系数
耐化学腐蚀性	耐低浓度酸和碱	经试验后陶瓷砖耐化学腐蚀性等级与生产企业确定的等级比较并判定
	耐高浓度酸和碱	经试验后报告陶瓷砖耐化学腐蚀性等级
	耐家庭化学试剂和游泳池盐类	经试验后有釉陶瓷砖不低于 GB 级,无釉陶瓷砖不低于 UB 级
耐污染性	有釉砖	经耐污染试验后不低于 3 级
铅和镉的溶出量		经试验后报告有釉陶瓷砖釉面铅和镉的溶出量

7.3　陶瓷墙地砖

墙地砖是指建筑物外墙装饰用砖和室内外地面装饰用砖，因此类陶瓷砖通常可以墙地两用，所以称为墙地砖。

7.3.1　陶瓷墙地砖的特点和用途

墙地砖是以优质陶土为主要原料，再加入其他材料配成生料，经半干压成型后在1100℃左右焙烧而成，分为无釉和有釉两种。有的墙地砖是在已烧成的素坯上施釉后再釉烧而成，有些厂家则采用素烧与釉烧一次烧成的工艺进行生产。墙地砖具有强度高、耐磨、化学性质稳定、不燃、不受光照影响，抗风化耐候性能和耐酸碱性能好，吸水率低、易清洗、经久不裂，能长期保持表面图案颜色新鲜光彩等特点。

7.3.2　陶瓷墙地砖的技术要求

1. 墙地砖的品种及规格

墙地砖按饰面状况分为有釉、无釉两种；按着色方法可分为自然着色、人工着色和色釉着色等品种；按墙地砖表面的质感分为平面、麻面、毛面、磨光面、抛光面、纹点面、仿花岗石面、压花浮雕面等制品。

室内常用墙地砖尺寸为 300mm × 300mm、200mm × 200mm、150mm × 150mm、200mm×300mm 等，厚度一般是 8～10mm。从墙地砖的发展趋势来看，400mm×400mm、500mm×500mm、600mm×600mm 的大规格面砖用的越来越普遍。外墙地砖的规格大多

是长方形，尺寸为240mm×60mm、50mm×75mm等，厚度一般为6～10mm。砖的背面应有0.5mm深的背纹，以提高砖与主体结构的粘结力。

2．墙地砖的技术性能

墙地砖执行陶瓷砖标准（GB/T 4100.4—1999）。按外观质量分为优等品和合格品。优等品：至少有95%的砖距0.8m远处垂直观察表面无缺陷；合格品：至少有95%的砖距1m远处垂直观察表面无缺陷。

产品表面面积为S的墙地砖尺寸偏差见表7.5，边直度、直角度和表面平整度见表7.6，物理化学性能见表7.7。

表7.5　墙地砖的尺寸允许偏差（%）

项目		$S\leqslant 90cm^2$	$90cm^2<S\leqslant 190cm^2$	$190cm^2<S\leqslant 410cm^2$	$S>410cm^2$
长度和宽度	每块砖(2或4条边)的平均尺寸相对于工作尺寸的允许偏差	±1.2	±1.0	±0.75	±0.6
	每块砖(2或4条边)的平均尺寸相对于10块砖(20或40条边)平均尺寸的允许偏差	±0.75	±0.5	±0.5	±0.4
厚度	每块砖厚度的平均值相对于工作尺寸厚度的最大允许偏差	±10.0	±10.0	±5.0	±5.0

注：模数砖名义尺寸连接宽度为2～5mm，非模数砖工作尺寸与名义之间的偏差不大于±2%（最大±5mm）；特殊要求的尺寸偏差可由供需双方协商。

表7.6　墙地砖的边直角度、直角度和表面平整度

允许偏差	$S\leqslant 90cm^2$		$90cm^2<S\leqslant 190cm^2$		$190cm^2<S\leqslant 410cm^2$		$S>410cm^2$	
	优等品	合格品	优等品	合格品	优等品	合格品	优等品	合格品
边直角度[1]（正面）相对于工作尺寸的最大允许偏差/%	±0.50	±0.75	±0.4	±0.5	±0.4	±0.5	±0.4	±0.5
直角度[1]（正面）相对于工作尺寸的最大允许偏差/%	±0.70	±1.0	±0.4	±0.6	±0.4	±0.6	±0.4	±0.6
表面平整度相对于工作尺寸的最大允许偏差/%	±0.7	±1.0	±0.4	±0.5	±0.4	±0.5	±0.4	±0.5

注:1）不适用于有弯曲形状的砖。

表7.7　墙地砖的物理化学性能

项　目	性能要求
吸水率	平均值$6\%<E\leqslant 10\%$，单个值不大于11%
破坏强度	厚度≥7.5mm：平均值不小于800N 厚度<7.5mm：平均值不小于500N
断裂模数（不适用于破坏强度大于等于3000N的砖）	平均值不小于18MPa，单个值不小于16MPa
抗热震性	经10次抗震试验不出现炸裂或裂纹

续表

项目		性能要求
抗釉裂性		有釉陶瓷砖经抗釉裂性试验后，釉面应无裂纹或剥落
抗冻性		陶瓷砖经抗冻性试验后，应无裂纹或剥落
耐磨性		无釉砖耐深度磨损体积不大于 540mm^3 用于铺地的有釉砖表面耐磨性报告磨损等级和转数
线性热膨胀系数(从室温到 100℃)		经检验后报告陶瓷砖的线性热膨胀系数
湿膨胀		经试验后报告陶瓷砖的湿膨胀平均值
小色差		经检验后报告陶瓷砖的色差值
摩擦系数		经检验后报告陶瓷砖的摩擦系数和所用的试验方法
耐化学腐蚀性	耐低浓度酸和碱	经试验后陶瓷砖耐化学腐蚀性等级与生产企业确定的等级比较并判定
	耐高浓度酸和碱	经试验后报告陶瓷砖耐化学腐蚀性等级
	耐家庭化学试剂和游泳池盐类	经试验后有釉陶瓷砖不低于 GB 级，无釉陶瓷砖不低于 UB 级
耐污染性	有釉砖	经耐污染试验后不低于 3 级
	无釉砖	经耐污染试验后报告耐污染级别
铅和镉的溶出量		经试验后报告有釉陶瓷砖釉面铅和镉的溶出量

7.3.3 新型陶瓷墙地砖

1. 劈离砖

劈离砖是将一定配比的原料经粉碎、炼泥、真空挤压成型，再经干燥、高温烧结而成。因为成型时为双砖背联坯体，烧成后再劈离成两块砖，所以称劈离砖。

劈离砖种类很多，其特点是色彩丰富、颜色自然柔和，有表面上釉、无釉之分，上釉的光泽晶莹，无釉的质朴典雅大方，无反射炫光。由于劈离砖坯体密实，其制品具有强度高、吸水率小、耐磨防滑、耐急冷急热稳定性好等优点。劈离砖背面的凹槽纹与粘结砂浆形成楔形结合，可以保证铺贴砖时粘结牢固。

劈离砖适用于各类建筑物的外墙装饰，也适合用作楼堂馆所、车站、候车室、餐厅等室内地面的铺设。厚型劈离砖适于广场公园、停车场、走廊、人行道等露天地面的铺设，也可用于游泳池底及池岸的饰面材料。

劈离砖种类很多，主要规格有 240mm × 52mm × 11mm、240mm × 115mm × 11mm、194mm × 94mm × 11mm、190mm × 190mm × 13mm、240mm × 115mm × 13mm 等。

2. 彩胎砖

彩胎砖是一种无釉瓷质饰面砖，采用彩色颗粒土原料混合配料，压制成多彩坯体后统一烧成。其表面呈多彩细花纹，富有天然花岗岩的纹点，有黄、红、绿、蓝、灰、棕等多种基色的浅色调。它具有强度高、吸水率小、耐磨性好等优点，特别适用于人流量大的商厦、剧场、宾馆、酒楼等公共场所地面的铺帖，也可用于住宅地面的装修，既美观又耐用。

彩胎砖品种有平面和浮雕型两种，又有无光、磨光和抛光之分。其主要质量标准是抗折强度不小于 27MPa，吸水率小于 1%。其主要规格为 200mm × 200mm、300mm × 300mm、400mm × 400mm、500mm × 500mm、600mm × 600mm，最小尺寸为 95mm × 95mm，最大规格为 600mm × 900mm。

3. 麻面砖

麻面砖是采用仿天然岩石色彩的原料作为配料，压制成表面凹凸不平的麻面坯体，经一次烧结而成的炻质面砖。砖的表面极像人工修凿过的天然岩石面，纹理自然，粗犷古朴，有白、黄、灰、黑等多种颜色。主要规格有 200mm × 100mm、200mm × 75mm、100mm × 100mm 等尺寸。麻面砖具有吸水率小（小于 1%）、强度高、抗折强度不小于 20MPa、防滑耐磨等优点。根据厚度分为薄型砖和厚型砖。薄型砖用于建筑物外墙装饰；厚型砖适用于广场、停车场、码头、人行道等地面铺设。作为广场砖，外形还有梯形和三角形的制品，用以拼成各种图案，可增添广场地坪的艺术感。

4. 陶瓷艺术砖

陶瓷艺术砖是指砖的表面具有各种图案浮雕的陶瓷制品，它是采用优质黏土及其他矿物质经成型、干燥、高温熔烧而成。陶瓷艺术砖可根据点、线、面等几何组合原理组合成各种抽象的和具体形象的图案壁画，从而具有强烈的艺术感。该砖具有吸水率小、强度高、抗风化、耐腐蚀、装饰效果好等优点，适用于会议厅、展览馆、公园及公共场所的墙面装饰。

5. 大型陶瓷饰面板

大型陶瓷饰面板单块面积大，并具有绘画艺术、书法、壁画等多种功效，其砖面可以作成各种浮雕花纹图案，再施以各种彩色釉，极富装饰性。大型陶瓷饰面板具有厚度薄、平整度好、吸水率小、抗冻好、耐腐蚀性能好、耐急冷急热、施工方便等优点，适用于外墙、内墙、廊厅立柱等处的装饰，更适合宾馆、机场、车站、码头等公共设施的装饰。其主要规格有 395mm × 295mm、295mm × 295mm、295mm × 197mm 等，厚度有 4.5mm、5mm、8mm 等。

6. 陶瓷壁画

陶瓷壁画是现代建筑装饰艺术中建筑师和艺术家二者相结合的共创产品。陶瓷壁画是以陶瓷面砖、陶板等建筑块材，经镶拼制作出的具有较高艺术价值的建筑装饰，属于新型高档装饰。陶瓷壁画通过艺术的再创造巧妙地融绘画与装饰艺术于一体。它是将相关材料经过放样、样板、刻画、配釉、施釉、焙烧等一系列工艺，采用浸、点、涂、喷、填等多种施釉技术创造出的神形兼备、巧夺天工的艺术珍品。

陶瓷壁画具有单块砖面积大、厚度薄、强度高、平整度好、吸水率小、抗冻、耐腐蚀、耐急冷急热、施工方便等优点，适用于宾馆、酒楼、机场、火车站候车室、会客厅、会议室、地铁、隧道等公共设施的装饰。它给人以美的艺术享受。

7.4 陶瓷铺地砖

陶瓷铺地砖简称铺地砖或地砖，是铺地用的块状陶瓷材料，主要用做室内外地面、台阶、踏步、楼梯等处，不用做室内外墙面材料。

7.4.1 陶瓷铺地砖的品种和规格

陶瓷铺地砖按材质分为普通陶瓷地砖、全瓷砖、玻化砖等；按饰面状况分为有釉砖、无釉砖、抛光砖、渗花砖等；按使用功能分为普通铺地砖、梯级砖、防滑砖、耐磨砖、防潮砖、广场砖等。砖的形状有正方形、长方形、八角形、圆角梯形等多种。砖面有单色、彩色、斑点、仿石纹理等多种花色。

陶瓷铺地砖的主要规格尺寸有100mm×100mm、150mm×150mm、200mm×200mm、200mm×100mm、300mm×300mm等。

7.4.2 陶瓷铺地砖的技术性能

产品质量执行《无釉陶瓷地砖》(JC 501—1993) 标准。其尺寸允许偏差见表7.8，表面质量及变形规定见表7.9，物理性能指标见表7.10。

表7.8 无釉陶瓷地砖的尺寸允许偏差

名称	基本尺寸/mm	允许偏差/mm
边长 L	$L<100$	±1.5
	$100\leqslant L\leqslant 200$	±2.0
	$200<L\leqslant 300$	±2.5
	$L>300$	±3.0
厚度 H	$H\leqslant 10$	±1.0
	$H>10$	±1.5

表7.9 无釉陶瓷地砖的表面质量及变形规定

<table>
<tr><th colspan="2" rowspan="2">缺陷名称</th><th colspan="3">质量标准</th></tr>
<tr><th>优等品</th><th>一等品</th><th>合格品</th></tr>
<tr><td rowspan="4">表面质量</td><td>斑点、起泡、熔洞、磕碰、坯粉、麻面、疵火、图案模糊</td><td>距离砖面1m处目测，缺陷不明显</td><td>距离砖面2m处目测，缺陷不明显</td><td>距离砖面3m处目测，缺陷不明显</td></tr>
<tr><td>裂纹</td><td colspan="2" rowspan="2">不允许</td><td>总长不超过对应边长的6%</td></tr>
<tr><td>开裂</td><td>正面，不大于5mm</td></tr>
<tr><td>色差</td><td colspan="2">距离砖面1.5m处目测，缺陷不明显</td><td>距离砖面1.5m处目测不严重</td></tr>
<tr><td rowspan="3">变形/%</td><td>平整度</td><td>±0.5</td><td>±0.6</td><td rowspan="3">±0.8</td></tr>
<tr><td>边直度</td><td>±0.5</td><td>±0.6</td></tr>
<tr><td>直角度</td><td>±0.6</td><td>±0.7</td></tr>
<tr><td colspan="2">背纹</td><td colspan="3">凸背纹的高度和凹背纹的深度均不得小于0.5mm</td></tr>
<tr><td colspan="2">夹层</td><td colspan="3">任一级别的无釉砖均不允许有夹层</td></tr>
</table>

表 7.10　无釉陶瓷地砖的物理性能指标

吸水率/%	耐急冷及热	抗弯强度/MPa	抗冻性能	耐磨性/mm^3
3～6	经 3 次急冷急热循环，不出现炸裂或裂纹	平均值≥25	经 20 次冻融循环，不出现破裂或裂纹	磨损量平均值≤345

7.4.3　陶瓷铺地砖的其他品种

1. *防滑、耐磨地砖*

耐磨地砖是用天然砂、石材料，经破碎、球磨、成型、高温烧结而成。它瓷化程度高，具有石材一样的坚硬度，因而也具有良好的耐磨、耐腐蚀性。如果砖面烧制出各种凹凸的花纹图案，则还具有防滑的功能，称为防滑地砖。防滑、耐磨地砖色调高雅和谐，质感自然朴实，特别适合于人员流动大的厅堂、会议室、影剧院、写字楼或地面要求防滑或易滑的场所使用。

2. *防潮砖*

防潮砖是用陶土烧制而成，呈红色，又称红地砖。该砖具有质坚体轻、耐压耐磨、防潮、防滑的特点，适用于公共场所如剧院、办公大楼、学校、旅馆及其他公共建筑、民用建筑楼地面及大门门廊踏步等处，特别适用于浴室和卫生间。

防潮砖的形状有正方形、长方形、六角形等多种，规格尺寸有多样。

3. *广场砖*

广场砖是一种仿石的陶瓷制品，一般有三角形、梯形、正方形及六角形等几种类型。其表面粗犷质朴，纹理清晰自然，具有耐磨防滑等特点，适用于公共场所、码头、车站、人行道路及庭院建筑等处的地面铺砌，可拼成圆形、圆环型或鱼鳞形图案，形貌风采别具一格。

7.5　陶瓷马赛克

7.5.1　陶瓷马赛克的特点和用途

陶瓷马赛克也称陶瓷锦砖，是用于装饰和保护建筑物地面及墙面的由多块小砖（表面面积不大于 $55cm^2$）铺贴成联的陶瓷砖。

陶瓷马赛克质地坚硬、色泽艳丽、图案优美，具有抗腐蚀、耐磨、耐火、易清洗、不褪色等特点，主要作建筑物内外墙饰面及铺地之用。如可用于车间、化验室、门厅、走廊、厨房、盥洗室等处，还可用于镶拼壁画、文字及花边等等。

7.5.2 陶瓷马赛克的技术要求

1. 陶瓷马赛克的品种、形状和规格

陶瓷马赛克按表面性质分为有釉、无釉两种；按砖联分为单色、混色和拼花三种；按尺寸允许偏差和外观质量分为优等品和合格品两个等级。

单块砖边长不大于95mm，表面面积不大于55cm^2；砖联分正方形、长方形和其他形状。特殊要求可由供需双方商定。按尺寸允许偏差和外观质量分为优等品和合格品两个等级。

陶瓷马赛克的基本形状有正方、长方、对角、斜长条、长条对角、五角、半八角、六角等，其规格见表 7.11；用这些基本形状可拼出多种图案，见图 7.1 及表 7.12。

表 7.11 陶瓷马赛克的规格

名称	分类	尺寸/mm			
		a	*b*	*c*	*d*
正方	大方	39.0	39.0	–	–
	中大方	23.6	23.6	–	–
	中方	18.5	18.5	–	–
	小方	15.2	15.2	–	–
长方(长条)		39.0	18.5	–	–
对角（切角）	大对角	39.0	19.2	27.9	–
	小对角	32.1	15.9	22.8	–

名称	分类	尺寸/mm			
		a	*b*	*c*	*d*
斜长条(斜角)		36.4	11.9	37.9	22.7
长条对角		7.5	15	18	20
五角	大五角	23.7	23.7	–	35.6
	小五角	18.5	18.5	–	27.8
半八角		15	15	18	40
六角		25	–	–	–

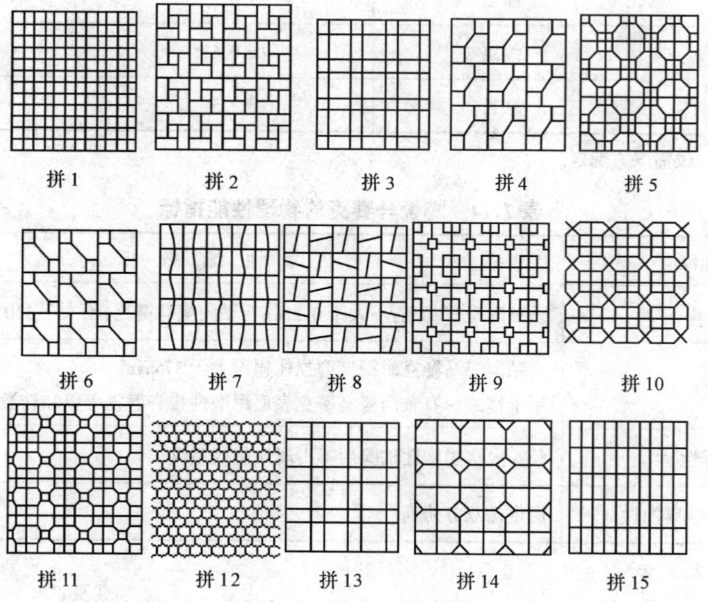

图 7.1 陶瓷马赛克的几种基本拼花图案

表 7.12　陶瓷马赛克的几种基本拼花说明

拼花编号	拼花说明	拼花编号	拼花说明
拼 1	各种正方形与正方形相拼	拼 8	斜长条与斜长条相拼
拼 2	正方与长条相拼	拼 9	长条对角与小方相拼
拼 3	大方、中方与长条相拼	拼 10	正方与五角相拼
拼 4	中方与大对角相拼	拼 11	半八角与小方相拼
拼 5	小方与小对角相拼	拼 12	各种六角相拼
拼 6	中方与大对角相拼	拼 13	大方、中方、长条相拼
	小方与小对角相拼	拼 14	小对角、中大方相拼
拼 7	斜长条与斜长条相拼	拼 15	各种长条相拼

2. 陶瓷马赛克的技术性能

陶瓷马赛克产品应符合《陶瓷马赛克》（JC/T 456—2005）标准。其尺寸允许偏差、物理性能指标及外观质量要求分别见表 7.13、表 7.14 和表 7.15；陶瓷锦砖成联的质量要求见表 7.16。

表 7.13　陶瓷马赛克的尺寸允许偏差

项目		允许偏差/mm	
		优等品	合格品
单块	长度和宽度	±0.5	±1.0
	厚度	±0.3	±0.4
每联	线路	±0.6	±1.0
	联长	±1.5	±2.0

注：特殊要求由供需双方商定。

表 7.14　陶瓷马赛克的物理性能指标

项目	性能指标
吸水率	无釉陶瓷马赛克：不大于 0.2%；有釉陶瓷马赛克：不大于 1.0%
耐磨性	无釉陶瓷马赛克耐深度磨损体积不大于 175mm^3 用于铺地的有釉陶瓷马赛克表面耐磨性报告磨损等级和转数
抗热震性	经 5 次抗热震性试验后不出现炸裂或裂纹
抗冻性、耐化学腐蚀性	由供需双方协商

表 7.15　陶瓷马赛克的外观质量要求

<table>
<tr><th colspan="3" rowspan="3">缺陷名称</th><th colspan="4">缺陷允许范围</th><th rowspan="3">备注</th></tr>
<tr><th colspan="2">优等品</th><th colspan="2">合格品</th></tr>
<tr><th>正面</th><th>背面</th><th>正面</th><th>背面</th></tr>
<tr><td colspan="3">夹层、釉裂、开裂</td><td colspan="4">不允许</td><td></td></tr>
<tr><td colspan="3">斑点、粘疤、起泡、坯粉、麻面、波纹、缺釉、桔釉、棕眼、落脏、溶洞</td><td colspan="2">不明显</td><td colspan="2">不严重</td><td></td></tr>
<tr><td rowspan="7">最大边长小于25mm</td><td rowspan="2">缺角</td><td>斜边长/mm</td><td><2.0</td><td><4.0</td><td>2.0～3.5</td><td>4.0～5.5</td><td rowspan="2">正、背面缺角不允许出现在同一角;正面只允许缺角 1 处</td></tr>
<tr><td>深度/mm</td><td colspan="4">不大于砖厚的 2/3</td></tr>
<tr><td rowspan="3">缺边</td><td>长度/mm</td><td><3.0</td><td><6.0</td><td>3.0～5.0</td><td>6.0～8.0</td><td rowspan="3">正、背面缺边不允许出现在同一侧;同一侧面边不允许有 2 处缺边;正面只允许 2 处缺边</td></tr>
<tr><td>宽度/mm</td><td><1.5</td><td><2.5</td><td>1.5～2.0</td><td>2.5～3.0</td></tr>
<tr><td>深度/mm</td><td><1.5</td><td><2.5</td><td>1.5～2.0</td><td>2.5～3.0</td></tr>
<tr><td rowspan="2">变形</td><td>翘曲</td><td colspan="4">不明显</td><td rowspan="2"></td></tr>
<tr><td>大小头/mm</td><td colspan="2">0.2</td><td colspan="2">0.4</td></tr>
<tr><td rowspan="7">最大边长大于25mm</td><td rowspan="2">缺角</td><td>斜边长/mm</td><td><2.3</td><td><4.5</td><td>2.3～4.3</td><td>4.5～6.5</td><td rowspan="2">正、背面缺角不允许出现在同一角部;正面只允许缺角 1 处</td></tr>
<tr><td>深度/mm</td><td colspan="4">不大于砖厚的 2/3</td></tr>
<tr><td rowspan="3">缺边</td><td>长度/mm</td><td><4.5</td><td><8.0</td><td>4.5～7.0</td><td>8.0～10.0</td><td rowspan="3">正、背面缺边不允许出现在同一侧面;同一侧面不允许有 2 处缺边;正面只允许 2 处缺边</td></tr>
<tr><td>宽度/mm</td><td><1.5</td><td><3.0</td><td>1.5～2.0</td><td>3.0～3.5</td></tr>
<tr><td>深度/mm</td><td><1.5</td><td><2.5</td><td>1.5～2.0</td><td>2.5～3.5</td></tr>
<tr><td rowspan="2">变形</td><td>翘曲/mm</td><td colspan="2">0.3</td><td colspan="2">0.5</td><td rowspan="2"></td></tr>
<tr><td>大小头/mm</td><td colspan="2">0.6</td><td colspan="2">1.0</td></tr>
</table>

表 7.16　陶瓷马赛克成联质量要求

项　目	质　量　要　求
色差	单色陶瓷马赛克及联间同色砖色差,优等品目测基本一致;合格品目测稍有色差
铺贴衬材的粘结性	陶瓷马赛克与铺贴衬材经粘结性试验后,不允许有马赛克脱落
铺贴衬材的剥离性	表贴陶瓷马赛克的剥离时间不大于 40min
铺贴衬材的露出	表贴、背帖陶瓷马赛克铺贴后,不允许有铺贴衬材露出

7.6　建筑琉璃制品

1. 琉璃制品的特点和应用

建筑琉璃制品是一种具有中华民族文化特色和风格的传统建筑材料，它不仅适用于传统建筑物，也适用于具有民族风格的现代建筑物。琉璃制品是用难熔黏土经制坯、干燥、素烧、施釉、釉烧而成。

建筑琉璃制品的特点是质地致密、表面光滑、不易沾污，坚实耐久，色彩绚丽，造型古朴。其常用颜色有金黄、翠绿、宝蓝、青、黑、紫色，主要用于具有民族特色的宫殿式建筑以及少数纪念性建筑物上，以及用于建造园林的亭、台、楼阁、围墙等。

2. 琉璃制品的技术性能

建筑琉璃制品分为瓦类（板瓦、滴水瓦、筒瓦、沟头等）、脊类（正脊筒瓦等）和饰件类（吻、兽等）三类。

《建筑琉璃制品》（JG/T 765—1996）未对琉璃制品的规格尺寸作具体规定，而由供需双方商定，但是对尺寸偏差有具体规定。

按照外观质量，建筑琉璃制品可分为优等品、一等品和合格品。吸水率一般要求不大于 12%；优等品和一等品要求能抵抗冻融循环 15 次以上，合格品为 10 次以上；弯曲破坏荷重不低于 1177 N；耐急冷急热 3 次循环以上；光泽度平均值一般要求 50 度以上。

材料选用案例

【案例】 某家居厨房内墙粘贴釉面内墙砖，使用几年后，在炉灶附近釉面内墙砖表面出现了一些裂缝。试分析原因。

【案例分析】 炉灶附近的温差变化较大，釉面内墙砖的釉膨胀系数大于坯体的膨胀系数，在煮饭时，温度升高，随后冷却。在热胀冷缩的过程中釉的变形大于坯，从而产生了应力。当应力过大，釉面就产生裂纹，为此此部位宜选用质量较好的釉面内墙砖。

装饰材料试验

试验一：陶瓷砖的抗热震性试验（参考 GB/T 3810.9—1999）

本试验为在正常使用条件下所有类型陶瓷砖抗热震性的试验方法。

1. 试验原理

抗热震性的测定是用整砖在 15℃ 和 145℃ 两种温度之间进行 10 次循环试验。

2. 试验设备

1）低温水槽。要盛 15℃ ± 5℃ 流动凉水的低温水槽，例如水槽长 55cm、宽 35cm、深 20cm，水流量为 4L/min，也可使用其他适宜的装置。

浸没试验：用于按 GB/T 3810.3 的规定检验吸水率不大于 10% 的陶瓷砖，水槽不用加盖，但水需有足够的深度使砖垂直放置后能完全浸没。

非浸没试验：用于按 GB/T 3810.3 规定检验吸水率大于 10% 的有釉砖。大水槽上盖上一块 5mm 厚的铝板，并与水面接触。然后将粒径分布为 0.3～0.6mm 的铝粒覆盖在铝板上，铝粒层厚度为 5mm。

2）工作温度为 145～150℃ 的烘箱。

3. 试样

最少用 5 块整砖进行试验。

4. 试验步骤

1）试样的初步检查。首先用肉眼在距砖 25mm 到 30mm，光源照度约 300lx 的光照条件下观察砖面。所有试样在试验前应没有缺陷。可用亚甲基蓝溶液进行测定前的检验。

2）浸没试验。吸水率不大于质量分数为 10％的低气孔率砖，垂直浸没在 15℃ ± 5℃ 的冷水中，并使它们互不接触。

3）非浸没试验。吸水率不大于质量分数为 10％的有釉砖，使其釉面向下与 15℃ ± 5℃ 的冷水槽上的铝粒接触。

4）对上述两项步骤，在低温下保持 5min 后，立即将试样移至 145℃ ± 5℃ 的烘箱内重新达到此温度后保温（通常为 20min），然后立即将它们移回低温环境中。重复此过程 10 次循环。然后用肉眼，在距试样 25cm 到 30cm，光源照度约 300lx 的条件下观察试样的可见缺陷。为帮助检查，可将合适的染色溶液（如含有少量湿润剂的 1％亚甲基蓝溶液）刷在试样的釉面上，1min 后，用湿布抹去染色液体。

5. 试验报告

试验报告应包括以下内容：①砖的说明；②砖的吸水率；③试验类型（浸没试验和非浸没试验）；④可见缺陷的试样数。

试验二：陶瓷砖釉面耐磨性试验（参考 GB/T 3810.7—1999）

本试验为测定所有施釉陶瓷砖表面耐磨性的试验方法。

1. 试验原理

砖釉面耐磨性的测定，是通过釉面上放置研磨介质（符合 GB/T 308 要求）并旋转，对已磨损的试样与未磨损的试样的观察对比，评价陶瓷砖耐磨性的方法。

2. 研磨介质

每块试样的研磨介质为：直径为 5mm 的钢球 70.0g；直径为 3mm 的钢球 52.5g；直径为 2mm 的钢球 43.75g；直径为 1mm 的钢球 8.75g；80 号白刚玉应符合 GB/T 2479 的规定；去离子水或蒸馏水 20mL。

3. 试验设备

1）耐磨试验机。耐磨试验机由内装电机驱动水平支承盘的钢壳组成，试样最小尺寸为 100mm×100mm。支承盘中心与每个试样中心距离为 195mm。相邻两个试样夹具的间距相等，支承盘以 300r/min 的转速动转，随之产生 22.5mm 的偏心距。因此，每块试样做直径为 45mm 的圆周运动，由带橡胶密封的金属夹具固定。夹具的内径是 83mm，提供的试验面积约为 54cm^2。橡胶的厚度是 9mm，夹具内空间高度是 25.5mm。试验机达到预调转数后，自动停机。支撑试样夹具在工作时用盖子盖上。与该试验机结果相同的其他设备也可使用。

2) 目视评价用装置箱内用色温为 6000～6500K 的荧光灯垂直置于观察砖的表面上，照度约为 300lx。箱体尺寸为 61cm×61cm×61cm，箱内有自然光，观察时应避免光源直接照射。

3) 能在 110℃ ±5℃ 下工作的烘箱。

4) 天平（要求做磨耗时使用）。

4. 试样

1) 试样的种类。试验应有代表性，对于不同颜色或表面有装饰效果的陶瓷砖，取样时应注意能包括所有特色的部分。试样的尺寸一般为 100mm×100mm，使用较小尺寸的试样时，要先把它们粘紧固定在一适宜的支承材料上，窄小接缝的边界影响可忽略不计。

2) 试样的数量。试验要求用 11 块试样，其中 8 块试样经试验供目视评价用。每个研磨阶段要求取下一块试样，然后用 3 块试样与已磨损的样品对比，观察可见磨损痕迹。

3) 准备。样品应清洗并干燥。

5. 试验步骤

1) 将试样的釉面朝上夹紧在金属夹具下，从夹具上方的加料孔中加入研磨介质，盖上盖子防止研磨介质损失，试样的预调转为 100、150、600、750、1500、2100、6000 和 12 000（r/min）。达到预调转数后，取下试样，在流动水下冲洗，并在 110℃ ±5℃ 的烘箱内烘干。如果试样被铁锈污染，可用体积分数为 10％的盐酸擦洗，然后立即在水流动的水下冲洗、干燥。如在光线错暗的房内，将试样放入观察箱中，在 300lx 的照度下，距离 2m 且高 1.65m，用眼睛观察对比未磨和经过研磨后的砖釉面的差别。注意不同的转数研磨后砖釉面的差别，至少需要三种观察意见。

2) 在观察箱内目视比较，当可见磨损在较高一级转数和低一级转数比较靠近时，重复试验检查结果，如果结果不同，取两上级作为结果分类。

3) 已通过 12 000 转数级的陶瓷砖瓦，紧接着做耐污染试验，根据 GB/T 3810.14 标准的规定，试验完毕，钢球用流动水冲洗，再用含甲醇的酒精清洗，然后彻底干燥，以防生锈。

6. 试验结果分类

试样根据表 1 进行分类，共分 5 类。已通过 12 000 转数级的陶瓷砖要通过 GB/T 3810.14 标准做磨损釉面的耐污染试验，但对此标准进行如下修正。

1）只用一块磨损砖（大于 12 000 r/min），仔细区别，确保污染的分类准确（例如在做耐污染试验前，切下部分磨损的砖）。

2）如果没有按 A、B 和 C 步骤进行清洗，必须按 GB/T 3810.14 标准中规定的 D 步骤进行清洗。

3）如果在 12 000 转数下未见磨损痕迹，但按 GB/T 3810.14 标准中列出的任何一种方法（A、B、C 或 D），污染都不能擦掉，砖定为 4 类。

表 7.17　有釉陶瓷砖分类

磨损可见痕迹的级/(r/min)	分　类
100	0
150	1
600	2
750、1500	3
2100、6000、12 000	4
>12 000r/min 必须通过 GB/T 3810.14 耐污染性的测定	5

7. 试验报告

试验报告应包括以下内容：①陶瓷砖的说明，包括准备试样的方式；②根据表 7.17 进行分类；③可见磨痕的研磨级。

实践课题

7.1　请在校园内找一外墙贴釉面砖的建筑物，仔细观察其使用情况。

(1) 任务

1）调查釉面砖的使用年限、查看表面的清洁程度、有无脱落裂缝等问题。

2）结合本章所学知识对产生的问题进行思考并探讨。

(2) 要求

完成一篇课程小论文，字数不少于 1500 字。

7.2　请到当地装饰材料市场，进行建筑装饰陶瓷制品的市场调研。

(1) 任务

1）调查该装饰材料市场主要销售哪些装饰陶瓷制品。

2）调查本章中介绍的几种陶瓷制品的价格、特点及生产厂家并收集样本。

3）收集这几种陶瓷制品在当地装饰工程中的应用情况。

(2) 要求

1）学生以 3～4 人为一组，完成以上调研任务。

2）任务完成后，以一组为单位递交一份调研过程记录及一份完整的调研报告。调研报告的内容包括以下几项：

① 对该市场陶瓷制品的认识情况，包括其材料组成、性质特点及用途等。

② 列出几种陶瓷制品的产地及价格对比。

③ 结合本章所学内容及本次调研情况，探讨如何对装饰陶瓷制品进行合理选用？

小　结

本章介绍了陶瓷的分类、材料组成以及建筑装饰工程中常用的几种陶瓷制品如釉面内墙砖、陶瓷墙地砖、陶瓷马赛克等的特点、用途及技术性能要求等。此外，还介绍了陶瓷砖的抗热震性试验及耐磨性试验。

复习思考题

7.1　根据产品种类，陶瓷制品可分为哪三类？各有何特点？

7.2　常用的装饰陶瓷制品有哪些品种？各有什么用途？

7.3　为什么釉面内墙砖只能用于室内而不能用于室外？

7.4　釉面内墙砖、陶瓷墙地砖及陶瓷马赛克的质量要求主要包括哪些内容？

7.5　新型陶瓷墙地砖有哪些？各有何特点？

第 8 章 建筑装饰玻璃

8.1 玻璃概述

玻璃在过去只是作为采光使用，随着现代建筑的发展，很多建筑采用玻璃材料进行装饰，同时也需要玻璃具备控制光线、调节热量、节约能源、控制噪声、降低建筑自重、改善建筑环境、提高建筑艺术等功能。因此，玻璃已成为建筑装饰工程一种重要的装饰材料。

8.1.1 玻璃的组成

玻璃是以石英砂、纯碱、长石、石灰石等为主要原料，经熔融、成型、冷却、固化后得到的透明非晶态无机物。普通玻璃的化学组成主要是 SiO_2、Na_2O、K_2O、AL_2O_3、MgO 和 CaO 等，这些氧化物在玻璃中起着重要的作用（见表 8.1）。此外，在玻璃生产工艺中还加入一些辅助原料，用以改善玻璃的性能，如着色、改性等，以满足多种使用要求。常见的辅助料有助溶剂、脱色剂、澄清剂、着色剂、乳浊剂等。

表 8.1 氧化物对玻璃性能的影响

氧化物名称	所起作用	
	增加	降低
SiO_2	熔融温度、化学稳定性、热稳定性、机械强度	密度、热膨胀系数
Na_2O	热膨胀系数	化学稳定性、耐热性、熔融温度、析晶倾向、退火温度、韧性
CaO	硬度、机械强度、化学稳定性、析晶倾向、退火温度	耐热性
AL_2O_3	熔融温度、化学稳定性、机械强度、退火温度	析晶倾向
MgO	化学稳定性、耐热性、机械强度	析晶倾向、韧性

8.1.2 玻璃的基本性能

1. 密度

玻璃的表观密度与其化学成分有关，故变化很大，而且随温度升高而减小。普通硅酸盐玻璃的表观密度在常温下大约是 $2500kg/m^3$。

2. 力学性质

玻璃的力学性质决定于化学组成、制品形状、表面性质和加工方法。凡含有未熔杂物、结石、结瘤或具有微细裂纹的制品，都会造成应力集中，从而急剧降低其机械强度。在建筑中玻璃经常承受弯曲、拉伸、冲击和震动，很少受压，所以玻璃力学性质的主要指标是抗拉强度和脆性指标。玻璃的实际抗拉强度为30～60MPa。普通玻璃的脆性指标（弹性模量与抗拉强度之比 E/R）为1300～1500（橡胶为0.4～0.6）。脆性指标越大，说明脆性越大。

3. 热物理性质

玻璃的导热性很差，常温时其导热系数仅为铜的1/400，但随着温度的升高将增大，同时还受玻璃的颜色和化学组成的影响。玻璃的热膨胀性决定于化学组成及纯度，纯度越高热膨胀系数越小。玻璃制品越厚、体积越大，热稳定性越差。

4. 化学稳定性

玻璃具有较高的化学稳定性，但长期遭受侵蚀性介质的腐蚀，也能导致变质和破坏。

5. 光学性能

玻璃既能透过光线，又能反射光线和吸收光线，所以厚玻璃和多层重叠玻璃，往往是不易透光的。玻璃反射光能与投射光能之比称为反射系数。反射系数的大小决定于反射面的光滑程度、折射率、投射光线入射角的大小、玻璃表面是否镀膜及膜层的种类等因素。玻璃吸收光能与投射光能之比称为吸收系数。透射光能与投射光能之比称为透射系数。

反射系数、透射系数和吸收系数之和为100%。普通3mm厚的窗玻璃在太阳光垂直投射的情况下，反射系数为7%，吸收系数为8%，透射系数为85%。将透过3mm厚标准透明玻璃的太阳辐射能量作为1.0，其他玻璃在同样条件下透过太阳辐射能的相对值称为遮蔽系数。遮蔽系数越小说明通过玻璃进入室内的太阳辐射能越少，冷房效果越好，光线越柔和。

8.1.3　玻璃的分类及用途

玻璃的品种很多，可以按化学组成、制品结构与性能、生产工艺方法和功能特性来分类。

1. 按玻璃的化学组成分类

钠玻璃、钾玻璃、铝镁玻璃、铅玻璃、硼硅玻璃、石英玻璃。

2. 按制品结构与性能分类

1) 普通平板玻璃，包括普通平板玻璃和浮法玻璃。

2）钢化玻璃。

3）表面加工平板玻璃，包括磨光玻璃、磨砂玻璃、喷砂玻璃、磨花玻璃、压花玻璃、冰花玻璃、蚀刻玻璃等。

4）掺入特殊成分的平板玻璃，包括彩色玻璃、吸热玻璃、光致变色玻璃、太阳能玻璃等。

5）夹物平板玻璃，包括夹丝玻璃、夹层玻璃、电热玻璃等。

6）复层平板玻璃，普通镜面玻璃、镀膜热反射玻璃、镭射玻璃、釉面玻璃、涂层玻璃、覆膜（覆玻璃贴膜）玻璃等。

3. 按生产工艺方法和功能特性来分，见表 8.2

表 8.2 玻璃的分类与特性

分类		特点	用途
平板玻璃	普通平板玻璃	用引上、平拉等工艺生产，是大宗产品，稍有波筋等	普通建筑工程
	吸热平板玻璃	有吸热(红外线)功能	防晒建筑等
	磨光平板玻璃	表面平整，无波筋，无光学畸变	制镜、高级建筑
	浮法平板玻璃	用浮法工艺生产，特性同磨光平板玻璃	
	夹丝平板玻璃	玻璃中央夹金属丝网，有安全、防火功能	安全围墙、透光建筑
	压花平板玻璃	透漫射光，不透视，有装饰效果	门窗及装饰屏风
装饰类玻璃	釉面玻璃	表面施釉，可饰以彩色花纹图案有反射功能	装饰门窗、屏风
	镜玻璃	有反射功能	制镜、装饰
	拼花玻璃	用工字铅条拼接图案花纹	装饰、门窗
	磨(喷)砂玻璃	透漫射光，可按要求制成各种图案	
	颜色玻璃	各种美丽鲜艳的色彩	装饰、信号
	彩色膜玻璃	各种美丽的色彩，可由热反射等功能	装饰、节能
	镭射玻璃	在光源照射下，产生物理衍射光，有光谱分光的七色变化	门面、娱乐场所装饰
	喷花玻璃	在玻璃表面贴花纹图案，抹以护面层，经喷砂处理而成	装饰门窗、屏风
	刻花玻璃	经涂漆、雕刻、围腊与酸蚀、研磨而成	
	印刷玻璃	图案处不透光，空格处透光	门窗、隔断、屏风
	冰花玻璃	透漫射光，图案酷似自然冰花，花纹闪烁，富立体感	门窗、调顶板、屏风
	结晶化玻璃	具可塑性，晶莹润滑，强度及硬度高，可反射光泽成特殊效果	内外墙面、台面、圆柱、转角
	全黑玻璃	透光率仅 1%，光泽及硬度良好	家具、壁砖、相框
	装饰玻璃	在光照或移动时，可自动反射出五彩光泽，显现不同图案	装饰、工艺品
	彩色裂花玻璃	色泽纹路变化多样	门窗、灯饰
安全玻璃	钢花玻璃	强度高，耐热冲击，破碎后成无尖角小颗粒	安全门窗
	夹层玻璃	强度高，破碎后玻璃碎片不掉落	
	防盗玻璃	不易破碎，即使破碎无法进入，可带报警器	安全门窗、橱窗
	防爆玻璃	能承受一定爆破压冲击，不破碎，不伤人	观察窗口等
	防弹玻璃	防一定口径枪弹射击，不穿透	安全建筑、哨所等
	防火玻璃	平时是透明的，能防一定等级的火灾，在一定时间内不破碎，能隔焰、隔烟，并可带防火报警器	安全防火建筑
	钛化铁甲玻璃	高抗碎力、高防热及防紫外线功能	安全门窗、哨所
	异形玻璃	透光、隔热、隔声和机械强度高，现场加工及切割困难	天窗、屋面、雨棚

续表

分类		特点	用途
新型建筑玻璃	电热玻璃	不会发生水分凝结、蒙上水气和冰花等	门窗、观察窗口、挡风玻璃
	热反射玻璃	反射红外线，有清凉效果，调制光线	玻璃幕墙、高级门窗
	低辐射玻璃	辐射系数小	高级建筑门窗等
	选择吸收玻璃	有选择地吸收或反射某一波长光线	
	防紫外线玻璃	吸收或反射紫外线，防紫外线辐射伤害	文物、图书馆、医疗用等
	光致变玻璃	在光照下变色	遮阳
	双层中空玻璃	有保温、隔热、吸声、调制光线等效果	空调室、寒冷地区建筑
	电致变色玻璃	在一定电压下变色	遮阳、广告等
	仿大理石玻璃	外观如同天然大理石，但性能均优于大理石	与大理石相同
	浮印大理石玻璃	具有大理石外观，易加工成不同形状规格	墙面、台面和柱面
玻璃砖	玻璃贴面砖	平整、反射性好、抗冻、耐酸碱	内外墙面装饰
	彩色玻璃砖	色彩多样、耐酸碱、耐磨	墙面及防污要求高的部位
	特厚玻璃	厚度超过12mm的玻璃	玻璃幕墙、安全玻璃
	空心玻璃砖	由四型玻璃焊接成透漫射光，强度高	透光墙面、屋面等
	玻璃锦砖（马赛克）	色彩丰富，可镶嵌成各种图案	内外强装饰大型壁面
	泡沫玻璃	体轻、保温、隔热、防霉、防蛀	隔热、深层保温等

8.1.4 玻璃的包装、标志、运输和储存

1. 包装

玻璃应用木箱或集装箱（架）包装，箱（架）应便于装卸、运输，每箱（架）的包装数量与箱（架）的强度相适应。

2. 标志

包装（箱）应附有合格证，标明生产厂名或商标、玻璃级别、尺寸、厚度、数量、生产日期、本标准号和轻搬正方、易碎防雨怕温的标志或字样。

3. 运输

运输时应防止箱（架）倾倒、滑动。在运输和装卸时需有防雨措施。

4. 储存

玻璃必须储存在不结露或有防雨设施的地方。

8.2 普通平板玻璃

8.2.1 平板玻璃的特点及性能

平板玻璃是指未经其他加工的平板状玻璃制品，也称白片玻璃或净片玻璃。平板玻

璃是传统的玻璃产品，起着透光、挡风和保温作用。要求无色，并具有较好的透明度和表面光滑、平整，无缺陷。平板玻璃的可见光线反射率在 7% 左右，透光率在 82% ~ 90% 之间。平板玻璃是建筑玻璃中生产量最大、使用最多的一种，主要用于门窗，起采光（可见光透射比 85% ~ 90%）、围护、保温、隔声等作用，也是进一步加工成其他技术玻璃的原片。

8.2.2　平板玻璃的分类、规格及等级

按生产方法不同，可分为普通平板玻璃和浮法玻璃。平板玻璃按其用途可分为窗玻璃和装饰玻璃。根据国家标准《普通平板玻璃》（GB 4871—1995）和《浮法玻璃》（GB 11614—89）的规定，玻璃按其厚度可分为以下几种规格。

1）引拉法生产的普通平板玻璃：2mm、3mm、4mm、5mm 四类。

2）浮法玻璃：3mm、4mm、5mm、6mm、8mm、10mm、12mm 七类。

引拉法生产的玻璃其长宽比不得大于 2.5，其中 2mm、3mm 厚玻璃尺寸不得小于 400mm×300mm，4mm、5mm、6mm 厚玻璃不得小于 600mm×400mm。浮法玻璃尺寸一般不小于 1000mm×1200mm，5mm、6mm 最大可达 3000mm×4000mm。

按照国家标准，平板玻璃根据其外观质量进行分等定级，普通平板玻璃分为优等品、一等品和二等品 3 个等级。浮法玻璃分为优等品、一级品和合格品 3 个等级。同时规定，玻璃的弯曲度不得超过 0.3%。

普通平板玻璃以标准箱、实际箱和重量箱计量，厚度 2mm 的平板玻璃，每 10m 为 1 标准箱；对于其他厚度规格的平板玻璃，均需进行标准箱换算。实际箱是用于运输计件的单位，玻璃的厚度不同，每实际箱的包装量也不一样。实际箱按同厚度累计平方数乘以厚度系数即可得出标准箱数。重量箱是指 2mm 厚度的平板玻璃每一标准箱的重量，其他厚度的玻璃可按一定的系数进行换数。

8.2.3　平板玻璃的技术质量要求

1. *厚度偏差*

厚度偏差应符合表 8.3 的要求。

表 8.3　厚度偏差

厚度/mm	允许偏差	厚度/mm	允许偏差
2	±0.20	4	±0.20
3	±0.20	5	±0.25

2. *尺寸偏差*

长 1500mm 以内（含 1500mm）不得超过 ±3mm，长超过 1500mm 不得超过 ±4mm。

3. *尺寸偏斜*

长 1000mm 时不得超过 ±2mm。

4. 弯曲度

弯曲度不得超过0.3%。

5. 边部凸出或残缺部分

边部凸出或残缺部分不得超过3mm，一片玻璃只许有一个缺角，沿原角等分线测量不得超过5mm。

6. 可见光透过率

可见光透过率不得低于表8.4规定。

表8.4　可见光透过率

厚度/mm	可见光总透过率/%	厚度/mm	可见光总透过率/%
2	88	4	86
3	87	5	84

8.2.4　平板玻璃的应用

平板玻璃是传统的玻璃产品，主要用于门窗，起着透光、挡风和保温作用。要求无色，并具有较好的透明度和表面光滑平整，无缺陷。其可见光线反射率在7%左右，透光率在82%～90%之间。平板玻璃的用途有两个方面：3～5mm的平板玻璃一般是直接用于门窗的采光，8～12mm的平板玻璃可用于隔断。另外的一个重要用途是作为钢化、夹层、镀膜、中空等玻璃的原片。

8.3　装饰玻璃

8.3.1　彩色平板玻璃

彩色平板玻璃有透明和不透明两种。透明的彩色玻璃是在玻璃原料中加入一定量的金属氧化物面制成。不透明彩色玻璃是经过退火处理的一种饰面玻璃，可以切割，但经过钢化处理的不能再进行切割加工。

彩色平板玻璃的颜色有茶色、海洋蓝色、宝石蓝色、翡翠绿等。彩色玻璃可以拼成各种图案，并有耐腐蚀、抗冲刷、易清洗特点，主要用于建筑物的内外墙、门窗装饰及对光线有特殊要求的部位。

8.3.2　磨砂玻璃

磨砂玻璃又称为毛玻璃，它是将平板玻璃的表面经机械喷砂、手工研磨或用氢氟酸溶蚀等方法处理成均匀毛面而成。由于表面粗糙，只能透光而不能透视，多用于需要隐秘或不受干扰的房间，如浴室、卫生间和办公室的门窗等，也可用作黑板。

8.3.3 花纹玻璃

1. 压花玻璃

压花玻璃是将熔融的玻璃液在冷却过程中通过带图案的花纹辊轴连续对辊压延而成。压花玻璃的表面压有深浅不同的各种花纹图案，由于表面凹凸不平，所以光线透过时即产生漫射，因此从玻璃的一面看另一面的物体时，物像就模糊不清，形成了这种玻璃透光不透视的特点。另外，压花玻璃由于表面具有各种花纹区案，可透光，但却能遮挡视线，即具有透光不透明的特点，所以具有良好的艺术装饰效果。

压花玻璃的品种有一般压花玻璃、真空镀膜压花玻璃、彩色压花玻璃等。它是各种公共设施室内装饰和分隔的理想材料，用于门窗、室内间隔、浴厕等处，也可用于居室的门窗装配，起着采光但又阻隔视线的作用。

2. 喷花玻璃

喷花玻璃又称为胶花玻璃，是在平板玻璃表面贴以图案，抹以保护层，经喷砂处理形成透明与不透明相间的图案面成。喷花玻璃给人以高雅、美观的感觉，适用于室内门窗、隔断和采光。喷花玻璃的厚度一般为6mm，最大加工尺寸为2200mm×1000mm。

3. 乳花玻璃

乳花玻璃是新近出现的装饰玻璃，它的外观与胶花玻璃相近。乳花玻璃是在平板玻璃的一面贴上图案，抹以保护层，经化学处理蚀刻而成。它的花纹清新、美丽，富有装饰性。乳花玻璃一般厚度为3～5mm，最大加工尺寸为2000mm×1500mm。其用途与喷花玻璃相同。

4. 冰花玻璃

冰花玻璃是一种利用平板玻璃经特殊处理形成具备自然冰花纹理的玻璃。冰花玻璃对通过的光线有漫射作用，如作门窗玻璃，犹如蒙上一层纱帘，看不清室内的景物，却有着良好的透光性能，具有良好的装饰效果。冰花玻璃可用无色平板玻璃制造，也可用茶色、蓝色、绿色等彩色玻璃制造。其装饰效果优于压花玻璃，给人以清新之感，是一种新型的室内装饰玻璃。其可用于宾馆、酒楼等场所的门窗、隔断、屏风和家庭装饰。目前最大规格尺寸为2400mm×1800mm。

8.3.4 镜面玻璃

镜面玻璃亦叫涂层玻璃或镀膜玻璃。它是以金、银、铜、铁、锡、钛、铬或锰等的有机或无机化合物为原料，采用喷射、溅射、真空沉积、气相沉积等方法，在玻璃表面形成氧化物涂层。镜面玻璃的涂层色彩有多种，常用的有金色、银色、灰色、古铜色。这种带涂层的玻璃，具有视线的单向穿透性，即视线只能从有镀层的一侧观向无镀层的一侧。同时，它还能扩大建筑物室内空间和视野，或反映建筑物周围四季景物的变化，使人有赏心悦目的感觉。镜面玻璃反射能力强。其对光线有较强的反射能力，是普通平板玻璃的 4～5 倍以上，可增加室内的明亮度，使室内光线柔和、舒适，夏凉冬暖，在装有空调的建筑中有明显的节能效益。其用于公共建筑室内的墙面或柱面及门厅、走廊、玻璃栏河等部位以及宾馆、饭店、酒家、酒吧间的外墙装潢（玻璃幕墙）。

8.3.5　镭射玻璃

镭射玻璃又称激光玻璃、波光玻璃，是以玻璃为基材，经激光表面微刻处理形成的最新一代激光装饰材料，是应用现代高新技术激光全息变光原理，将摄影美术与雕塑的特点融为一体，通过布拉格条件，使普通玻璃在白光条件下出现五光十色的三维立体图像，美不胜收。

1. 镭射玻璃主要特点

镭射玻璃是依照不同需要，采用电脑设计，镭射表面处理，编入各种色彩、图形，以及各种色彩多种变换方式，在普通玻璃上形成物理衍射分光和全息光栅或其他光栅，玻璃表观晶莹透剔，凹与凸部形成四面对应分布或散射分布，构成不同质感，不同空间感，不同立面的透镜，加上玻璃本身的色彩及射入的光源，致使无数小透镜形成多次棱镜折射，从而产生五彩缤纷的光辉。其景观扑朔迷离，似动非动，亦真亦幻，高雅华贵，不时出现冷色、暖色、中间色，交相辉映，标新立异，奇特新颖，是国际上刚刚兴起的一种新型装饰玻璃，有着全新的观赏价值，是高新技术与艺术的结晶。

2. 镭射玻璃功能特性与用途

(1) 镭射玻璃的性能

镭射玻璃耐冲击和防滑性能良好，耐腐蚀性能均优于大理石、马赛克、真空镀膜玻璃等。其使用寿命、全息光栅处于高稳定状态。

(2) 镭射玻璃的用途

镭射玻璃用于公共设施、酒店、宾馆及各种商业、文化娱乐厅、办公楼、写字间、大堂（大厅）的装饰装修及家庭居室的美化，如内外墙面、商业、门面、招牌、广告牌、装饰牌、门楼、柱面、天顶、雕塑贴面、电梯门、艺术屏风、高级喷水池、发廊、变光观赏鱼缸、变色灯具、钟表及其他电子产品外观装饰材料。

3. 镭射玻璃规格

(1) 镭射玻璃标准规格（厚度 5mm）

标准规格有 300mm×300mm、400mm×400、500mm×500mm、500mm×1000mm。

(2) 地砖类镭射玻璃规格

标准规格有：500mm×500mm、600mm×600mm。

非标准规格有三角形、圆形、扇形。

(3) 异型镭射柱体玻璃

直径为 ϕ150mm、ϕ600mm、ϕ700mm、ϕ800mm、ϕ900mm、ϕ1100mm、ϕ1200mm 为标

准规格，其他尺寸为非标准圆柱。

8.3.6　釉面玻璃

釉面玻璃是指在按一定尺寸切裁好的玻璃表面上涂敷一层彩色易熔的釉料，经过烧结、退火或钢化等处理，使釉层与玻璃牢固结合，制成具有美丽的色彩或图案的玻璃。它一般以平板玻璃为基材。其特点是图案精美，不褪色，不掉色，易于清洗，可按用户的要求或艺术设计图案制作。釉面玻璃具有良好的化学稳定性和装饰性，广泛用于室内饰面层，一般建筑物门厅和楼梯间的饰面层及建筑物外饰面层。

8.4　安 全 玻 璃

安全玻璃是指与普通玻璃相比，具有力学强度高、抗冲击能力强的玻璃。其主要品种有钢化玻璃、夹丝玻璃、夹层玻璃和钛化玻璃。安全玻璃被击碎时，其碎片不会伤人，并兼具有防盗、防火的功能。根据生产时所用的玻璃原片不同，安全玻璃也具有一定的装饰效果。

8.4.1　钢化玻璃

钢化玻璃又称强化玻璃。它是用物理的或化学的方法，在玻璃表面上形成一个压应力层，玻璃本身具有较高的抗压强度，不会造成破坏。当玻璃受到外力作用时，这个压力层可将部分拉应力抵消，避免玻璃的碎裂，虽然钢化玻璃内部处于较大的拉应力状态，但玻璃的内部无缺陷存在，不会造在成破坏，从而达到提高玻璃强度的目的。钢化玻璃是平板玻璃的二次加工产品，钢化玻璃的加工可分为物理钢化法和化学钢化法。

物理钢化玻璃又称为淬火钢化玻璃。它是将普通平板玻璃在加热炉中加热到接近玻璃的软化温度（600℃）时，通过自身的形变消除内部应力，然后将玻璃移出加热炉，再用多头喷嘴将高压冷空气吹向玻璃的两面，使其迅速且均匀地冷却至室温，即可制得钢化玻璃。这种玻璃处于内部受拉，外部受压的应力状态，一旦局部发生破损，便会发生应力释放，玻璃被破碎成无数小块，这些小的碎片没有尖锐棱角，不易伤人。

化学钢化玻璃是通过改变玻璃表面化学组成来提高玻璃的强度，一般是应用离子交换法进行钢化。其方法是将含有碱金属离子的硅酸盐玻璃，浸入到熔融状态的锂（Li^+）盐中，使玻璃表层的 Na^+ 或 K^+ 离子与 Li^+ 离子发生交换，表面形成 Li^+ 离子交换层，由于 Li^+ 的膨胀系数小于 Na^+、K^+ 离子，从而在冷却过程中造成外层收缩较小而内层收缩较大，当冷却到常温后，玻璃便同样处于内层受拉，外层受压的状态，其效果类似于物理钢化玻璃。

钢化玻璃强度高，其抗压强度可达 125MPa 以上，比普通玻璃大 4～5 倍；抗冲击强度也很高，用钢球法测定时，0.8kg 的钢球从 1.2m 高度落下，玻璃可保持完好。钢化玻璃的弹性比普通玻璃大得多，一块 1200mm×350mm×6mm 的钢化玻璃，受力后可发生达 100mm 的弯曲挠度，当外力撤除后，仍能恢复原状，而普通玻璃弯曲变形只能有几毫米。热稳定性好，在受急冷急热时，不易发生炸裂是钢化玻璃的又一特点。这是因为钢化玻璃的压应力可抵消一部分因急冷急热产生的拉应力之故。钢化玻璃耐热冲击，最大安全工作温度为288℃，能承受204℃的温差变化。

由于钢化玻璃具有较好的机械性能和热稳定性，所以在建筑工程、交通工具及其他领域内得到广泛的应用。平钢化玻璃常用作建筑物的门窗、隔墙、幕墙及橱窗、家具等，曲面玻璃常用于汽车、火车及飞机等方面。使用时应注意的是钢化玻璃不能切割、磨削，边角不能碰击挤压，需按现成的尺寸规格选用或提出具体设计图纸进加工定制。用于大面积的玻璃幕墙的玻璃在钢化上要予以控制，选择半钢化玻璃，即其应力不能过大，以避免受风荷载引起震动而自爆。根据所用的玻璃原片不同，可制成普通钢化玻璃、吸热钢化玻璃、彩色钢化玻璃、钢化中空玻璃等。

8.4.2 夹层玻璃

夹层玻璃是在两片或多片玻璃原片之间，用PVB（聚乙烯醇丁醛）树脂胶片，经过加热、加压粘合而成的平面或曲面的复合玻璃制品。用于夹层玻璃的原片可以是普通平板玻璃、浮法玻璃、钢化玻璃、彩色玻璃、吸热玻璃或热反射玻璃等。夹层玻璃的层数有2、3、5、7层，最多可达9层，对两层的夹层玻璃，原片的厚度常用的有（mm）：2+3、3+3、3+5等。夹层玻璃的透明性好，抗冲击性能要比一般平板玻璃高好几倍，用多层普通玻璃或钢化玻璃复合起来，可制成防弹玻璃。

由于PVB胶片的粘合作用，玻璃即使破碎时，碎片也会被粘在薄膜上，不会飞扬伤人，破碎的玻璃表面仍保持整洁光滑，这就有效防止了碎片扎伤和穿透坠落事件的发生，确保了人身安全。通过采用不同的原片玻璃，夹层玻璃还可具有耐久、耐热、耐湿等性能。

在欧美，大部分建筑玻璃都采用夹层玻璃，这不仅为了避免伤害事故，还因为夹层玻璃有极好的抗震入侵能力。中间膜能抵御锤子、劈柴刀等凶器的连续攻击，还能在相当长时间内抵御子弹穿透，其安全防范程度极高。

现代居室，隔声效果是否良好，已成为人们衡量住房质量的重要因素之一。使用了PVB中间膜的夹层玻璃能阻隔声波，维持安静、舒适的办公环境。其特有的过滤紫外线功能，既保护了人们的皮肤健康，又可使家中的贵重家具、陈列品等摆脱褪色的厄运。它还可减弱太阳光的透射，降低制冷能耗。

夹层玻璃的诸多优点，用在家居装饰方面也会有意想不到的好效果。如许多家庭的门，包括厨房的门，都是用磨砂玻璃做材料，煮饭时厨房的油烟容易积在上面，如果用夹层玻璃取而代之，就不会有这个烦恼。同样，家中大面积的玻璃间隔，对好动的小孩来说是个安全隐患，若用上夹层玻璃，家长就可以大大放心了。

夹层玻璃安全破裂，在重球撞击下可能碎裂，但整块玻璃仍保持一体性，碎块和锋利的小碎片仍与中间膜粘在一起。夹层玻璃有着较高的安全性，一般在建筑上用作高层建筑门窗、天窗和商店、银行、珠宝的橱窗、隔断等。

8.4.3 夹丝玻璃

夹丝玻璃也称防碎玻璃或钢丝玻璃。它是由压延法生产的，即在玻璃熔融状态下将经预热处理的钢丝或钢丝网压入玻璃中间，经退火、切割而成。夹丝玻璃表面可以是压花的或磨光的，颜色可以制成无色透明或彩色的。

夹丝玻璃的特点是安全性和防火性好。夹丝玻璃由于钢丝网的骨架作用，不仅提高了玻璃的强度，而且当受到冲击或温度骤变而破坏时，碎片也不会飞散，避免了碎片对人的伤害。在出现火情时，当火焰燃烧，夹丝玻璃受热炸裂，由于金属丝网的作用，玻璃碎片仍能保持在原位，隔绝火焰，故又称为防火玻璃。

根据国家行业标准《夹丝玻璃》(96)(JC433—91)规定，夹丝玻璃厚度分为6mm、7mm、10mm，规格尺寸一般不小于600mm×400mm，不大于2000mm×1200mm。目前我国生产的夹丝玻璃分为夹丝压花玻璃和夹丝磨光玻璃两类。夹丝玻璃可用于建筑的防门窗、天窗、采光屋顶、阳台等部位。

8.4.4 防火玻璃

能够同时满足耐火完整性、耐火隔热性和热辐射强度的玻璃称为防火玻璃。耐火完整性是指在标准的耐火试验条件下，当建筑分隔构件一面受火时，能在一定时间内防止火焰穿透或防止火焰在背火面出现的能力；耐火隔热性是指当建筑隔构件一面受火时，能在一定时间内背火面温度不超过规定值的能力；热辐射强度指在玻璃背火面一定距离、一定时间内热辐射照度值。防火玻璃按耐火等级分为Ⅰ级、Ⅱ级、Ⅲ级，防火玻璃按结构分为两类，即：

复合防火玻璃（FFB）：由两层或两层以上玻璃复合而成，或由一层玻璃和有机材料复合而成，并满足相应耐火等级要求的特种玻璃。

单片防火玻璃（DFB）：由单层玻璃构成，并满足相应耐火等级要求的特性玻璃。

8.4.5 钛化玻璃

钛化玻璃也称永不碎铁甲箔膜玻璃，是将钛金箔膜紧贴在任意一种玻璃基材之上，使之结合成一体的新型玻璃。钛化玻璃具有高抗碎能力，高防热及防紫外线等功能。不同的基材玻璃与不同的钛金箔膜，可组合成不同色泽、不同性能、不同规格的钛化玻璃。钛化玻璃常见的颜色有无色透明、茶色、茶色反光、铜色反光等。

8.5 节能装饰玻璃

传统的玻璃应用在建筑物上主要是采光，随着建筑物门窗尺寸的加大，人们对门窗的保温隔热要求也相应的提高了，节能装饰型玻璃就是能够满足这种要求，集节能性和装饰性于一体的玻璃。节能装饰型玻璃通常具有令人赏心悦目的外观色彩，而且还具有特殊的对光和热的吸收、透射和反射能力，用建筑物的外墙窗玻璃幕墙，可以起到显著的节能效果，现已被广泛地应用于各种高级建筑物之上。建筑上常用的节能装饰玻璃有吸热玻璃、热反射玻璃和中空玻璃等。

8.5.1　吸热玻璃

吸热玻璃是能吸收大量红外线辐射能、并保持较高可见光透过率的平板玻璃。生产吸热玻璃的方法有两种：一是在普通钠钙硅酸盐玻璃的原料中加入一定量的有吸热性能的着色剂；另一种是在平板玻璃表面喷镀一层或多层金属或金属氧化物薄膜而制成。

吸热玻璃按颜色分为灰色、茶色、蓝色、绿色、古铜色、青铜色、粉红色和金黄色等，我国目前主要生产前三种颜色的吸热玻璃。厚度有2mm、3mm、5mm、6mm四种。按成分分为硅酸盐吸热玻璃、磷酸盐吸热玻璃、光致变色吸热玻璃与镀膜玻璃等。吸热玻璃还可以进一步加工制成磨光、钢化、夹层或中空玻璃。吸热玻璃与普通平板玻璃相比具有如下特点。

1. 吸收太阳辐射热

如6mm厚的透明浮法玻璃，在太阳光照下总透过热为84%，而同样条件下吸热玻璃的总透过热量为60%。吸热玻璃的颜色和厚度不同，对太阳辐射热的吸收程度也不同。

2. 吸收太阳可见光，减弱太阳光的强度，起到反炫作用

3. 具有一定的透明度，并能吸收一定的紫外线

吸热玻璃已广泛用于建筑物的门窗、外墙以及用作车、船挡风玻璃等，起到隔热、防炫、采光及装饰等作用。吸热玻璃还可以按不同用途进行加工，制成磨光、夹层、镜面及中空玻璃，在外部围护结构中用于配制彩色玻璃窗，在室内装饰中用于镶嵌玻璃隔断，装饰家具，以增加美感。无色磷酸盐吸热玻璃能大量吸收红外线辐射热，可用于电影拷贝、电影放映、幻灯放映、彩色印刷等。

8.5.2　热反射玻璃

热反射玻璃是有较高的热反射能力而又保持良好透光性的平板玻璃，它是采用热解法、真空蒸镀法、阴极溅射法等，在玻璃表面涂以金、银、铜、铝、铬、镍和铁等金属或金属氧化物薄膜，或采用电浮法等离子交换方法，以金属离子置换玻璃表层原有离子而形成热反射膜。热反射玻璃也称镜面玻璃，有金色、茶色、灰色、紫色、褐色、青铜色和浅蓝等各色。

热反射玻璃的热反射率高，如6mm厚浮法玻璃的总反射热仅16%，同样条件下，吸热玻璃的总反射热为40%，而热反射玻璃则可高达61%，因而常用它制成中空玻璃或夹层玻璃，以增加其绝热性能。

镀金属膜的热反射玻璃还有单向透像的作用，即白天能在室内看到室外景物，而室外看不到室内的景象。所以热反射玻璃在建筑工程中获得广泛应用，常用来制成中空玻璃或夹层玻璃窗，以提高其隔热性能。热反射玻璃主要用于避免由于太阳辐射而增热及设置空调的建筑，适用于各种建筑物的门窗、汽车和轮船的玻璃窗、玻璃幕墙以及各种

艺术装饰。我国宁夏玻璃厂生产的彩色镀膜热反射玻璃的规格品种较多，最大尺寸可为2600mm×1200mm，玻璃厚度有 3mm 和 6mm 两种。

8.5.3　中空玻璃

随着建筑物标准的提高，建筑物采用大面窗户，使冬季采暖、夏季制冷所消耗的能量大大增加，因此在建筑上采用中空玻璃和有特殊性能的玻璃来降低能源的消耗成了普遍趋势。

中空玻璃的主要功能是隔热隔声，所以又称为绝缘玻璃。一般可降低噪声 30～40dB，且防结霜性能好，结霜温度比普通玻璃低 15℃左右。传热系数为 3.09W/(m^2·K)，而普通玻璃（3mm 厚）的传热系数则为 7.19 W/（m^2·K)，耗热量为中空玻璃的两倍。优质的中空玻璃寿命可达 25 年之久。国外中空玻璃的应用较为普通。1990 年，美国有 90％的住宅使用了中空玻璃。一些欧洲国家还规定所有建筑物必须全部采用中空玻璃，禁止普通玻璃作窗玻璃。近年来，随着人们对建筑节能重要性认识的提高，中空玻璃的应用在我国也受到了重视。

中空玻璃由于具有许多优良性能，因此应用范围很广。由于构成原料的不同，中空玻璃性能也各有差异，应用场所也不同。无色透明的中空玻璃主要用于普通住宅、空调房间，空调列车、商用雪柜等；有色中空玻璃主要用于建筑艺术要求较高的建筑物，如影剧院、展览馆、银行等；特种中空玻璃则根据设计要求使用，如防阳光中空玻璃等；热反射中空玻璃主要用于热带地区建筑物；低辐射中空玻璃就可以用于在寒冷地区及太阳能利用等方面；夹层中空玻璃多用在防盗橱窗等方面；钢化中空玻璃、夹丝中空玻璃以安全为目的，主要用于玻璃幕墙、采光天棚等处。

8.6　其他玻璃装饰制品

8.6.1　玻璃锦砖

玻璃锦砖又称玻璃马赛克，其名称源于拉丁文，英文为 mosaic。历史上，马赛克泛指镶嵌艺术作品，后来指由不同色彩的小块镶嵌而成的平面装饰。玻璃马赛克是将长度不超过 45mm 的各种颜色和形状的玻璃质小块铺贴在纸上而制成的一种装饰材料。它与陶瓷锦砖的主要区别是：玻璃质结构，呈乳浊状或半乳浊状，内含少量气泡和未熔颗粒；单块产品断面呈楔形，背面有锯齿状或阶梯状的沟纹，以便粘贴牢固。

1. 玻璃锦砖的特点

(1) 色泽绚丽多彩，典雅美观

“赤橙黄绿青蓝紫”诸色彩兼备，用户可根据不同的需要进行选择。特别是近年生产的金星玻璃马赛克产品，除了具有普通马赛克的特点外，还能随外界光线的变化映出不同的色彩，恰似金星闪烁、璀璨耀眼。不同色彩图案的马赛克可以组合拼装成各色壁画，装饰效果十分理想。

(2) 质地坚硬，性能稳定，具有耐热、耐寒、耐候、耐酸碱等性能

由于玻璃锦砖的断面比普通陶瓷有所改进，吃灰深，粘结较好，不易脱落，耐久性较好。因而不积尘，天雨自涤，经久常新。

(3) 价格较低

一般陶瓷马赛克为9～11元/m^2，而玻璃马赛克仅需7.50～10.00元/m^2。

(4) 施工方便

减少了材料堆放，减轻了工人的劳动强度，施工效率提高。

2. 规格

玻璃锦砖一般尺寸为20mm×70mm、30mm×30mm、40mm×40mm等，厚度为4～6mm，有透明、半透明，带金色半点、银色斑点或银色条纹等，玻璃锦砖一般都制成一面光滑，另一面带有槽纹，以提高施工时的粘结性。

3. 玻璃锦砖的应用

玻璃锦砖适用于宾馆、医院、办公楼、礼堂、住宅等建筑的外墙饰面装饰。

8.6.2 玻璃砖

玻璃砖又称特厚玻璃，分为实心砖和空心砖两种。实心玻璃砖是用熔融玻璃采用机械模压制成的矩型块状制品。空心玻璃砖是由箱式模具压成凹形半块玻璃砖，然后再将两块凹形砖熔结或粘接而成的方型或矩型整体空心制品。砖内外可以压铸出各种条纹，空心砖按内部结构可分为单空腔和双空腔两类，后者在空腔中间有一道玻璃肋。玻璃空心砖有115mm、145mm、240mm、300mm等规格；可以用彩色玻璃制做，也可以在其内腔用透明涂料涂饰。玻璃空心砖的容重较低（800kg/m^3），导热系数较低［0.46W/（m·K)］，有足够的透光率（50%～60%）和散射率（25%）。其内腔制成不同花纹可以使外来光线扩散或使其向指定方向折射，具有特殊的光学特性。

玻璃砖被誉为"透光墙壁"，具有强度高、隔音、隔热、耐水等特点。主要用于砌筑透光隔墙、淋浴隔断、楼梯间、门厅、通道等和需要控制透光、炫光和阳光直射的场合。

8.7 微晶玻璃

被科学家称为21世纪新型装饰材料的微晶玻璃，是20世纪70年代发展起来的多晶陶瓷新型材料。它兼有玻璃和陶瓷的优点，具有常规材料难以达到的物理性能。微晶玻璃采用一种不同于陶瓷的制造工艺，与普通玻璃相近，但特性与陶瓷却迥然不同。因为当玻璃中充满微小晶体后（每cm^{3}约十亿晶粒），玻璃固有的性质发生变化，即由非晶形变为具有金属内部晶体结构的玻璃结晶材料。它近似于硬化后不脆不碎的凝胶，是一种新的透明或不透明的无机材料，即所谓的结晶玻璃、玻璃陶瓷或高温陶瓷。

微晶玻璃比高碳钢硬、比铝轻，机械强度比普通玻璃大6倍多，耐磨性不亚于铸

石，热稳定性好（加热至 900℃ 骤然投入 5℃ 冷水而不炸裂），电绝缘性能与高频瓷接近，化学稳定性与硼硅酸玻璃相同，不怕酸碱侵蚀。微晶玻璃板色彩丰富而均匀，无色差，光泽柔和晶莹，外观酷似天然石材，而机械性能指标、化学稳定性、耐久性和表面光洁度等方面都超过花岗石。

8.7.1　微晶玻璃的特性

1. 丰富的色泽和良好的质感

通过工艺控制可以生产出各种色彩、色调和图案的微晶玻璃蚀面材料。其表面经过不同的加工处理又可产生不同的质感效果。抛光微晶玻璃的表面光洁度远远高于天然石材，其光泽亮丽，使建筑物豪华和气派。而毛光和亚光微晶玻璃可使建筑平添自然厚实的庄重感，所以微晶玻璃可以在色泽和质感上能很好地满足设计者的要求。

2. 色调均匀

天然花岗石难以避免明显的色差，这是其固有的缺陷，而微晶玻璃易于实现颜色均匀，达到更辉煌的装饰效果。尤其是高雅的纯白色微晶玻璃，更是天然石材所望尘莫及的。

3. 永不浸湿、抗污染

凡由天然石材装修的墙面，经过雨雪浸淋都会留下湿纹，而且一连数月甚至更长时间都无法恢复原状。这种缺陷是因为天然石材有一定的吸水性，导致其渗水、渗碱，甚至渗泥浆，从而影响其原有色泽，甚至产生污染和浸湿石材表面，而微晶玻璃则具有玻璃不吸水的天生特性，所以不易污染，其豪华外观不但不受任何雨雪的侵害，反而还借此“天雨自涤”的机会而备增光辉，能全天候地永葆高档建筑的堂皇。由于其易于清洁，从建筑物的维护和保养方面考虑，可以大大降低维护成本。

4. 优良的机械性能和化学稳定性

微晶玻璃是无机材料经高温精制而成，其结构均匀细密，比天然石材更坚硬、耐磨、耐酸碱等，即使暴露于风雨及被污染的空气中也不会变质、褪色。

5. 高度的破裂安全性

仿石材的微晶玻璃有多种。天津某公司生产的一种内部结构像花岗石那样的颗粒状组织的微晶玻璃，即便强力冲击引起破裂，其破裂规律也和花岗石一样，只形成三岔裂纹，裂口迟钝不伤手。

6. 高度环保性能

微晶玻璃不含任何放射性物质，确保了无放射性环境污染。尽管抛光微晶玻璃达到近似于玻璃的表面光洁度，但光线不论从任何角度照射，都可形成自然柔和的质感，毫无光污染。

8.7.2 微晶玻璃制品，如微晶玻璃装饰板

微晶玻璃装饰板具有许多奇妙的特性，如它属于玻璃制品，却砸不碎，碰不破；它的表面具有天然石材的质感，却没有色差；它像大规格抛光砖一样密实，可铺地，可挂墙，却没有瓷砖釉面褪色的弱点；像铝型复合板一样，可任意着色，外表华丽，却不像铝塑板那样怕氧化，不耐腐蚀。正是这些色泽美观、外观华丽、永不磨损、永不褪色、不怕腐蚀的特殊优良性能，使微晶玻璃成为继装饰玻璃、天然石材、金属板材之后而流行的高档装饰材料。微晶玻璃装饰板外观很像天然石材，结晶体在微晶玻璃装饰板表面构成一种柔和的花纹，乍一看就像一幅流云图。由于它属于玻璃制品，还具有微弱的透光性，特别是浅色板，如果在背后打上灯光，整个装饰面会产生一种柔和的光照特性。微晶玻璃装饰板的使用和石材基本一样，可用于外墙干挂，厚度比石材减少 7～12mm；可铺地，也可像石材一样做成各种异型材；不同的是，微晶玻璃装饰板还可作吊顶材料，这是石材所不能比的，因为石材有天然裂纹，在一定的压力下会断裂。

8.7.3 微晶玻璃的生产

微晶玻璃的生产方法通常有两种，即压延法和烧结法。压延法是将生料融成玻璃液，然后将玻璃液压延，经热处理再切割成板材。烧结法则是先将生料熔融成玻璃液，淬冷成碎料，然后将碎料倒人模具铺平，放人窑炉中热处理得到微晶玻璃板材。两者各具优缺点，前者能连续流水生产、热耗低，但品种单一；后者能做到品种多样，但工艺复杂，对模具要求高，成品气泡多是其主要的弱点。

8.7.4 微晶玻璃及制品的应用

现代建筑业的发展对高档装饰材料的需求量越来越大，要求越来越高。传统的装饰材料如大理石、花岗岩等存在耐侵蚀能力、抗风化能力差、易磨损等缺点，不宜作内、外墙装饰材料。不少采用花岗岩、辉绿石、黑色页岩等材料装修的内、外墙饰面，发现它们与铀、钍等元素共生，放射性强度超标，微晶玻璃很好地克服了这些缺点。它适用于高档次的地铁、大楼、机场、车站、宾馆、大饭店等建筑物的装饰材料。

8.8 建筑装饰玻璃的发展方向

8.8.1 多功能复合型装饰玻璃

材料不能仅限于一种功能，而应将多种功能结合起来，最有效利用资源，满足多方面的要求。如镀膜中空玻璃兼有遮阳、保暖和装饰功能，比普通中空玻璃节约能源 18%。又如将涂光催化降解薄膜的玻璃加工成中空玻璃，既具有普通中空玻璃的保温、隔音、消除霜露功能，还具有降解污物的“自洁”功能等。

8.8.2　生态环境材料型装饰玻璃

生态环境材料型装饰玻璃是既具有良好使用性能或装饰功能，又对资源和能源消耗少、对生态环境污染小、再生利用率高、与环境协调共存的玻璃材料，如涂薄膜的玻璃可在阳光照射下对大气中工业废气和汽车尾气的有机污染物进行光催化降解以及抑制和杀灭环境中的微生物，从而使灰尘和油污自动从玻璃表面剥离，达到去污和自洁的要求。此类型自洁（防污）玻璃可用于建筑物的门、窗、外墙和厨房、卫生间的内墙、门、窗及卫生洁具，可抑制和杀灭表面附着的微生物、霉斑和污迹，既可单片使用，也可制成中空玻璃或玻璃幕墙，是建筑玻璃的发展趋势。

8.8.3　智能（机敏）型装饰玻璃

随着智能建筑的兴起，从通信自动化、办公自动化和管理自动化功能方面要求建筑装饰材料也具有感觉、处理和执行（驱动）功能，起到自诊断、自适应和自修补（自愈合）的作用。目前的智能玻璃窗与智能材料的发展较为滞后，只能算初级智能材料，今后必将研制开发全智能的建筑装饰玻璃。

材料选用案例

国内首座扭面玻璃幕墙已问世。

运用先进的结构设计技术以及新型加工手段，国内第一座扭面玻璃幕墙在广东省东莞市东莞图书馆变成现实。与以往国内任何建筑外装设计不同的是，东莞图书馆的外立面是一个不规则空间曲面，它彻底打破了幕墙要素中点、线、面按直线或弧线排列的模式。这项扭面幕墙技术，不仅在国内打造了一种全新的幕墙类型，而且极大地丰富了国内建筑个性化造型设计的创作空间，同时也突显了玻璃在建筑装饰工程中的重要地位。整个扭面幕墙共有五幅，包括西立面扭面幕墙、南入口扭面幕墙、北入口扭面幕墙和室内扭面幕墙（共两幅）。由于国内没有同类幕墙技术可供参考，在整个施工组织设计过程中，为保证安装精度、消化结构偏差、防止不在同一平面的玻璃破裂，并让易碎的平面玻璃扭动起来，在设计中借鉴了德国斯图加特艺术中心扭面幕墙的设计理念，进行了大量技术攻关和创新。

小　　结

玻璃是现代装饰装修过程中应用非常广泛的一种材料，本章介绍了玻璃的组成、基本性能、分类及用途，简单介绍了微晶玻璃等新型建筑装饰玻璃及发展趋势。本章讲述了平板玻璃的分类、规格等级及其工程应用，以及安全玻璃及新型玻璃及玻璃砖。本章的重点是建筑装饰玻璃，主要有釉面玻璃、镜玻璃、拼花玻璃、磨（喷）砂玻璃、颜色玻璃、彩色膜玻璃、镭射玻璃、喷花玻璃、刻花玻璃、印刷玻璃、冰花玻璃、结晶化玻璃、全黑玻璃、彩色裂花玻璃等的性能特点与应用。本章突出了玻璃的使用功能，强调了玻璃的选择方法与工程应用。

复习思考题

8.1　根据《建筑安全玻璃管理规定》规定，必须使用安全玻璃的11个装修部位中，涉及室内装修部位就有8处。包括类天棚（含天窗、采光顶）、吊顶、楼梯、阳台、平台走廊、卫生间的淋浴隔断、浴缸隔断、浴室门，请问为什么？

8.2　请问哪些玻璃是建筑节能的优质玻璃？

8.3　钢化玻璃是怎样制成的？常用于哪些装饰部位？使用中应注意什么？

8.4　什么是微晶玻璃，它主要有哪些性能？常用于哪些工程的装饰？

8.5　装饰玻璃有哪些类型？各自适用于哪些装饰工程？

8.6　边缘密封失效后，中空玻璃将失去应有的功能，不但节能性能达不到，也不能透过结露的空气层看清外面。请问影响中空玻璃密封的主要因素是什么？应采取什么防止措施？

8.7　影响建筑玻璃热炸裂的主要因素有哪些？

第 9 章

金属装饰材料

9.1 建筑装饰用钢材及制品

9.1.1 建筑装饰用钢材概述

金属材料作为建筑装饰材料，有着悠久的历史。金属材料一般分为黑色金属和有色金属两种。黑色金属的基本成分主要是铁及铁合金，有色金属是除铁以外的其他金属（如铝、铜、铅、锡、锌及其合金等）的总称。钢材是铁碳合金，是由铁矿石经过各种冶炼得到铁，再进一步冶炼后得到钢。钢和铁的区别在于含碳量的多少，钢的含碳量为0.04%～2.11%，由于含碳量的不同，造成了铁和钢的性能差异。

钢材是建筑工程和建筑装饰工程中的重要材料。在实际工程中，将铁矿石经过冶炼得到钢锭，再将钢锭经过轧压、锻压等加工工艺制成各种型材，如角钢、工字钢、槽钢、钢筋、钢管、钢板、钢丝等。

钢材具有品质均匀、抗拉、抗压、抗冲击和耐疲劳等特性，能承受较大的弹性和塑性变形，且具有可焊、可铆、可切割和弯曲等易于加工的性能。因此，其型材及制品在建筑工程中不仅可以作为结构用材，也可以用作建筑物的外墙面、屋面及各种吊顶龙骨等的装饰骨架材料。钢材制品（不锈钢、彩色钢板、压型钢板等）更被赋予各种颜色和质感，成为现代建筑室内外装饰的高档材料。

1. 建筑装饰用钢材的分类

(1) 按冶炼方法分

1）按炉种分：平炉钢、转炉钢（氧气转炉钢、空气转炉钢）和电炉钢。

2）按脱氧程度分：沸腾钢、镇静钢、半镇静钢和特殊镇静钢。

(2) 按化学成分分

1）碳素钢：低碳钢（含碳量小于0.25%）；
中碳钢（含碳量0.25%～0.60%）；
高碳钢（含碳量大于0.60%）。

2）合金钢：低合金钢（合金元素总含量小于5%）；
中合金钢（合金元素总含量为5%～10%）；
高合金钢（合金元素总含量大于10%）。

钢材中的化学成分除了铁以外，还有碳、硅、锰、硫、磷等少量元素。这些少量元素对钢材的性能会产生很大影响。钢材的含碳量低，强度就低，但塑性和冲击韧性好，易于加工；钢材的含碳量高，强度也高，但其塑性差，不易加工。硅和锰能使钢材在不降低塑性和韧性的前提下提高强度值。硫和磷分别会使钢材产生热脆和冷脆现象，因而在生产中要根据实际需要来控制合金元素在钢材中的含量。在选择钢材时应根据不同用途来确定和控制钢材内部各种元素的组成和含量，从而使钢材的性能指标满足不同的使用要求。

(3) 按用途分类

1) 建筑钢。

2) 结构钢（碳素钢、合金钢）。

3) 工具钢（碳素工具钢、合金工具钢、高速工具钢）。

4) 特殊性能钢（不锈钢、耐酸钢、耐热钢等）。

2. 建筑钢材的技术性能

建筑钢材的技术性能主要包括拉伸、冷弯及冲击韧性等。

3. 建筑装饰用钢材的标准与选用

(1) 普通碳素钢

普通碳素钢是普通碳素结构钢的简称。由于它的冶炼方法比较容易，工艺性能好，价格较低，性能亦可满足一般工程结构的要求，所以使用较多。常用的结构钢材如圆钢、方钢、角钢、槽钢及钢板等都属于这一类。

(2) 普通低合金钢

普通低合金钢是普通低合金结构钢的简称。它是在钢材中加入了少量的合金元素(总量不超过5%)，不但强度高、耐磨、耐腐蚀，而且成本较低，在大跨度建筑及节约钢材方面都较普通碳素钢更为适合，因此在建筑工程中亦得到广泛应用。

(3) 建筑钢材的类型

常用的建筑钢材主要有：钢筋、钢丝、钢绞线、型钢（圆钢、方钢、扁钢、六角钢、角钢、工字钢、槽钢等)、钢板及钢管等。

1) 钢筋。

钢筋可分为两类，即按钢种分有普通碳素钢和普通低合金钢。按外形分有光面圆钢筋、变形钢筋（螺纹、人字型、月牙形等)。

2) 钢丝。

钢丝是将6～10mm的钢筋，通过拔丝机冷拔而成。钢丝分为冷拔低碳钢丝和碳素钢丝两种。

3) 钢绞线。

钢绞线是由合乎一定标准的7根2.5～5.0mm的高强碳素钢丝，经绞捻后消除内应力而制成的。它具有强度高、柔性好、质量稳定、成盘供应、不需接头等优点，主要用于大跨度的桥梁、道路、立交桥、大型屋架等。

4）型钢。

型钢是由钢锭在加热条件下加工而成的不同截面的钢材。有圆钢、方钢、扁钢、六角钢、角钢、工字钢、槽钢等。常见的各种型钢如图 9.1 所示。

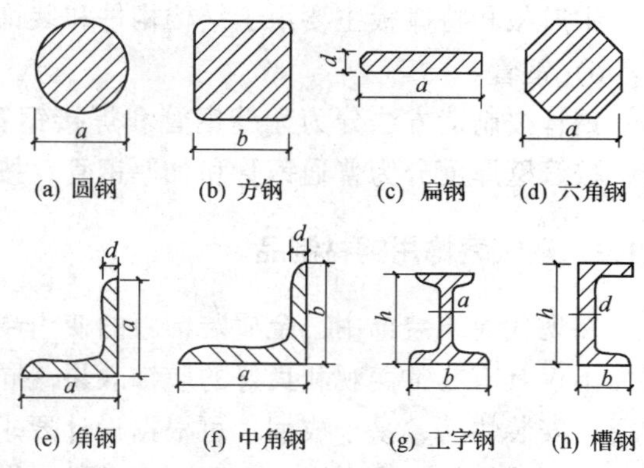

图 9.1　型钢的断面形状

①圆钢。其规格用直径“ϕ”表示，如 ϕ40，表示其为直径 40mm 的圆钢。它主要用于钢筋、铆钉、螺栓及各种机械零件等。

②方钢。其规格是以边长 b（mm）表示。方钢主要用于各种钢结构、螺栓柱、螺帽、钢筋及各种机械零件等。

③扁钢。其断面呈矩形，其规格用厚度 a（mm）×宽 b（mm）表示。常用作薄板坯、工具、机械零件、桥梁、建筑上的桁架等；在铁艺装饰工程中，常用来通过弯曲、扭曲等加工手段制作铁艺配件，另外还可用作拉链门、围栏等装饰制品。

④六角钢。其规格以内切圆的直径（mm）即对边距离 a 来表示，主要用于制做螺帽、钢钎、和起重撬棍等。

⑤角钢。又名角铁，分等边与不等边两种。等边角钢的两边垂直而相等，其规格是以边宽（mm）×边厚（mm）表示，以边宽的 cm 数定其型号。如 4 号角钢，即其边宽为 4cm，通常写成“L4 号”。

不等边角钢的两边垂直但不相等，其规格以长边宽（mm）×短边宽（mm）×边厚（mm）表示。其型号用长边宽与短边宽之比来表示。例如，一长边宽为 6.3cm，短边宽为 4cm 的不等边角钢，习惯上可写成“L6.3/4 号”。

角钢是结构中最基本的钢材，可作单独构件，亦可组合使用，广泛用于房屋、电塔、机械构件、装饰骨架、装饰构件等。

⑥工字钢。由两个翼缘和一个腹板组成，其规格以腹板的高度 h（mm）×腹板的厚度 d（mm）表示，型号以腹部高度的 cm 数表示。如 10 号工字钢表示工字钢的高度为 10cm，常写成“工 10”。若同一高度和宽度的工字钢厚度不相同时，则在型号后面注以“工 10a”、“工 10b”、“工 10c”。

工字钢广泛用于厂房、桥梁、船舶及建筑结构构件等。

⑦槽钢。其规格的表示方法与工字钢相同，如“槽钢 120×53×5”，表示该槽钢的腹板高为 120mm，翼缘宽为 53mm，腹板厚为 5mm。

5）钢板。钢板按厚度可分为薄板（厚度≤4mm）、中厚板（厚度 4.5～6.0mm）、特厚板（厚度＞6.0mm）；按表面形式可分为平板和花纹板。钢板一般成张或成卷供应，成张的钢板其规格用厚度×宽度×长度表示，成卷发钢板其规格用厚度×宽度表示。

薄钢板有镀锌的（称白铁皮）和不镀锌的（称黑铁皮）两种。镀锌铁皮，其防锈能力强，可作落水管及通风管道等。黑铁皮在建筑工程中大量用于作屋面板、零配件、平台、走道等。薄钢板还用于作水槽、贮料缸、料仓等。

中厚板和特厚板主要用于结构构件和装饰构件等。

6）钢管。

钢管按制造方法分为无缝钢管和焊接钢管；按表面处理情况分为镀锌管和不镀锌管；按管壁厚度分为普通钢管和加厚钢管；按截面形状分为圆管和方管等。

9.1.2 建筑装饰用钢材制品

在现代建筑装饰中，金属装饰板的使用越来越广泛。这是因为经过处理后的金属板表面不仅具有非常美观和良好的装饰效果，同时金属装饰板质量轻、抗震性能好、加工方便、安装快捷、易于成型，可根据设计要求任意变换断面形式，易于满足造型要求。由于金属装饰板具有耐磨、耐用、耐腐蚀、满足防火要求及装饰效果好等优点，所以在宾馆饭店、歌舞厅、展览馆、会展中心等建筑物及室内装修（包括门面、门厅、雨棚、墙面、柱面、顶棚、局部隔断及造型面等）中被广泛应用。

金属装饰板按材料可分为单一材料板和复合材料板两种。单一材料板为一种质地的材料，如钢板、铝板、铜板、不锈钢板等；复合材料板是由两种或两种以上质地的材料组成，如铝合金板、搪瓷板、烤漆板、镀锌板、色塑料膜板、金属夹心板等。按板面形状可分为光面平板、纹面平板、压型板、波纹板、立体盒板等。装饰工程中所用的钢材制品主要有不锈钢、彩色涂层钢板、彩色压型钢板、钢门窗及轻钢龙骨等。

1. 不锈钢

不锈钢是指在钢中掺加了铬、锰、镍等元素的合金钢，其中含铬12%以上。它除了具有普通钢材的性质外，还具有极好的抗腐蚀性。不锈钢表面平滑便于清洁，可制成板材、型材和管材等，其中应用最多的为板材。另外不锈钢还大量用于五金件、水暖件、幕墙连接件等，所以在许多公共建筑（如办公楼、高级公寓、商厦和学校等）装饰工程中被广泛应用。

装饰用不锈钢板根据表面的光泽度及其反光率大小可分为镜面板、亚光板；根据外表颜色可分为普通不锈钢板和彩色不锈钢板等；按表面形状分为平面板和浮雕花纹板等。在建筑装饰工程中使用的多为普通不锈钢。

装饰工程中常用1Crl7Ni8、lCrl7Ni9、1Crl8Nil7Ti等几种不锈钢，其中名称前面的数字表示平均含碳量的千分之几，当含碳量小于0.03%和0.08%时，钢号前分别冠以“00”或“0”。合金元素的含量仍以百分数表示，具体数字一般在元素符号的后面。

(1) 普通不锈钢

普通不锈钢板材的长度为1830mm、2440mm、3000mm、3600mm、4000mm、5000mm、6000mm等，宽度为900～1200mm，厚度为0.35～2.0mm，有镜面板（抛光面）、磨砂面板（亚光面）和浮雕面板等。可用于商场、宾馆门厅及舞厅等处的墙柱面装饰、电梯门及门贴脸、各种装饰压条和容器的制作。

1）镜面板。其表面平滑光亮，光线照射后反射率达90%以上，表面可以映像，像镜子一样，但没有玻璃镜那样清晰。此种板常用于柱面、墙面反光率比较高的部位。

2）亚光板。不锈钢板反光率在50%以下者称为亚光板，其光线柔和，不刺眼，在室内装饰中有一种很柔和的艺术效果。亚光不锈钢板根据反射率的不同，又分为多种级别。通常使用的钢板反光率为 24%～28%，最低的反射率为 8%，比墙面壁纸反射率略高一点。

3）浮雕钢板。表面不仅具有光泽，而且还有立体感的浮雕装饰。它是经辊压、研磨、腐蚀或雕刻而成。一般腐蚀雕刻深度为 0.015～0.5mm。钢板在腐蚀雕刻前，必须先经过正常的研磨和抛光，比较费工，价格较高。

不锈钢管有方管和圆管两种，可制成扶手、栏杆、不锈钢防盗门、隔离栅栏和旗杆等。不锈钢型材可用于制作柜台、各种压边等。不锈钢除了可用于制作上述制品外，还可用于招牌、天花板、车厢板和自动门、无框玻璃门和不锈钢门等的制作。

(2) 彩色不锈钢

1）彩色不锈钢板的特点。彩色不锈制板系在不锈钢板上进行技术和艺术加工，使其成为各种色彩绚丽的不锈钢板。采用彩色不锈钢板装饰墙面，不仅坚固耐用，美观新颖，而且具有强烈的时代气息。

彩色不锈钢是用化学镀膜的方法对普通不锈钢进行处理后而制得的。它具有诸如蓝、灰、紫、红、绿、金黄（钛金板）和橙等多种色彩和很高的光泽度，色泽随光照角度的改变而产生变幻的色调。彩色面层能在200℃下或弯曲180°时无变化，色层不剥离，色彩经久不褪。彩色不锈钢耐盐雾腐蚀性能超过一般不锈钢，耐磨性和耐刻划性能相当于箔层镀金的性能。

2）彩色不锈钢板的规格及性能。彩色不锈钢板的规格通常有厚度 0.2～2.0mm，长宽尺寸同普通不锈钢板，亦可按需要尺寸加工。彩色不锈钢板适用于高级建筑物的电梯厢板、车厢板、厅堂墙板、天花板、建筑装潢和招牌等。通常使用的不锈钢板反光率为 24%～28%，最低的反射率为 8%，比墙面壁纸反射率略高一点。

2. 彩色涂层钢板

彩色涂层钢板又称彩色钢板、彩板或塑料金属板，是以冷轧板或镀锌板为基板，通过连续地在基板表面进行化学预处理和涂漆等工艺处理后，使基板表面覆盖一层或多层高性能的涂层、聚氯乙烯塑料薄膜或其它树脂表层后而制得的。彩色涂层钢板的涂层有无机涂层、有机涂层和复合涂层等，其中有机涂层用得最多。

彩色涂层钢板兼有钢板和表面涂层二者的性能，在保持钢板的强度和刚度的基础上，增加了钢板的防锈蚀性能。彩色涂层钢板具有良好的加工性能，可切割、弯曲、钻孔、铆接和卷边等，其绝缘性、耐温变性、耐腐蚀性和耐磨性能优异，表面色彩鲜艳并具有纹理，主要有红色、绿色、乳白色、棕色及蓝色等，具有极强的装饰性。

彩色涂层钢板及钢带的性能见表 9.1。

彩色涂层钢板的长度一般为 1800mm 和 2000mm，宽度为 450mm、500mm 和 1000mm，厚度有 0.35mm、0.4mm、0.5mm、0.6mm、0.7mm、0.8mm、1.0mm、1.5mm 和 2.0mm 等多种。它可用作各类建筑物内外墙板、吊顶、屋面板、门面招牌的底板，还可作为排气管道、通风管道及其他类似的具有耐腐蚀要求的物件及设备外壳等。

表 9.1　彩色涂层钢板及钢带的性能

板材类别		涂层厚度/μm	光泽度/%			铅笔硬度	弯　曲		反向冲击/J		耐盐雾/h
用途	涂料种类		高	中	低		厚度≤0.8mm 180℃，T*	厚度>0.8mm	厚度≤0.8mm	厚度>0.8mm	
建筑外用	外用聚酯	≥20	>70	40～70	<40	≥HB	≤8	90°	≥6	≥9	≥500
	硅改性聚酯						≤10		≥4		≥750
	外用丙烯酸										≥500
	塑料溶胶	≥100	—			—	0		≥9		≥1000
建筑内用	内用聚酯	20	>70			≥HB	≤8		≥6	≥9	≥250
	内用丙烯酸								≥4		
	有机溶胶	≥30	—			—	≤2		≥9		≥500
	塑料溶胶	≥100	—			—	0				≥1000
家用电器	内用聚酯	≥20	>70			≥HB	≤4	—	≥6	—	≥200

注：*表示弯曲处可夹其基板的层数。

彩色涂层钢板在用作围护结构及屋面板时，往往与岩棉板、聚苯乙烯泡沫板和聚氨酯泡沫板等保温隔热材料制成复合板材，从而达到保温隔热的要求和良好的装饰效果，其保温隔热性一般要优于普通砖墙。中国南极长城站就是用这类隔热夹芯板进行建筑和装饰的。

3. 彩色压型钢板

使用冷轧板、镀锌板、彩色涂层板等不同类别的薄钢板，经辊压、冷弯而成。其截面呈V形、U形、梯形或类似这几种形状的波形，称之为压型钢板（简称压型板）。

《建筑用压型钢板》（GB/T 12755—1991）规定压型板表面不允许有用10倍放大镜所观察到的裂纹存在。对用镀锌钢板及彩色涂层钢板制成的压型钢板规定不得有铰层、涂层脱落以及影响使用性能的夹伤。

压型板共有27种不同的型号。压型板波距的模数为50mm、100mm、150mm、200mm、250mm、300mm（但也有例外的）；波高为21mm、28mm、35mm、38mm、51mm、70mm、75mm、130mm、173mm；压型板的有效覆盖宽度的尺寸系列为300mm、450mm、600mm、750mm、900mm、1000mm（但也有例外）。压型板（YX）的型号顺序以波高、波距、有效覆盖宽度来表示，如YX38-175-700表示波高38mm、波距175mm、有效覆盖宽度为700mm的压型板。图9.2是几种压型钢板的板型。

压型钢板具有质量轻（板厚0.5～1.2mm）、波纹平直坚挺、色彩鲜艳丰富、造型美

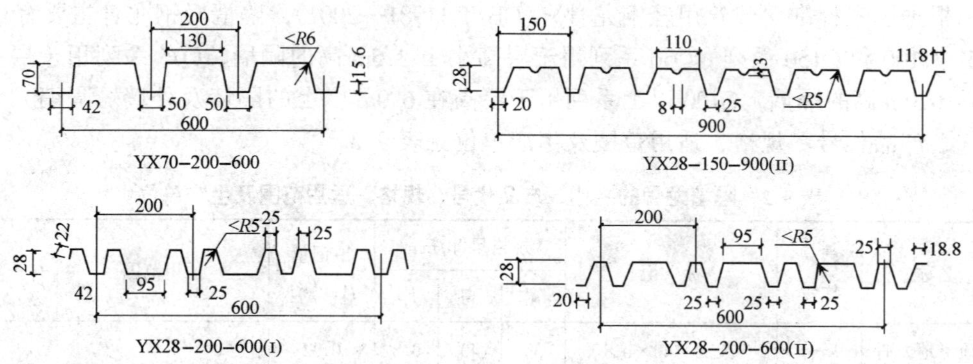

图 9.2　建筑及装饰用压型钢板的板型

观大方、涂覆耐腐涂层后耐久性强、抗震性高、加工简单和施工方便等特点，广泛用于工业与民用建筑和公共建筑的内外墙面、屋面、吊顶等的装饰以及轻质夹芯板材的面板等。

4. 轻钢龙骨

轻钢龙骨是用镀锌钢板、薄壁冷轧退火钢卷带经冷弯机滚轧、冲压而成的骨架材料，具有自重轻、刚度大、防火性好、抗冲击性好、抗震性好、加工和安装方便等特点。由轻钢龙骨和纸面石膏板组成的饰面材料不仅可以满足防火要求，而且施工方便、快捷，适合大规模装配施工，还可以在其面层进行各种其他饰面装饰，如刷涂料、贴壁纸等。因此在室内吊顶和隔墙工程中，金属龙骨已经逐渐取代了传统的木骨架材料，在装饰工程中被广泛地使用。

金属骨架按材料分类主要包括轻钢龙骨和铝合金龙骨；轻钢龙骨按使用位置的不同分为隔墙轻钢龙骨和吊顶轻钢龙骨等。

(1) 隔墙轻钢龙骨（图 9.3）

隔墙轻钢龙骨按用途分有：沿顶龙骨、沿地龙骨、竖向龙骨、加强龙骨、通贯横撑龙骨和配件等；按形状分有：U 形龙骨和 C 形龙骨等。

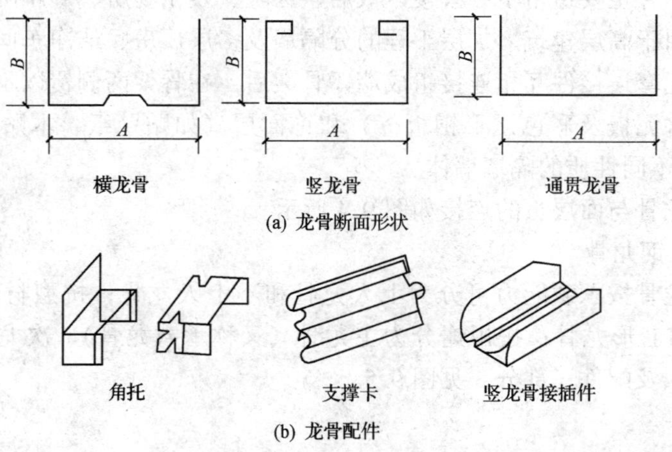

图 9.3　隔墙轻钢龙骨

根据国家标准《建筑用轻钢龙骨》(GB/T 11981—2001)，隔墙轻钢龙骨主要有Q50、Q75、Q100和Q150系列。Q50系列用于层高小于3.5m高的隔墙，Q75系列用于层高为3.5～6.0m高的隔墙，Q100以上系列用于层高在6.0m以上的隔墙及外墙。隔墙龙骨的名称、产品代号、规格、适用范围及生产单位见表9.2。

表9.2 隔墙龙骨的名称、产品代号、规格、适用范围及生产单位

名称	产品代号	标 记	规格尺寸/mm			用钢量/(kg/m)	适用范围	生产单位
			宽	高	厚			
沿顶沿地龙骨	Q50	QU50×40×0.8	50	40	0.8	0.82	层高3.5m以下	北京市建筑轻钢结构厂
竖龙骨		QC50×45×0.8	50	45	0.8	1.12		
通贯龙骨		QU50×12×1.2	50	12	1.2	0.41		
加强龙骨		QU50×40×1.5	50	40	1.5	1.5		
沿顶沿地龙骨	Q75	QU77×40×0.8	77	40	0.8	1.0	层高3.5～6.0m	
竖龙骨		QC75×45×0.8	75	45	0.8	1.26	层高3.5～6.0m	
		QC75×50×0.5	75	50	0.5	0.79	层高3.5m以下	
通贯龙骨		QU38×12×1.2	38	12	1.2	0.58	层高3.5～6.0m	
加强龙骨		QU75×40×1.5	75	40	1.5	1.77		
沿顶沿地龙骨	Q100	QU102×40×0.5	102	40	0.5	1.13	层高6.0m以下	
竖龙骨		QC100×45×0.8	100	45	0.8	1.43		
通贯龙骨		QU38×12×1.2	38	12	1.2	0.58		
加强龙骨		QU100×40×1.5	100	40	1.5	2.06		

隔墙轻钢龙骨主要适用于办公楼、饭店、医院、娱乐场所、影剧院等的分隔墙和走廊墙，尤其适用于高层建筑、加层工程的分隔墙及多层厂房、洁净车间的轻隔墙等。隔墙轻钢龙骨用配套连接件互相连接组成墙体骨架后，在骨架两侧覆以不同的饰面板（如石膏板、石棉水泥板及彩色压形钢板等）和饰面层（如贴壁纸、木贴面板及涂刷油漆等），可以组成不同性质的隔墙墙体。

隔墙轻钢龙骨与面层板的连接如图9.4所示。

(2) 吊顶轻钢龙骨

吊顶轻钢龙骨按承载能力可分为上人龙骨和不上人龙骨；按型材断面分为U形龙骨、C形龙骨和L形龙骨；按用途分为主龙骨（又称承载龙骨）、次龙骨（中、小龙骨又称覆面龙骨）及配件三部分，见图9.5。

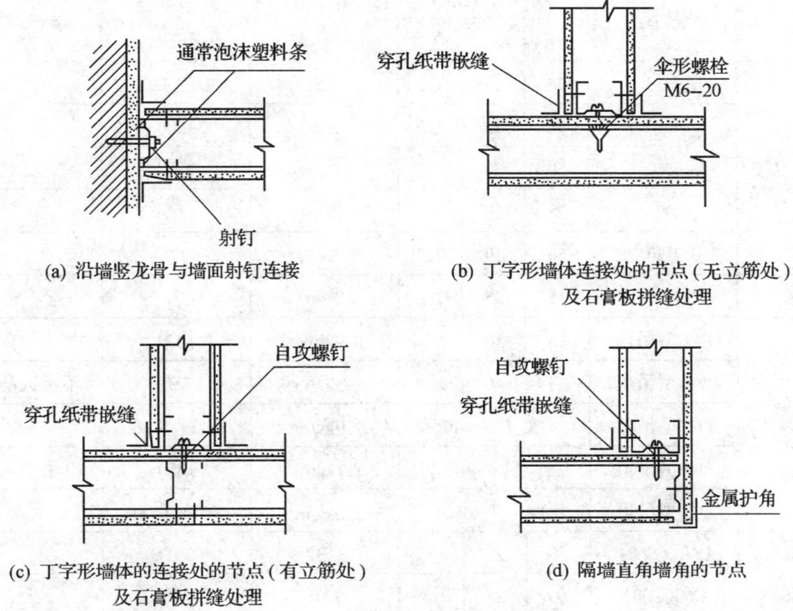

图 9.4　隔墙轻钢龙骨与面层板的连接

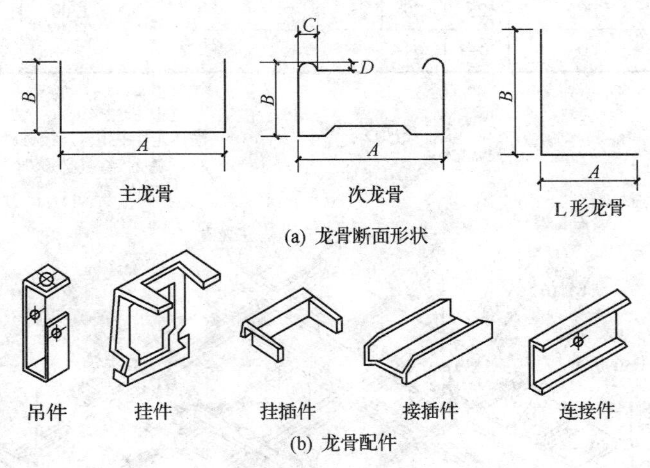

图 9.5　吊顶轻钢龙骨

吊顶轻钢龙骨主要有 D38、D35、D50 和 D60 四种系列，产品代号、规格尺寸及生产单位见表 9.3。

U形龙骨吊顶构造如图 9.6 所示。吊顶轻钢龙骨主要用于饭店、办公楼、娱乐场所和医院等新建或改建工程中。不上人吊顶承受吊顶本身的重量，龙骨断面一般较小。上人吊顶不仅要承受自身的重量，还要承受人员走动的荷载，一般可以承受 80～100kg/m^2 的集中荷载，常用于空间较大的影剧院、音乐厅、会议中心或有中央空调的顶棚工程。

表 9.3　吊顶轻钢龙骨产品代号、规格尺寸及生产单位

名称	产品代号	规格尺寸/mm			用钢量/(kg/m)	吊点间距/mm	吊顶类型	生产单位
		宽度	高度	厚度				
主龙骨	D38	38	12	1.2	0.56	900～1200	不上人	北京市建筑轻钢结构厂
	D50	50	15	1.2	0.92	1200	上人	
	D60	60	30	1.5	1.53	1500	上人	
次龙骨	D25	25	19	0.5	0.13			
	D50	50	19	0.5	0.41			
L形龙骨	D35	35	35	1.2	0.46			
T16-40 暗式轻纲吊顶龙骨	D-1 型吊顶	16	40		0.9kg/m²	1250	不上人	
	D-2 型吊顶	16	40		1.5kg/m²	750	不上人防火	
	D-3 型吊顶	DC + T16-40			2.0kg/m²	900～1200	上人	
	D-4 型吊顶	T16-40			1.1kg/m²	1250	不上人	
	D-5 型吊顶	DC + T16-40			2.0kg/m²	900～1200	上人	
主龙骨(轻纲)	D60(CS60)	60	27	1.5	1.37	1200	上人	北京新型建筑材料总厂
主龙骨(轻纲)	D60(C60)	60	27	0.63	0.61	850	不上人	
铝合金T形主龙骨	D32	25	32					
铝合金T形次龙骨	D25	25	25			900～1200	不上人	
铝合金T形边龙骨	D25	25	25					

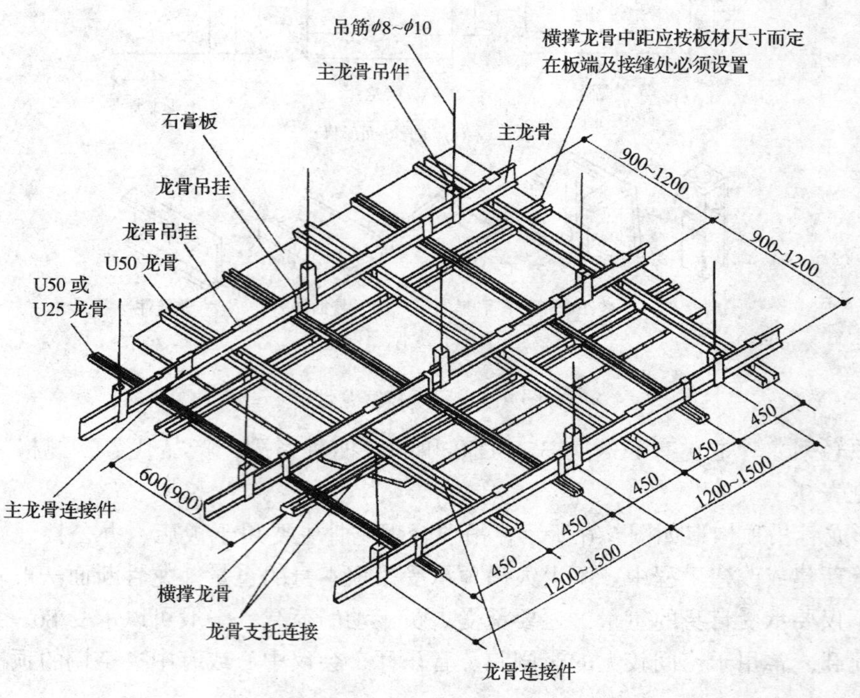

图 9.6　U形轻钢龙骨纸面石膏板吊顶构造图

9.2　建筑装饰用铝及铝合金制品

9.2.1　铝及铝合金

目前，铝及铝合金制品在建筑装饰工程中被广泛地用于制作各种铝合金门窗、货架、柜台、装饰板、吊顶板、幕墙骨架等。铝及铝合金制品在现代建筑装饰工程中发挥着越来越重要的作用。

1. 铝及铝合金的性能及特征

(1) 铝的性能及特征

铝在自然界中以化合物的形式存在，在地壳组成中约占 8.13%，仅次于氧和硅。铝属于有色金属中的轻金属，银白色，比重为 2.7，熔点 660℃，密度 2.79g/cm^3，铝的导电、导热性能都很好。由于铝的化学性质比较活泼，暴露在空气中极易氧化，表面生成一层氧化铝薄膜，能保护下面的金属不被氧化，因此铝在大气中耐腐蚀性极强。在自然界中，铝不能和强酸、强碱接触，否则容易受到腐蚀。另外，铝的电极电位比较低，如与电极电位高的金属接触，并且有电解质（水、汽等）存在时，会形成微电池而很快受到腐蚀。

铝具有良好的塑性和延展性，可以制成管材、线材、板材及各种型材等，甚至可以压延成极薄的铝箔，并具有极高的光、热反射比，但由于铝的强度和硬度较低，不能作为结构材料使用，故常用冷压加工的方法或加入合金元素使之强化，再应用于生产实践中。

(2) 铝合金的性能及特征

为了提高铝的实用价值，通常在铝中加入镁、锰、铜、锌、硅等元素组成铝合金，铝合金不仅保持了铝的原有特点，而且机械性能明显提高，被大量应用于建筑装饰工程中。铝合金的主要缺点是弹性模量小，热膨胀系数大，耐热性能低，焊接需要用惰性气体保护等焊接新技术。常用的铝合金有铝—锰合金、铝—镁合金、铝-镁—硅合金等，其中铝-镁-硅合金是目前制作铝合金门窗、铝合金幕墙骨架等的主要材料。

铝合金既保持了铝质量轻的特性，同时，力学性能明显提高（屈服强度可达 210～500MPa，抗拉强度可达 380～550MPa）。铝合金以它所特有的力学性能不仅广泛应用于建筑装饰工程，还可用于结构方面。如美国用铝合金建造了跨度为 66m 的飞机库，大大降低了结构物的自重。日本建造了硕大无比的铝合金异形屋顶，轻盈新颖。我国山西太原 34m 悬臂钢结构的屋面与吊顶采用了铝合金，另加保温层等，都充分显示了铝合金良好的性能。

2. 铝合金的分类牌号及性质

铝合金材料的应用体现在以下三个方面。

1）一类结构方面的应用，作为受力构件（如幕墙骨架等）。

2）二类结构方面的应用，作为门窗、型材等（如铝合金门窗、铝型材等）。

3）三类结构方面的应用，主要作为装饰和绝热材料。

在装饰工程中常用的铝型材有窗用型材（46系列、50系列、65系列、70系列、90系列推拉窗型材；38系列、50系列平开窗型材；其他系列窗用型材）、门用型材（地簧门型材、推拉门型材、无框门型材）、柜台型材、幕墙型材等。

在现代建筑装饰工程中，用铝合金作的门窗，不仅自重轻、比强度大，且经表面处理后耐磨、耐蚀、耐光、耐气候性好，还可以得到不同的美观大方的色泽。

3．铝及铝合金型材的加工和表面处理

（1）铝及铝合金型材的加工

建筑铝合金型材的生产方法可分为挤压和轧制两种。

由于建筑铝合金型材品种规格繁多，断面形状复杂、尺寸和表面要求严格。因此，它和钢铁材料不同，在国内外的生产中，绝大多数采用挤压方法。仅在生产批量较少，尺寸和表面要求较低的中、小规格的棒材和断面形状简单的型材时，才采用轧制方法。

（2）铝及铝合金型材的表面处理

铝合金制品的表面易腐蚀，因此在实际工程中必须用阳极氧化和表面着色的方法对其表面进行处理，从而提高其耐腐、耐磨、耐光和耐候性，其表面也可获得各种颜色的膜层，具有良好的装饰效果。

1）阳极氧化处理。

建筑用铝型材必须进行阳极氧化处理。一般用硫酸法。处理后型材表面呈银白色，这是建筑用铝型材的主体。

① 阳极氧化处理的目的。主要是通过控制氧化条件及工艺参数，使在铝型材表面形成比自然氧化膜（厚度小于0.1μm）厚得多的氧化膜层（5～20μm），并进行“封孔”处理，以达到提高表面硬度、耐磨性、耐蚀性等目的。光滑、致密的膜层也为进一步着色创造了条件。

② 阳极氧化法分类。目前具有工业价值的阳极氧化方法有铬酸法、硫酸法和草酸法。铬酸法形成的膜层很薄，因而耐磨性较差，草酸法则成本较高。所以硫酸法应用最为广泛。

③ 阳极氧化过程。铝材阳极氧化的过程，实质上就是水的电解。水电解时在阴极上放出氢气，在阳极上产生氧，该原生氧气和铝阳极形成的三价铝离子结合形成氧化铝薄层。

2）表面着色处理。

经中和水洗或阳极氧化后的铝型材，可以进行表面着色处理。铝制品的表面着色是通过控制铝材中不同合金元素的种类、含量及热处理来实现的。常用的着色方法有自然着色法和电解着色法。

9.2.2 铝合金龙骨

1．铝合金龙骨的性能及特点

铝合金龙骨根据截面形式可分为L型、T型、U型、方型等；根据用途可分为隔墙

龙骨和吊顶龙骨两种。铝合金隔墙龙骨具有制作简单、安装方便、结实牢固等特点。铝合金吊顶龙骨具有不锈、质轻、美观、防火、抗震及安装方便等特点，适用于室内吊顶装饰。

铝合金吊顶龙骨有主龙骨（大龙骨)、次龙骨、边龙骨及吊挂件等。主、次龙骨与板材组成 300mm×300mm、300mm×600mm 或 600mm×600mm 的方格，与面板形成装配式吊顶结构；主龙骨通过吊挂件，利用吊筋与楼板相连。

2. 铝合金龙骨的技术要求

铝合金龙骨主要包括隔墙龙骨和吊顶龙骨两种。铝合金龙骨是配套组装式龙骨，在施工中常与各种罩面材料结合形成隔墙和吊顶面层。

铝合金龙骨具有安装方便、施工快、质量轻、防火等优点。其中吊顶龙骨包括“T、L”系列、“U、Ⅱ、L”系列、“Ω、L”系列等。罩面板包括玻璃板、矿棉板、钙塑板、金属板等。

用于铝合金隔墙龙骨的四种型材的技术要求见表 9.4。

表 9.4　用于铝合金隔墙龙骨的四种型材

名　称	断面形状	规格/mm	单位质量/(kg/m)
大方管		76.2×44.45	0.894
扁　管		76.2×25.4	0.661
等边槽		12.7×12.7	0.100
等边角		31.8×31.8	0.503

铝合金吊顶龙骨的规格和技术要求见表 9.5。

表 9.5　铝合金吊顶龙骨的规格和技术要求

名　称	断面形状	规　格/mm	截面面积/cm^2	单位质量/(kg/m)	长　度/m	力学性能
铝合金中龙骨		壁厚 1.3	0.775	0.21	3 或 0.6 的倍数	抗拉强度 210MPa，伸长率 8%
铝合金小龙骨		壁厚 1.3	0.555	0.15		
铝合金边龙骨		壁厚 1.3	0.555	0.15	3 或 0.6 的倍数	
大龙骨(轻钢)		壁厚 1.3	0.87	0.77	2	

3. 铝合金龙骨的应用

铝合金隔墙龙骨常与各种玻璃、工艺玻璃、有机板、人造板等配合使用，形成具有一定透视效果的空间，用于办公室、厂房或其他空间的分隔。

铝合金吊顶中，主龙骨间距无论上人或不上人都应小于1200mm，吊点间距为900～1200mm，中小龙骨中距小于600mm，中龙骨垂直固定于大龙骨下，小龙骨垂直搭在中龙骨翼缘上，吊杆分别采用 $\phi6$、$\phi8$ 或 $\phi10$ 钢筋，铝合金龙骨通常分为明龙骨和暗龙骨，吊顶材料可选用小规格材料，如装饰石膏板吊顶、吸声石膏板吊顶、金属微穿孔吸声板吊顶及铝合金装饰板吊顶等。图 9.7 为矿棉板平放搭接（明龙骨）安装示意图。

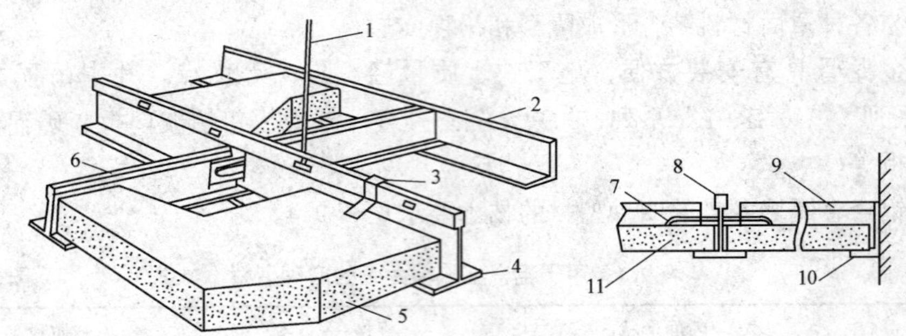

图 9.7　矿棉板平放搭接（明龙骨）安装示意图

1. 吊杆；2.10-L 形边龙骨；3、7. 压板；4.8-T 形主龙骨；6.9-T 形次龙骨；5、11. 矿棉装饰吸声板

9.2.3　铝合金饰面板

铝合金饰面板是建筑墙面的一种高档次装饰材料，装饰效果别具一格，目前在设计中广泛应用。

1. 铝合金饰面板的特点

铝合金饰面板是最常用的金属板材，它具有质量轻（仅为钢材质量的 1/3）、易于加工（可切割、钻孔）、强度高、刚度好，经久耐用（露天可用 20 年不需检修）、便于运输和施工、表面光亮、防火、防潮、耐腐蚀等特点。此外，铝合金装饰板还有一个独特的优点，即可以采用化学方法或喷漆处理成所需的各种颜色。

2. 铝合金饰面板的品种及性能

工程中常用的铝合金板，从表面处理方法上可分为阳极氧化膜、氟碳树脂喷涂、烤漆处理等；从板材构造特征上分为单层铝板、复合铝板、蜂窝铝板等；从几何尺寸上分为条形板、方形板及异形板等；从色彩上分为银白色、古铜色、暖灰色、金色等。常用的铝合金饰面板如下。

(1) 单层铝板

在国外多用纯铝板制成，板厚为 3～4mm，而在我国多采用 LF_{21}（3003）合金铝板，铝板厚度为 2.5 mm，虽然厚度比纯铝板薄，但板面强度仍大于纯铝板强度，并且板的质量减轻。对于大面积的单层铝板由于刚度不足，往往在其背面加肋增强，加强肋一般用同样的合金铝带或角铝制成，宽度一般为 10～25mm，厚度一般为 2～2.5mm。铝板与肋的连接一般可采用三种方法：①在铝板背面用接触焊焊上螺栓，再与肋固接连接；②用 ZE2000胶将肋粘于铝板背面；③采用 3M 强力双面胶带粘贴。从上述三种方法来看，②的效果较好。无论何种墙板都必须经过结构计算，强度、刚度必须满足载荷要求。

单层铝板的表面处理，不能用阳极氧化，由于每批铝板材质成分、氧化槽液均有差异，氧化后铝板表面色差较大。一般采用静电喷涂，静电喷涂分为粉末喷涂和氟碳喷涂。粉末喷涂原料为聚氨酯、环氧树脂等原料配以高性颜料，可得到几十种不同颜色，粉末喷涂层厚度一般为 20～30μm，用该粉末喷涂料喷涂的铝板表面，耐碰撞，耐磨擦，在 50kg 重物撞击下，铝板不变形，且喷涂层无裂纹，唯一缺点是在长期阳光中的紫外线照射下会逐渐褪色。氟碳喷涂是用氟碳聚合物树脂做金属罩面漆，一般为三涂或四涂。漆在铝板表面厚度为 40～60μm，经得起腐蚀，能抗酸雨和各种空气污染物，不怕强烈紫外线照射，耐极热极冷性能好，可以长期保持颜色均匀，使用寿命长。其不足之处是漆层硬度、耐碰撞性、耐摩擦性能比粉末喷涂差。

(2) 铝合金复合板（铝塑板）

铝合金复合板也称铝塑板，是以铝合金板（或纯铝板）为面层，以聚乙烯（PE）、聚氯乙烯（PVC）或其他热塑性材料为芯层复合而成，是墙体装饰装修中用得最多的一种金属板。铝塑板有单面板和双面板之分。铝塑板的耐腐性、耐污性和耐候性较好，板面的色彩有红、黄、蓝、白等各种颜色，装饰效果好，施工时可弯、可锯、可刨、可冲孔、可切割、加工灵活方便。与铝合金板相比，具有重量轻、施工简便及造价低等特点。铝塑板可用作建筑物的幕墙饰面、门面及广告牌等处的装饰。

它主要具有以下几个特点：

1) 经久耐用，表面涂层华丽美观。这种复合板的表面涂有氟化碳涂料，具有光亮度好，附着力强、耐冷热、耐腐蚀、耐衰变、耐紫外线照射和不褪色等特点。

2) 色彩多样性。这种板可根据客户要求，提供各种所需颜色。

3) 板体强度高、质量轻。由丁这种板是由薄铝板和热塑性塑料复合而成，所以质量轻，而且抗弯曲、抗挠曲等性能都较好，可以保持其平整度长久不变，并有效地消除凹陷和波折。

4) 容易加工成形。这种板材可以准确无误地完成建筑设计要求的各种弧形、反弧形、圆弧拐角、小半径圆角等，使建筑物的外观更加精美。

5) 安装方便。可用传统的方法进行安装，可开槽、折曲，可用铆钉、螺丝等紧固，也可用结构胶加固。

6) 防火性能好。这种复合板的面板及芯层材料都为难燃性物质，防火性能较好。另外，加工生产时也将薄铝板通过连续生产设备粘合在耐火芯材上，形成良好的防火型板材。

(3) 铝合金吊顶板

铝合金吊顶板按其外观形状分有方形板、条形板、格栅板和插片板等。方形板按形状又分正方形和长方形；按表面状态分有平板、凹凸板、钻孔板和圆弧板等。其龙骨有暗装和明装两种。方形板既具有暗龙骨吊顶的整体平面图形及线条效果，又具有明龙骨拆装方便的结构特点，而且可根据设计者的要求进行加工订做。条状板具有防火防潮、重量轻、安装方便的特点。它的板面及线条的整体性及连贯性强，可通过不同规格和造型的条状板进行组合，达到不同的视觉效果。

格栅式铝合金吊顶的主次龙骨纵横分布，把吊顶饰面分成若干小格，能使整个吊顶面具有立体感和层次感，从而使吊顶显得美观活跃、宽阔明快。插片式铝合金吊顶能充分利用顶棚内的空间，具有安装维修方便，饰面美观大方的特点，而且它可通过面板的不同排列使整个吊顶饰面呈不同的视觉效果。插片式铝合金吊顶内的灯光、喷淋及空调系统可毫无限制地进行安装，无须对吊顶作任何特殊处理。

铝合金吊顶板适用于商场、宾馆、办公室、机场、车站、地铁站、停车场、银行、浴室以及卫生间等室内吊顶装修。穿孔铝合金吊顶还能适用语音室、演播厅等对声音要求较高的场所的顶棚装饰。

(4) 铝合金穿孔板

铝合金穿孔（吸声）板是采用铝合金板经机械冲孔而成。其孔径、孔距可根据要求设计成重复、渐变等排列方式，孔形可根据需要冲成圆形、方形、长方形、三角形、星形、菱形等。铝合金板穿孔后既突出了板材轻、耐高温、耐腐蚀、防火、防振、防潮等优点，又可以将孔形处理成一定图案，起到良好的装饰效果。同时，内部放置吸声材料后可以解决建筑中吸声的问题，是一种降噪兼装饰双重功能的理想材料。

铝合金穿孔板主要用于影剧院等公共建筑，也可用于棉纺厂等噪声大的车间、各种控制室、电子计算机房的天棚或墙壁，以改善音质。

(5) 铝合金蜂窝板

铝合金蜂窝板，或称蜂窝结构铝合金墙板、蜂巢铝复合板。是在两块铝板中间加不同材料制成的各种蜂窝形状夹层，一般外层铝板厚为1.0～1.5mm，内侧板厚0.8～1.0mm。夹层为铝箔、玻璃纤维或纸质材料的蜂窝芯，蜂窝形状有正六角形、长方或正方形、交叉折弯六角形等，以正六角形的蜂窝芯应用最多，六角形的边长为3～7mm。蜂窝芯用结构胶与铝合金表层板粘结复合，板块表面涂装树脂类金属聚合物装饰膜。由于板块结构的特殊，此种板材的使用性能最为优异。

(6) 铝合金花纹板和波纹板

铝合金花纹板是采用防锈铝合金坯料，用具有一定的花纹轧辊轧制而成的一种铝合金装饰板，具有装饰性好、耐磨、防滑、防腐和易清洁等特点。《铝及铝合金花纹板》(GB/T 3618—1989) 对花纹板的代号、合金牌号、状态、规格及花纹板的室温力学性能做了相应的规定。铝合金花纹板的板材平整、尺寸精确、安装方便，可用于建筑的内外墙面及楼梯踏步等处的装饰。

铝合金波纹板是用机械轧辊将板材轧成一定的波形后而制成的。波纹板的合金牌号、状态和规格符合《铝及铝合金波纹板》(GB/T 4438—1984) 的有关规定。铝合金波纹板自重轻、外形美观、色彩丰富、防火、耐久、耐腐蚀、有较强的光线反射率，适用于墙面、屋面、店面、广告牌等处的装饰。

综上所述，铝合金装饰板所具有的共同特点是质量轻、易加工、强度高、刚度好、经久耐用，并且表面形状各异（光面、纹面、波纹及压型等）、色彩丰富、防火、防潮、防腐蚀。应用特点是：进行墙面装饰时，在适当部位采用铝合金板，与玻璃幕墙式大玻璃窗配合使用，可使易碰、形状复杂的部位得以顺利过渡，且达到了突出建筑物线条流畅的效果。在商业建筑中，入口处的门脸、柱面、招牌的衬底使用铝合金板装饰时，更能体现建筑物的风格，吸引顾客注目、光临。

9.3 其他装饰金属材料

9.3.1 铜及铜合金

1. 铜的特性与应用

铜及其合金是一种古老的建筑材料，很早就用作建筑装饰材料及各种零件。纯铜是紫红色的金属，俗称紫铜。它的密度为 8.92g/cm^3，属于有色重金属。具有良好的导电、导热性能，被广泛用于电力工业，如作发电机、变压器的线圈及电线、电缆等。纯铜有较好的耐腐蚀性，在潮湿的空气中表面生成一层绿色的碱性碳酸铜，俗称铜绿，能对铜起保护作用。铜的硬度、强度不高，塑性好，可承受各种冷热加工，制成各种板材、带材、线材、管材。

纯铜牌号的表示方法是用化学符号“Cu”加数字，数字愈小，铜的纯度愈高。如 1 号铜（Cu-1）的纯度为 99.95%，2 号铜（Cu-2）的纯度为 99.90%等。

2. 铜合金特性与应用

纯铜由于强度不高，不宜于制作结构材料，且纯铜的价格贵，工程中更广泛使用的是铜合金，即在铜中掺入锌、锡等元素形成的铜合金。铜合金既保持了铜的良好塑性和高抗腐蚀性，又改善了纯铜的强度、硬度等力学性能。常用的铜合金有黄铜、青铜和白铜等。

1) 黄铜是以锌为添加元素的铜合金，其性质随锌的含量而定。

2) 青铜为铜锡合金。铜锡合金均具有焊接方便、耐腐蚀、耐磨性好，强度较高等特点，多用作水暖零件，建筑五金及各种装饰零件。

3) 铜粉（俗称金粉），是一种由铜合金制成的金色颜料，主要成分为铜及少量的锌、铝、锡等金属，常用于调制装饰涂料以代替贴金。

3. 铜及铜合金的应用

在现代建筑装饰中，铜材是一种集古朴和华贵于一身的高级装饰材料，可用于宾馆、饭店、机关等建筑中的楼梯扶手、栏杆、防滑条及铜装饰柱等，其效果光彩照人、美观雅致，体现了华丽、高雅的氛围。除此之外，铜还可用于外墙板、高档铜门、拉手、门锁等。其在卫生器具、五金配件方面，铜材也有着广泛的用途。

铜合金的用途十分广泛，经挤制或压制可形成不同截面形状的型材，有空心型材和实心型材两种，可用来制造管材、板材、线材、固定件及各种机器零件等。在装饰工程中常用铜板、铜制五金配件、铜字牌和铜门、铜栏杆、铜嵌条、防滑条、雕花铜柱和铜雕壁画等。利用铜合金板材制成的铜合金压型板，可用于建筑外墙装饰，使建筑物金碧辉煌，光亮耐久。铜制产品主要用于高档场所的装修，如宾馆、饭店、高档写字楼和银行等场所。

由于铜制品的表面易受空气中的有害物质的腐蚀作用（如 SO_2），为提高其抗腐蚀能力和耐久性，可在铜制品的表面用镀钛合金等方法进行处理，从而能极大地提高其光泽度，增加铜制品的使用寿命。

9.3.2　金属装饰线条

金属装饰线条是采用先进的有色金属挤压机生产出来的。产品规格齐全，花样多，新颖大方，平直光亮，硬度高，质量可靠，广泛地应用于百货大楼、宾馆、酒店、医院、学校、车站等高级装饰工程的地面分格、楼梯防滑、装饰包边、货架、柜台以及装饰镜框等。金属装饰线条常用的材料有黄铜、铝合金、不锈钢等。

1. 铜装饰线条

铜装饰线条多以黄铜为主要原料，主要包括铜棒、铜防滑条、铜分格条、铜装饰线条及铜花饰等。另外，利用紫铜板压制成各种门框、扇的包边材料，与铜装饰线条、铜花饰相结合，表面经过作旧、氧化、喷透明保护漆等工艺，可制成高档复古铜门。常用的铜装饰线及花饰有如下几种。

1）铜棒。主要规格有 $\phi5\sim\phi150$mm，主要作为原料或用来再加工制成铜装饰构件。

2）防滑条。本产品多采用特种黄铜冶炼制成，具有硬度好、耐磨、能弯、脚踩不断等特点，并配有铜螺钉及埋伏件，永不脱落。铜防滑条的样式主要有：条形（3 道、4 道、5 道）、方格形（正方、扁方）、平板形、单菱形、双菱形、鹿形、小包角形、大包角形等，也可以按施工单位设计做形。

3）分格条。本产品多采用 H62 黄铜板制成，有工字型和平板型两大类，专门用于水磨石、花岗岩地面分格用。为便于施工，通常已钻好眼。

4）其他铜制品。常用的铜制品还有压地毯铜棍、铜扫地盒、楼梯扶手、铜门、门拉手、铜护栏、厂徽、工艺美术制品、铜佛香炉、蜡台、铜棒等。

2. 其他金属装饰线条

其他金属装饰线条还包括各种铝合金和不锈钢型材和管材，如各种铝合金和不锈钢镜框线、封边线（U 形、7 字形、L 形等）、压条、地毯收口条、货架及柜台型材等。

9.3.3　铁艺制品

1. 铁艺制品的用途

铁艺制品的种类繁多，应用也很广泛，如各种金属铸锻装饰铁花，各种造型的金属隔断、楼梯扶手、护栏、庭院铁艺灯具、室内铁艺家具、阳台、门窗花饰、铸铁通透围栏、铁花装饰大门、庭院牌楼、亭廊以及金属格栅等。

2. 铁艺制品的种类和规格

作为铁艺工程中使用的金属花格，其成型方式大致有两种，一是浇铸成型，即利用模型铸出铁、铜或铝合金花格等；二是弯曲成型，即采用型钢、扁铁、镀锌钢带、铝带、钢管、或钢筋等薄形金属材料，预先弯成小花格或不同图案，再将其拼装连接成大片花格。常用的铁艺花饰类型见表9.6。

表9.6　常用的铁艺花饰类型

种　类	材质	名　称	用　途
浇铸装饰铁艺	铸铁	枪头、柱脚、铁叶	护栏、围栏的顶端和底座装饰
		装饰铁花	作为铁艺装饰配件使用
		装饰花片	隔断、围栏等
		楼梯花片	室内、外楼梯、旋转楼梯等
		门心、门边、顶花	铁花装饰大门等
弯曲加工铁艺	型材	边框、立柱、栏杆等	铁艺制品的边框、栏杆、立柱、骨架等
		弯曲、扭曲、压形配件等	铁艺装饰配件、连接件等

3. 铁艺制品的加工

铁艺隔断可以镶嵌彩色玻璃、有机玻璃或硬杂木等饰件，金属花格本身也可做涂漆、烤漆、镀烙或鎏金以及喷塑、贴铜箔等各种装饰处理。

铁艺制品之间或是铁艺制品与装饰配件之间的连接，可采用焊接、铆接、套接、螺栓连接等。对于有机玻璃等配件之间的花饰安装，或配件花饰与骨架之间的安装，也可以采用胶黏剂进行粘接。

4. 其他金属制品

随着材料和工艺的发展，传统的铁艺施工在材料和工艺上都有了很大的发展。新材料如玻璃、有机玻璃、不锈钢、铝合金、树脂材料及高档木配件等被大量使用。工艺上可采用焊接、粘接、套接、螺栓连接等方法，表面处理可采用烤漆、喷塑、电镀等方法，表面效果可以作旧复古、抛光、磨砂、拉丝等。如不锈钢围栏、护栏，不锈钢、铝合金、实木结合的楼梯扶手、楼梯立柱等，金属铁艺家具、室内装饰构件等。

小　结

本章重点介绍了金属装饰材料的组成、分类、性能及应用。在教学中，对于金属装饰材料中的钢材制品、不锈钢制品、铝合金制品、铝合金门窗、各种金属装饰板材及制品等的掌握情况，理论教学部分要求学生掌握各种金属装饰材料的组成及特性，掌握各种金属装饰材料的性能特点及使用要求；实践教学部分应使学生掌握常用的金属装饰材料的名称、性能、用途和使用要求。对每一种金属装饰材料及制品应结合在实际工程中的使用情况要求学生掌握其名称、规格、性能、价格和用途等。

复习思考题

9.1 建筑装饰用钢材的分类及特性有哪些?

9.2 建筑装饰用钢材的标准和选用应注意什么?

9.3 建筑工程中常用的型钢种类有哪些?各有哪些特点?

9.4 建筑装饰用钢材制品有哪些?各有什么特点?

9.5 简述铝和铝合金的性能及特点。

9.6 铝合金门窗的性能指标及特点有是什么?

9.7 铝合金饰面板的品种和性能有哪些?

9.8 简述铜合金的种类及应用。

9.9 铁艺制品的种类和加工形式有哪些?

第 10 章

装饰木材

10.1 木材概述

木材是传统的建筑材料，但是由于目前林木资源较为贫乏，因此，我们应该合理使用木材和节约木材。木材具有下述一系列的优点。

1. 天然性

木材是一种天然材料，在人类常用的钢、木、水泥、塑料四大主材中只有它直接取自自然，这使得木材具有生产成本低、耗能小、无毒害、无污染等特点。

2. 质感好

木材具有易为人接受的良好触觉特性，远远优于金属和玻璃等材料。

3. 比强度（强度与体积密度之比）高

即具有轻质高强度的特点，是一种质轻而强度高的材料。

4. 保温性好（导热系数低）

木材的导热系数很小，同其他材料相比，铝的导热性是它的 2000 倍，塑料的导热性是它的 30 倍。因此，木材具有良好的保温性能。

5. 电绝缘性

木材的电传导性差，是较好的电绝缘材料。

6. 易加工性

木材软硬程度适中，容易加工。

7. 装饰性

木材本身具有天然美丽的花纹，作为家具和装饰材料，具有很好的装饰性。

木材的缺点是：构造上的不均匀性，有天然的疵病，吸湿性高，导致尺寸变化较大，易翘曲和开裂，易腐，易燃等。其如能合理使用，上述缺点是可以克服的。

由于木材上述的一些独有特性，尽管它本身也存在一些缺点，它仍然受到人们的偏爱，特别是作为室内高档装饰用材，如门、门窗套、木地板、暖气罩、家具等在人们的直接接触的空间范围内，仍处于“独领风骚”的地位。

树木的品种繁多，表 10.1 列出部分常用木种特色对照。

表 10.1 常用木种特色对照

代号	名称	密度大	硬度大	脆性强	纤维粗	纹理美	审美感
A	栓木					溪流型	绵延、轻快感
B	榉木					花岗岩型	大众化点状、牛毛细雨的纹不失浪漫温馨
C	樱桃木					贝壳型	白里透红、自然本色、高贵典雅感
D	花梨木	√	√				
E	金丝柚				√		
F	马兰地			√	√		
G	红影木				√		
H	桦木						
I	金不换	√	√				
J	山樟			√			给人以厚重之感
K	浅榉					毛雨型	此时无声胜有声
L	枫木			√		梯田型	耕耘、收获感、并有海浪之动感
M	桃花芯				√	黄土高原型	粗犷、红色中蕴含强大的生命力
N	橡木	√	√	√		沼泽地	旷野、宁静之感
O	松木					一泓清潭	明净
P	水曲柳					沙滩	
Q	白木				√	雪花型	浪漫、飘渺
R	沙比利				√	朝霞	希望、胜利感
S	柚木				√	海岸线	金黄色、气味清新
T	胡桃木					黑美人	高贵、典雅、沉稳、成熟之感，不变形
U	白桦					白沙型	朦胧、含蓄

10.2 天然木材分类与构造

10.2.1 木材分类

木材一般分为针叶树材和阔叶树材两大类。

1. 针叶树

树干通直而高大，易得大材，纹理平顺，材质均匀，木质较软易于加工，故称为软木材。这种木材表现密度和胀缩变形较小，耐腐蚀性强，在室内工程中主要用于门窗、装饰或承重构件。常见树种有杉木、冷杉、云杉、红松、樟子松、马尾松等。

2. 阔叶树

树干通直部分一般都较短，材质硬且重，强度较大，纹理自然美观，是室内装修工程及家具制造的主要饰面用材。常见树种有榆木、水曲柳、柞木、核桃木。

10.2.2　木材构造

为便于了解木材的宏观构造，一般从下述三个切面来观察。

横切面：垂直于树干主轴的切面。

径切面：通过髓心，与树干平行的纵切面。

弦切面：与髓心有一定距离，与树干平行的纵切面。如图 10.1 所示，

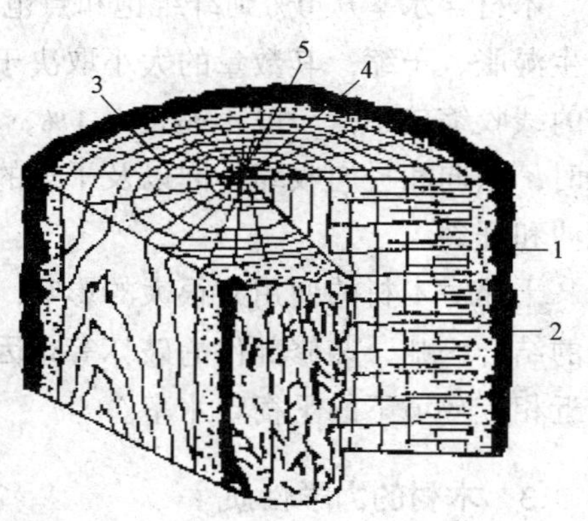

图 10.1　木材的宏观构造

1. 树皮；2. 木质部；3. 年轮；4. 髓线；5. 髓心

从横切面可以观察到木质部、隋心和树皮。木质部是树木的主体。某些树种的木质部可以明显看出，靠近髓心部分颜色较暗，称心材，它是失去生机的木质，此处不易翘曲变形，且耐腐蚀性较强，靠近树皮部分的木质颜色较浅，称边材，此处含水率较高，易翘曲变形，抗腐蚀性较差。在木质部有很多同心圈，一般树木每年生长一圈，称为年轮。在每一个年轮内，春天生长的木质，色较浅，木质松软，称为春材；夏秋两季生长的木材，色较深，木质坚硬，称为夏材。年轮中夏材越多，木质越坚实。在横切面上，沿半径方向一定长度内，所含夏材的百分率，称为夏材率，它是影响木材强度的重要因素。髓心亦称树心，其质地松软，易腐蚀。从髓心向外的辐射线，称为髓线，它与周围木质结合较差，干燥时易沿此处开裂。

10.3　木材的物理力学性质

10.3.1　木材的吸湿性和含水率

木材中水的质量与木材干燥的质量的百分比值，称为木材的含水率。木材的含水率是随周围空气湿度的改变而改变的，直到木材的含水率与周围空气的湿度达到平衡为止，此时木材的含水率称为平衡含水率。

刚采伐的木材所含水分平均是70%～140%，湿材含水率一般为100%，炉干材含水率一般为4%～12%，气干材含水率为15%，绝对干材含水率等于0，其中气干材和炉干材为室内设计用材须达到的水平，应符合室内设计采用的标准。

木材中的水分处于三种状态：自由的、物理结合的和化学结合的。自由水和毛细水处于细胞腔和细胞之间的间隙中。物理结合水或吸附水处于细胞壁中，它以薄的水膜形式包覆在组成细胞壁的细纤维表面上。化学结合水是构成木质的组分，不予考虑。

木材干燥时，首先是自由水蒸发，而后是吸附水蒸发。木材受潮时，先是细胞壁吸水，细胞壁吸水饱和后，自由水才开始吸入。当木材细胞壁中的吸附水达到饱和，而细胞腔和细胞间隙中尚无自由水时，这时木材的含水率称为纤维饱和点。纤维饱和点平均为30%，它是木材强度和体积是否随含水率而发生变化的转折点。

10.3.2 木材的干缩、湿胀与翘曲

木材含水率从0%到纤维饱和点范围内变化时，木材将引起尺寸和体积的变化，即产生湿胀、干缩，其数量的大小取决于蒸发和吸收水分的多少和纤维的方向。顺纤维方向的线收缩较小，一般不超过0.1%，而径向为3%～6%，弦向为5%～10%。木材干燥时，弦向和径向收缩不同以及干燥的不均匀性，在木材中产生内应力，而引起木材的翘曲和开裂。

干缩对木材的使用有很大的影响，它会使木材产生裂缝或翘曲变形，以致引起木结构的结合松弛、装修部件的破坏等。因此，木材使用前应进行干燥，使其含水率达到或接近相应环境下的平衡含水率。

10.3.3 木材的力学性质

木材的力学特性，就是木材抵抗外力作用的性能，可从以下几个方面来看。

1) 强度：木材抵抗外部机械力破坏的能力。

2) 硬度：木材抵抗其他物体压入的能力。

3) 弹性：外力停止作用后，能恢复原来的形状和尺寸的能力。

4) 刚性：木材抵抗形状变化的能力。

5) 塑性：木材保持形变的能力。

6) 韧性：木材易发生最大变形而不致破坏的能力。

优质的实木木地板一般都要经过以上几项的考查。

木材的强度包括抗压、抗拉、抗弯和抗剪。木材是各向异性的纤维材料，其强度与受力方向和纤维方向所成的角度有关。顺纹抗拉强度为横纹的20～30倍，顺纹抗压强度为横纹的5～10倍。

影响木材强度的因素有树种、体积密度、天然的疵病、温度、时间和含水率等。当含水率在纤维饱和点以下变化时，随含水率增加而强度降低；反之，则提高。

10.4　常见的木质装饰材料种类及选择

10.4.1　常见的木质装饰材料种类

常见的木质装饰材料主要是各种木质人造板，人造饰面板，木线条和拼装木地板等。

1. 木质人造板

木质人造板是利用木材，木质纤维、木质碎料或其他植物纤维为原料，加胶黏剂和其他添加剂制成的板材。它是提高木材利用率，避免浪费，物尽其用，节约木材的方向，是对木材进行综合利用的主要途径。木质人造板的主要品种有单板、胶合板、细木工板、纤维板和刨花板等。

(1) 胶合板

胶合板是由三层或三层以上单板胶合而成，共分阔叶树胶合板和针叶树胶合板两种。胶合板可按结构、胶粘性能、表面加工、处理方法、形状、用途来分类，常用的是普通胶合板。

胶合板俗称三夹板、五夹板、九厘板、十二厘板等。其厚度规格有 2.7mm、3mm、3.5mm、4mm、5mm、5.5mm、6mm、7mm、8mm 等，常用的规格是 3mm、3.5mm、4mm。胶合板的单板可以是整幅的，也允许拼接。中心层两侧对称层的单板应为同一厚度、同一树种或性能相近的树种，同一加工方法（旋切或刨切），纹理方向相同。相邻的两层单板木纹方向应相同。每张胶合板的表板应为同一树种。

普通胶合板分为四类：I 类：耐气候胶合板；II 类：耐水胶合板 ；III 类：耐潮胶合板；IV 类：不耐潮胶合板。

(2) 纤维板

纤维板是将板皮、刨花、树皮等废料，经过破碎，浸泡，研磨成木浆，再经过热压成型、干燥处理等工序而成的。纤维板按性能不同分为硬质纤维板、半硬质纤维板和软质纤维板三种。

1) 硬质纤维板。硬质纤维板也是一种密度板，但其密度在 0.80g/cm^3 以上。分为一面光，另一面有网纹的单面光硬质纤维板和二面光硬质纤维板两种。质量等级为特级、一级、二级、三级共四等；指标类似于中密度板，但强度要高于中密度板；厚度规格较少，有 2.2mm、3mm、3.2mm、4mm、5mm 等。

2) 中密度纤维板。以木质纤维或其它植物纤维为原料加以胶黏剂压制成密度在 0.50～0.88g/cm^3 的板材。按密度不同，分为 80 型、70 型、60 型三类；质量等级为特级、一级、二级三种；厚度规格为 6mm、9mm、12mm、15mm、18mm 等。主要性能指标为含水率 4%～13%、吸水厚度膨胀率≤12%，以及抗拉强度、静曲强度、握钉力等。

(3) 刨花板

刨花板是木材或其他植物（如甘蔗渣）纤维加胶水压制而成的板材。

刨花板的厚度规格为 4～30mm 较多使用的是 16mm。民用刨花板主要是 A 类刨花板，分为优等品、一等品、二等品。

刨花板的质量指标有外观、有无金属夹杂物、污点、强度、吸水厚度膨胀率、含水率、握钉力等。

(4) 细木工板

细木工板是芯板以木板条拼接而成，两表面为胶贴木质单板的实心板材。单板又称为表板，表板下面靠芯板的一层板称中板。两表板的质量允许有差异，质量较好的称为面板，另一面为背板，可以单面砂光、双面砂光或两面都不砂光。

细木工板的厚度规格为 16mm、19mm、22mm、25mm 质量等级分为一、二、三等三个等级。细木工板的芯板应为同一树种或性能相近的树种，含水率为 6%～12%。芯条宽度不大于厚度的 3 倍，不允许有较大的裂纹、空洞等。细木工板的中板应有相同的木纹方向且与芯板纹理方向相垂直。细木工板的面板和背板的总厚度应大于 3mm，表板允许有适当的修补。

(5) 木丝板

木丝板又名万利板，是利用木材的下脚料，用机器刨成木丝，经过化学溶液的浸透，然后拌和水泥，入模成型加压、热蒸、凝固、干燥而成。

2. 人造饰面板

人造饰面板是以上述这些板材为基材，单面或双面贴上饰面的板材。

(1) 浸渍胶膜纸饰面人造板

其是以专用纸浸渍氨基树脂（内含三聚氰胺）铺贴在刨花板、中密度纤维板、硬质纤维板等人造板表面，经热压而成的装饰板材。

该板材表面有较好的硬度、耐磨性、耐污染、耐冷热循环、耐干热、耐香烟灼烧、耐水蒸气、耐腐蚀等性能。

(2) 装饰单板贴面人造板

其是以胶合板、刨花板、中密度纤维板、硬质纤维板为基材，以天然木质装饰单板为饰面的装饰板材。

(3) 不饱和聚酯树脂装饰胶合板

以 II 类胶合板为基材，覆贴一层装饰纸，再在纸面涂饰不饱和聚酯树脂经固化而成的饰面板，俗称保丽板，有较好的耐污染、耐水、耐冷热循环、耐磨性能。

(4) 印刷木纹人造板

其又名表面装饰人造板。是一种新型的饰面板。它是在人造板表面用板花纹胶辊转印套色印刷机，印以各种花纹（如木纹）制成的。其种类有印刷木纹胶合板、印刷木纹纤维板、印刷木纹刨花板等。

3. 热固性树脂装饰层压板（俗称装饰板）

其是以专用纸浸渍三聚氰胺树脂和酚醛树脂热压而成的板材。常用厚度仅为 0.6～2mm，表面物理力学性能接近于浸渍胶膜纸饰面人造板和不饱和聚酯树脂装饰胶合板(保丽板)。

4. 拼装木地板

拼装木地板是用水曲柳、柞木、核桃木、柚木等优良木材，经干燥处理后，加工出的条状小木板，它们经拼装后可组成美观大方的图案。

5. 木线条

木线条是选用质硬、木质较细、耐磨、耐腐蚀、不劈裂、切面光滑、加工性质良好、油漆性上色性好、粘结性好、钉着力强的木材，经过干燥处理后，用机械加工或手工加工而成的。木线条包括以下几种：

1）天花线：天花上不同层次面的交接处的封边，天花上各不同料面的对接处封口，天花平面上的造型线，天花上设备的封边。

2）天花角线：天花与墙面，天花与柱面的交接处封口。

3）墙面线：墙面上不同层次面的交接处封边、墙面上各不同材面的对接处封口、墙裙压边、踢脚板压边、设备的封边装饰边、墙饰面材料压线、墙面装饰造型线。

4）造形体、装饰隔墙、屏风上的收口线和装饰线以及各种家具上的收边线装饰线，如图 10.2、图 10.3 所示。

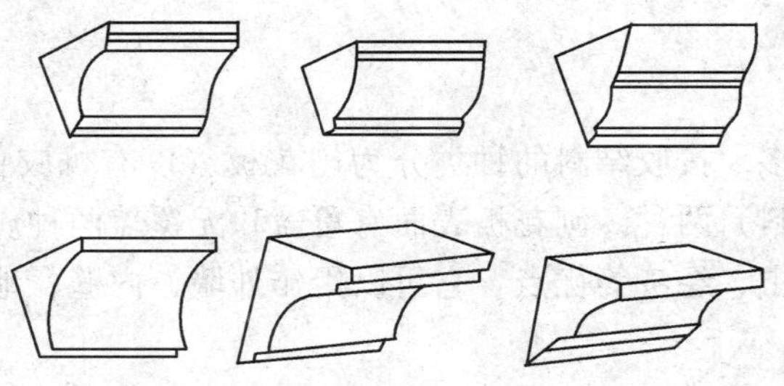

图 10.2　木装饰角线

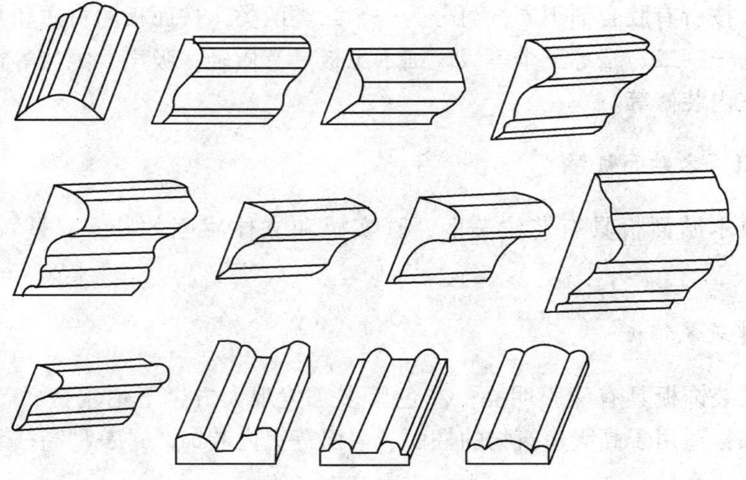

图 10.3　木装饰边线

10.4.2　如何选用木质装饰材料

木质装饰材料品种多样，特性不同，适用范围也不同。

1. 胶合板

胶合板是建筑装饰中用量最大的材料，既可以做其他饰面基材，又可以直接用于装饰表面，获得天然木材的装饰效果。胶合板具有单块面积大、薄轻、可弯曲、胀缩变形小、板面美观、强度高等优点，是建筑装饰和制作家具等的优良材料。

2. 纤维板

硬质纤维板密度大，强度高，是木材的优良代用材料，是建筑装饰、家具的常用板材，如墙裙、门、顶棚、隔断、家具等许多部位用到它。半硬质纤维板可用于包装及部分装饰。以半硬质纤维板为基材和用特种耐磨塑料贴面板为面板的新型地面装饰材料(复合木地板）具有耐烟头烫、耐化学试剂污染、易清扫、抗重压、耐磨（耐磨度为普通贴面板的三倍）等特点，这种地板最适用于会议室、办公室、中高档旅游饭店及民用住宅的装修及改造使用。

3. 刨花板

刨花板的种类较多，按胶结料的种类分为刨花板（以有机胶作为胶结料)、水泥刨花板（以水泥为胶结料）两种，刨花板表面有覆盖和无覆盖两种。刨花板具有质轻、隔声、保温、防火、防虫、经济等优点。它可以用作外墙、内壁、地板和顶棚的装饰。

4. 细木工板

细木工板按表面加工状况分为：一面砂光细木工板、两面砂光细木工板、不砂光细木工板三种。按所有胶合剂不同，可分为一、二类两类，按面板的材质和加工工艺质量不同，可分为一、二、三等三个等级。细木工板具有质轻、吸声、绝热等特点，适用于家具、建筑室内装修等。

5. 装饰微薄木贴面板

装饰微薄木贴面板具有花纹美丽、真实感和立体感强的特点，是一种高档装饰材料。

6. 大漆建筑装饰板

大漆建筑装饰板具有漆膜明亮，花色繁多、美观大方、不怕水烫、不怕火烫等特点。这种装饰板适用于高级建筑物的柱面、墙面等室内装饰，是一种高档装饰材料。

7. 印刷木纹人造板

印刷木纹人造板具有花纹美观逼真、色泽鲜艳协调、层次丰富清晰，表面还具有一定的耐磨、光泽、耐温、抗水、耐污染等优点，可直接用于室内装饰、住宅木门、家具贴面等。

8. 拼装木地板

拼装本地板表面坚硬、耐磨、耐朽、不易变形开裂，而且表面光泽柔和、纹理美、经拼装后可以组成美观大方的图案，是一种高级的地面装饰材料。

9. 木线条

本线条表面光滑，棱角棱边及弧面弧线既挺直又轮廓分明。线条可油漆成各种色彩和木纹本色，也可进行对接拼接。在室内装饰工程中木线条的用途十分广泛，有天花线，天花花角线，墙角线等。

10. 三聚氰胺板

三聚氰胺是制造此种板材的其中一种树脂胶黏剂，带有不同颜色或纹理的纸在树脂中浸泡后，干燥到一定固化程度，将其铺装在刨花板、中密度纤维板或硬质纤维板表面，经热压而成的装饰板，规范的名称是三聚氰胺浸渍胶膜纸饰面人造板，称其三聚氰胺板实际上是说出了它的饰面成分的一部分。

三聚氰胺板基材有差别，目前市场上面向家庭的三聚氰胺板式家具多以中密度板和刨花板为基材，相比之下，中密度板的性能优于后者。中密度板内部结构均匀，结合力大于刨花板，变形小，表面平整度好，握钉力强。因此，用中密度板做基材的三聚氰胺板更坚固耐用，更能发挥板式家具抵御拼装的特点。刨花板的质地相对疏松，握钉力差，较前者造价低。

三聚氰胺板令家具外表坚强，印有色彩或仿木纹的纸本身是脆弱的，在三聚氰胺板透明树脂中浸泡之后形成的胶膜纸要坚硬许多，这种胶膜纸与基材热压成一体后有着很好的性能，用它打制的家具不必上漆，表面自然形成保护膜，耐磨、耐划痕、耐酸碱、耐烫、耐污染。

在挑选此种板式家具时，除了色彩及纹理满意，还可以从几个方面辨别外观质量，如有无污斑、划痕、压痕、孔隙，颜色光泽是否均匀，有无鼓泡现象、有无局部纸张撕裂或缺损现象。

10.5　装饰木材的挑选

10.5.1　购买装饰木材勿忘“三看”

一是要看是否正宗产品。制假者多将国产板假冒进口板，低等级板假冒高等级板销售，尤其是冒充国际名牌。用户购板时首先要认清整件包装上商标、厂址、等级和防伪标识，确认真实后再看质量，低劣板四周多有毛刺，而正宗板则整齐光滑，且夹层匀称密实，板面平整，色泽一致，很少有节眼和接补。刨花板、中密度板和塞比利板亦有多种厚度和等级，价格差异较大。好板材不仅厚而且压的密度紧，在水中不易膨胀变形。

二是原木料要看质量是否可靠。市场上假冒原木料泛滥，其手段可谓五花八门，消费者购买时要在确认货真价实后再买。成材木料应是经过烘干处理的优质材，不弯曲变形，无断裂腐朽，木纹斜度小，无树脂痕、白斑和蜂窝眼且节子小而少。

三是木材半成品料要看用材是否一致。一些不法厂商利用人们喜购不油漆的半成品木料之机，掺杂使假，表面用好料，背面和夹层里用差料，更有甚者让你看样是好货，交钱提货是差货，这在木地板、木门窗、木墙裙、木线条、格栅等上做假较多。用户在购这类货时，一定要检查仔细，不仅里外要一致，还要外表层与内芯一致，尤其是成捆的线条和地板，防止中间夹短料、夹差料。门窗要加工精细接合牢靠，应多运用榫接合，少用钉结合，薄板夹角为戗门包线或实木包线，木材断面不外露，且看不到包边木材。

10.5.2　如何挑选胶合板

选择胶合板要注意以下几点：

1）夹板有正反两面的区别。挑选时，胶合板要木纹清晰，正面光洁平滑，不毛糙，要平整无滞手感。

2）胶合板不应有破损、碰伤、硬伤、疤节等疵点。

3）胶合板无脱胶现象。

4）有的胶合板是将两个不同纹路的单板贴在一起制成的，所以在选择上要注意夹板拼缝处应严密，没有高低不平现象。

5）挑选夹板时，应注意挑选不散胶的夹板。如果手敲胶合板各部位时，声音发脆，则证明质量良好，若声音发闷，则表示夹板已出现散胶现象。

6）挑选胶合饰面板时，还要注意颜色统一，纹理一致，并且木材色泽与家具油漆颜色相协调。

10.5.3　如何挑选大芯板

大芯板又称细木工板，几乎每一个家装工程都能用得到。大芯板质量的好坏也直接影响装饰的效果，下面讲一下挑选大芯板要注意的几个问题。

1. 最好选择机拼板

大芯板的中间夹层为实木木方，制作时有手工拼装和机器拼装两种，机器拼装的板材拼缝更均匀。

2. 板缝最好不超过 3mm

中间夹板的木方间距越小越好，最大不能超过 3mm，检验时可锯开一段板。

3. 中间夹层的材质最好为杨木和松木，不能是硬杂木，因为硬杂木不“吃钉”

4. 表面砂光度

优质的大芯板是用双面砂光，用手摸时手感非常光滑。

5. 含水率

北京地区木材含水率应为8%至12%，优质大芯板为蒸气烘干，含水率可达标；劣质大芯板含水率常不达标。

6. 环保指标

大芯板是用胶复合而成，胶的成分主要是甲醛，其含量应低于50mg/kg。有少量品牌，胶为非甲醛，其甲醛含量完全达标。看检验报告，按照大芯板边上标注的查询电话进行确认。

7. 不能光看外观，选购有品牌的产品才更有品质保障

货比三家，相信“一分价钱一分货”的道理，一方面结合自己的经济实力，另一方面也不要轻信某些厂家名牌低价的神话。

10.5.4 如何选购合适的贴面板

选购贴面板的质量优劣，可以从以下四个方面着手，这也是衡量贴面板好坏的四大标准。

(1) 表皮（薄片）厚度

薄片厚度越厚，耐用性能越好。油漆施工后实木感强，纹理越清晰，色泽越鲜艳饱和。薄片厚度的鉴别方法为观察板边有无砂透、有无渗胶，涂水试验有无出现泛青、透底等现象，如果存在上述问题，则通常表皮较薄。

(2) 底板材质

底板材质以柳桉木为佳，而市场上多是杨木芯的。要具体判定：一看底板的重量，重者大都为柳桉木或其他硬杂木，轻者为杨木；二看中板颜色，很均匀的白色或中板经染色掩盖处理的一般为杨木；三看板是否翘曲变形，能否垂直竖立，自然平放即发生翘曲或板质松软不挺括、无法竖立者即为劣质底板。

(3) 制造工艺

制造工艺可从薄片刨切及拼接复贴、拼缝处理，缺陷修补工艺，砂光缺陷、底板缺陷及其他外观损伤、污染等几方面去判断。一般以视力正常者在1～1.5m左右距离目测，无影响装饰美观的工艺缺陷、底板缺陷、人为损伤、污染者为优等，明显可视者及较严重缺陷者一般降为一级或合格。

(4) 板面美观及装饰性

板面纹理清晰且排布规则、美观、色泽协调者为优，色泽不协调，出现有损美观的

不规则色差，乃至变色、发黑者则要视其严重程度降为一等或合格。天然缺陷如黑点、节疤等，一般在正常光源下，由视力正常者在1.5～2m左右距离目测，看不到有损美观装饰性的天然缺陷者即为优等品，明显可视者则要降为一级品，缺陷较严重者则要降为合格品。另选择有品牌、有质检合格证、规范包装、符合国家标准的等级标准、正规厂家生产的贴面板是前面四个标准的重要前提。

10.5.5 怎样选购实木地板

1) 确定地板材种和颜色深浅。不同材种的实木地板价格差异可能很大，材种的不同也往往决定了地板颜色的深浅和纹理图案。消费者应根据自己的经济能力和对颜色、纹理的喜爱决定购买何种地板。挑选地板颜色要考虑与房间整体色调相协调，一般原则是要避免色调头重脚轻。

2) 选地板的规格尺寸。地板的尺寸涉及到地板抗变形的能力，其他条件相同时较小规格的地板更不易变形，因此地板尺寸宜短不宜长，宜窄不宜宽。此外地板尺寸还涉及到价格和房间的大小，大尺寸的地板价格较高，面积小的房间也不适宜铺大尺寸的地板。

3) 挑选外观质量。地板表面腐朽、缺棱：优等品、一等品、合格品3个等级都不允许有。地板表面裂纹：优等品、一等品不允许有，合格品允许有两条。地板表面活节：优等品、一等品都允许有2～4个，但有尺寸限制，合格品个数不限。死节与蛀孔：优等品不允许有，一等品有数量限制。

4) 挑选加工精度，消费者可通过简易办法挑选地板加工精度，例如从包装箱中取10块地板在平地上进行模拟拼装，用手摸、眼看其不应有明显的高低差和缝隙。

5) 挑选油漆质量。现在常见的是UV漆地板，有亮光漆和亚光漆等种类。应观察漆膜是否均匀、丰满、光洁，无漏漆、无气泡、无孔眼。

6) 挑选含水率合格的地板。含水率是影响实木地板铺装后是否变形的重要因素。购买地板时可以借经销者的含水率测定仪进行快速检测，应注意所测地板含水率的均匀一致性。特别要注意的是地板的含水率要低于购买地的平衡含水率，最好接近购买地的平衡含水率。

10.6 木 地 板

木地板的品种有实木地板（漆板和素板）、实木复合地板、强化复合地板，此外还有竹地板及软木地板。

10.6.1 实木地板

实木地板就是用木材直接加工而成的地板，是室内地面装修最常使用的材料之一。该产品天然质朴、自然而高贵，可以营造出极具亲和力且高雅的居室环境；弹性好，脚感舒适；冬暖夏凉，能调节室内温度和湿度；本身不散发有害气体，是真正的绿色环保家装材料。实木地板由于具有诸多优点，受到了广大消费者的青睐。

实木地板因材质的不同，其硬度、天然的色泽和纹理差别也较大。实木地板按铺装方式可分为榫接地板、平接地板、镶嵌地板等，最常见的是榫接地板；按表面是否涂饰可分为漆饰地板及未涂饰地板（俗称素板），现在最常见的是UV漆漆饰地板；按材种可分为国产材地板和进口材地板。国产材地板常用的材种有桦木、水曲柳、柞木、水青岗、榉木、榆木、槭木、核桃木、枫木、色木等，最常见的是桦木、水曲柳、柞木；进口材地板常用的材种有甘巴豆、印茄木、香脂木豆、重蚁木、柚木、古夷苏木、李叶苏木、二翅豆、蒜果木、四籽木、铁线子等。

我国实木地板标准规定，实木地板分为优等品、一等品和合格品3个等级。

10.6.2 复合地板

复合地板是近年来在我国市场上出现的一种新型地板。目前，在市场上的复合地板主要有两大类：一类是实木复合地板；另一类是强化复合地板。这两类复合地板有着各自不同的特点，因而在使用和维护方面的要求也不同。

实木复合地板的直接原料为木材，保留了天然实木地板的优点，纹理自然，脚感舒适，但表面耐磨性不如强化复合地板。

强化复合地板的基材主要是利用小径材、枝桠材和胶黏剂通过一定的生产工艺加工而成。这种地板表面平整，花纹整齐，耐磨性强，脚感较硬，便于保养。消费者应详细了解了这两类复合地板的特点。根据自己的喜好和决定选购复合地板的类别。

1. 实木复合地板

目前实木复合地板有三层和多层两种。三层实木复合地板，其表层为优质名贵木材薄片，中间和底层为速生木材，用胶水热压而成。表层厚度为4mm左右，芯层在8～9mm，底层2mm左右，总厚度一般都在14～15mm。

多层实木复合地板以多层胶合板为基材，表层为硬木片镶拼板或刨切单板，以胶水热压而成。基层胶合板的层数必须是单通常为3～5层，表层如为硬木片，厚度通常为1.2mm，刨切板为0.2～0.8mm，总厚度通常不超过12mm。

实木复合地板具有实木地板木纹自然美观，脚感舒适，隔音保温等优点，同时又克服了实木地板易变形的缺点（每层木质纤维相互垂直，分散了变形量和应力），且规格大，铺设方便。缺点是如胶合质量差会出现脱胶。此外因为表层较薄（尤其是多层），使用中必须重视维护保养，所以使用场合有所限制。

实木复合地板之间以胶水胶合，其甲醛释放量是一个十分重要的指标。国家对此已有强制性标准，即《室内装饰装修材料人造板及其制品甲醛释放限量》（GB18580—2001）。该标准规定实木复合地板必须达到E1级的要求（甲醛释放量为≤1.5mg/L）并在产品标志上明示。

2. 强化复合地板（浸渍纸层压木质地板）

结构：强化复合地板由四层结构组成。

第一层：耐磨层。其主要由Al_2O_3组成，有很强的耐磨性和硬度，一些由三聚氰胺组成的强化复合地板无法满足标准的要求。

第二层：装饰层。它是一层经密胺树脂浸渍的纸张，纸上印刷有仿珍贵树种的木纹或其他图案。

第三层：基层。它是中密度或高密度的层压板。经高温、高压处理，有一定的防潮、阻燃性能，基本材料是木质纤维。

第四层：平衡层。它是一层牛皮纸，有一定的强度和厚度，并浸以树脂，起到防潮防地板变形的作用。

主要质量指标如下。

1）表面耐磨转数：公共场所用≥9000r/min，家庭用≥6000r/min，以上转数是指初始磨值，即表面饰层出现露底，而不是耐磨终值即地板全部磨穿（市场是有些强化复合地板明示的耐磨转数很高，但很有可能是标的耐磨终值）。

2）吸水厚度膨胀率：它是指强化复合地板浸泡在25℃的水中一段时间后基层吸水厚度增加的程度，用%来表示。膨胀率越大，该地板受潮后的强度下降越大，且会出现表面突起甚至脱落，严重影响使用寿命。目前市售各种品牌其吸水厚度膨胀率的大小可相差10倍以上。

3）表面耐冲击性能：即以规定的方法对地板进行冲击试验，冲击后留下的凹坑直径大小就是冲击性能好坏的依据，直径越小，耐冲击性能越好，使用寿命也长。强化复合地板的耐磨层厚都在0.1mm以上，厚的可达0.7mm。

4）甲醛释放量 ：按GB18580—2001规定强化复合地板属可直接用于室内的产品，所以其甲醛释放量必须达到E1级，即≤0.12 mg/L。

除此以外还有静曲强度、内结合强度、密度、含水率、胶合强度等指标。销售时应明示它的耐磨等级和甲醛限量等级。

强化复合地板的优点主要有如下几点：

1）耐磨：约为普通漆饰地板的10～30倍以上。

2）美观：可用电脑仿真出各种木纹和图案、颜色。

3）稳定：彻底打散了原来木材的组织，破坏了各向异性及湿胀干缩的特性，尺寸极稳定，尤其适用于地暖系统的房间。此外，其还有抗冲击、抗静电、耐污染、耐光照、耐香烟灼烧、安装方便、保养简单等特点。

其缺点主要有：水泡损坏后不可修复、脚感较差。特别要指出的是过去曾有经销商称强化复合地板是“防水地板”，这只是针对表面而言，实际上强化复合地板使用中唯一要忌的是水泡。

10.6.3　竹地板

1. 特点

竹木地板是由适龄竹木精制而成的。竹地板美观度较好，竹木地板格调清新高雅，纹理通直，色调高雅，刚劲流畅，硬度高，质感细腻，能产生古朴自然的装饰效果，并可为居室平添许多的文化氛围。而且它的天然色泽十分美观，富有弹性，防潮，不发霉，硬度强，由于竹子导热系数低，所以还有冬暖夏凉的特性，人无论在什么季节，都可以舒适地赤脚在上面行走，特别适合铺装在老人、小孩的起居室用。竹子的弧面作为外观面，有一种独特的韵味。更可贵的是，竹地板非常适合地热采暖。

2. 竹地板分类

按色彩来划分，市面上的竹地板主要分为两种：一种是自然色，竹地板的色差比木地板小，因为竹子的生长半径比木头要小得多，受日照影响不严重，没有明显的阴阳面的差别，所以由新鲜毛竹加工而成的竹地板有丰富的竹纹，而且色泽匀称，做成地板色调比较统一。自然色中又分为本色和碳化色。本色以清漆加工表面，取竹子最基本的颜色，亮丽明快，碳化色与胡桃木的颜色相近，其实是竹子经过烘焙转变而成，凝重沉稳中依然可见清晰的竹纹。另一种是人造上漆的，可以调配各种缤纷的色彩，不过竹纹已经不太明显。

由于竹地板硬度高，密度大，质感好，因此它的热传导性能、热稳定性能、环保性能、抗变形性能都要比其他木制地板好一些。

10.6.4　软木地板

简单地说，软木地板就是用软木颗粒和弹性胶黏剂，利用特殊工艺和设备加工的一种地面铺装材料，一般有3.2mm到4mm的厚度。严格地讲，软木不是木材，是橡树的树皮。软木中主要的成分软木纤维由多面体形状的死细胞组成，细胞之间的空间则充满几乎与空气一样的混合气体。特殊的结构和成分使得软木具有一系列的特殊性质：质轻、柔韧抗压、不渗透性强、防潮防腐、电传导性极差、隔热隔声、耐摩擦、不易燃等。正因为软木由无数个气囊组成，表面形成了无数个小吸盘，人走在上面时，脚步与地面接触时，软木地板就将脚步轻微地吸附在地面上，减少了脚步与地板间的相对位移，减少了摩擦，从而延长了地板的耐磨度和使用寿命，更起到了减噪、吸音的作用。

此外，软木复合地板还有以下几大特点：结构合理、尺寸稳定性好，在温度湿度剧烈变化的情况下也不裂不翘，不腐不蛀；保温隔热性能好，夏天可以减少室外炎热空气的内侵，冬天则可以避免室内热气通过地面外泄；软木是非常好的绝缘体，特别适合电子仪器众多，需要防静电的场所；脚感舒适自然、有弹性，可减轻意外摔倒造成的伤害，有利于儿童骨骼生长，保护成年人特别是老年人的膝关节，长时间在软木地板上行走、站立不疲劳。

10.7　木材的腐朽和防腐

木材是天然生成的有机物，容易腐蚀和容易燃烧是它的两个大缺点，在工程中使用木材时必须考虑木材的防腐和防火措施。

10.7.1　木材的腐朽

侵害木材的真菌常见的有变色菌、霉菌和腐朽菌三类。前两者对木材的强度无大影响。腐朽菌能分泌酵素，它能将细胞壁中的纤维素等物质分解成简单的物质，作为自身繁殖的养料，致使木材腐朽而破坏。腐朽菌在木材中生存和繁殖的条件有三：适宜的水分、空气和温度。若含水率在35%～50%，温度在25～30℃，又有足够的空气，木材最易腐朽。除真菌菌害外，木材还会遭到诸如白蚁、天牛等昆虫的蛀蚀。

10.7.2 防腐措施

木材防腐通常采用两种措施，一种是创造条件，使木材不适于真菌寄生和繁殖；另一种是进行药物处理，消灭或制止真菌生长。

第一种措施主要是使保持木材干燥，使其含水率小于20%。木材表面涂刷各种油漆，不仅美观，而且可以隔绝空气和水分。

第二种措施是用化学防腐剂对木材进行处理，这是一种比较有效的防腐措施。防腐剂的种类主要有水溶性防腐剂和油质防腐剂两种。其中，油性防腐剂还具有一定的防水作用。

防腐剂处理木材的方法有喷涂法、浸渍法、压力渗透法及冷热槽浸渍法。

10.7.3 木材防火

木材的耐燃性较差，木材防火处理的方法主要有表面涂敷法和阻燃剂溶液浸注法两种。

(1) 表面涂敷法

表面涂敷法就是在木材的表面，采用涂刷、喷涂、滚涂等方法涂敷防火涂料，起到既防火、又具有防腐和装饰的作用，是一种通用的防火作法。

防火涂料：就是为了改变可燃基材的对火反应特性，在其表面施涂的一层饰面型的具有防火作用的涂料。

饰面型防火涂料具有防火和装饰两种功能。其防火机理如下。

1) 隔绝可燃基材与空气的接触。

2) 释放惰性气体抑制燃烧。

3) 膨胀形成碳质泡沫隔热层。

(2) 阻燃剂溶液浸注法

阻燃与阻燃剂，所谓阻燃，即是推迟、延缓甚至完全消除火灾事故的发生，从而保护生命与财产的安全。阻燃剂就是一种专门为实现上述功能而混入不同材料中的专用防火产品。

经过阻燃剂浸渍处理后，可改变木材燃烧特性，木材着火时，内部温度大幅度下降，其原因：一是木材的燃烧炭化速度减慢，系统外热源对木材内部的辐射和对流热传导被推迟；二是木材自身燃烧释放的热量降低，降低了对燃烧炭化区相邻位置的热作用。

木材常用的阻燃剂如下。

1) 磷—氮系阻燃剂。

2) 硼系阻燃剂。

3）卤系阻燃剂。

4）含铝、镁、锑等金属氧化物或氢氧化物阻燃剂。

5）其他阻燃剂。

实践课题

实践一：到本地区的建筑装饰材料市场进行调查，调查木质装饰材料的种类，特点、应用情况 ；收集样本，并写出调查报告。

实践二：

1. 任务：根据当地实际情况，对某家庭（或公共建筑）装饰装修所用的木质装饰材料进行合理选择，如木地板、门窗套、木墙裙、木线等。

2. 要求：选择时要根据使用功能、装饰效果、室内环境的污染以及经济等因素合理选择。

3. 目的：了解木质装饰材料的种类，性能、使用情况、价格等。

4. 方式：2～3人一组，根据某家庭居室平面图进行简单的设计，确定使用木质装饰材料的部位，根据选择要求合理的选择木质装饰材料的种类、色彩、形状等，并绘制相应的图纸，写出选择的理由。

小　　结

本章介绍了木材的组成，分类，力学性质，以及常见木质装饰材料的种类及选用；木地板分类及特点；木材的腐蚀与防腐等。其中，常用木质装饰材料的特点及选用是本章重点。

复习思考题

10.1　木材的优点与缺点是什么？

10.2　怎样防止木材干缩、湿胀与变形？

10.3　常见的人造板与人造饰面板有哪些？如何根据实际情况选用？

10.4　木地板的种类与特点是什么？

第 11 章

装饰塑料

随着石油工业的发展，塑料在建筑和装饰工程中的应用越来越广，以塑料为主的新型建筑和装饰材料不断涌现出来。塑料装饰材料及制品一般具有质轻、绝缘、耐腐、耐磨、绝热、隔声等优良性能。塑料的原料来源丰富、生产工艺简单、加工成型方便，宜于工业生产。但塑料也有其不足之处，如某些机械强度还不及金属，一般耐热性较低，热膨胀系数较大，易变形，长期受日光、大气作用会发生老化等。目前正在对塑料性能进行深入科学研究，以寻找克服或弥补其缺点的方法，发展改性品种，使之更趋于完善。

11.1 塑料概述

11.1.1 塑料的组成

塑料是以合成树脂为基本材料，再按一定比例加入填料、增塑剂、固化剂、着色剂及其他助剂等经加工而成的材料。经过加工后形成的塑性材料或固化交联形成的刚性材料，在一定的温度和压力下具有较大的塑性，容易做成所需要的各种形状、尺寸的制品，而成型后，在常温下又能保持既得的形状和必需的强度。建筑装饰工程常用塑料及制品的组成有如下几种。

1. 合成树脂

合成树脂主要由碳、氢和少量的氧、氮、硫等原子以某种化学键结合而成的有机化合物。合成树脂是塑料中主要的组成材料，起到胶黏剂的作用，不仅能自身胶结，还能将其他材料牢固的胶结在一起。虽然塑料是在树脂的基础上加入填充料和助剂制成的，填充料和助剂对塑料具有明显的改性作用，但树脂仍是决定塑料特性和主要用途的最基本的因素。合成树脂在塑料中的含量约为 30%～60%，合成树脂按生产时化学反应的不同，可分为聚合（加聚）树脂（如聚氯乙烯、聚苯乙烯）和缩聚（缩合）树脂（如酚醛、环氧、聚酯等）；按受热时性能变化的不同，又可分为热塑性树脂和热固性树脂。由热塑性树脂制成的塑料为热塑性塑料。热塑性树脂受热软化，温度升高逐渐熔融，冷却时重新硬化，这一过程可以反复进行，对其性能及外观均无重大影响。聚合树脂属于热塑性树脂，其耐热性较低，刚度较小，抗冲击韧性较好。由热固性树脂制成的塑料为热固性塑料。热固性树脂在加工时受热变软，但固化成型后，即使再加热也不能软化或改变其形状，只能塑制一次，缩聚树脂属于热固性树脂，其耐热性较高，刚度较大，质地硬而脆。

2．填料

填料又称填充剂，它是绝大多数塑料中不可缺少的原料，通常占塑料组成材料的40%～70%。其作用是为了提高塑料的强度、韧性、耐热性、耐老化性、抗冲击性等，同时也为了降低塑料的成本，常用的填料有滑石粉、硅藻土、石灰石粉、云母、石墨、石棉、玻璃纤维等，还可用木粉、纸屑、废棉、废布等。

填料在塑料工业中占有重要的地位，随着对填料的研究与进展，特别是用于改善填料与树脂之间界面结合力的偶联剂的出现，对填料在塑料组成中的作用，又赋予了新的内容。

3．增塑剂

掺入增塑剂的目的是增加塑料的可塑性、柔软性、弹性、抗震性、耐寒性及延伸率等，但会降低塑料的强度与耐热性，对增塑剂的要求是要与树脂的混溶性好，无色、无毒、挥发性小。增塑剂一般用一些不易挥发的高沸点的液体有机化合物或低熔点的固体。常用的增塑剂有邻苯二甲酸二甲酯、邻苯二甲酸二丁酯、邻苯二甲酸二辛酯、磷酸三苯酯等。

4．固化剂

固化剂又称硬化剂，其主要作用是使线型高聚物交联成体型高聚物，使树脂具有热固性，如环氧树脂常用的胺类（乙二胺、二乙烯三胺、间苯二胺），某些酚醛树脂常用的六亚甲基四胺（乌洛托品）、酸酐类（邻苯二甲酸酐、顺丁烯二酸酐）及高分子类(聚酰胺树脂)。

5．着色剂

着色剂又叫色料。加入的目的是将塑料染制成所需要的颜色。着色剂的种类按其在着色介质中或水中的溶解性分为染料和颜料两大类。

1) 染料。染料是溶解在溶液中，靠离子或化学反应作用产生着色的化学物质，实际上染料都是有机物，其色泽鲜艳，着色性好，但其耐碱、耐热性差，受紫外线作用后易分解褪色。

2) 颜料。颜料是基本不溶的微细粉末状物质。靠自身的光谱性吸收并反射特定的光谱而显色。塑料中所用的颜料，除具有优良的着色作用外，还可作为稳定剂和填充料，来提高塑料的性能，起到一剂多能的作用，在塑料制品中，常用的是无机颜料，如灰黑、镉黄等。

6．其他助剂

为了改善或调节塑料的某些性能，以适应使用和加工的特殊要求，可在塑料中掺加各种不同的助剂，如稳定剂、阻燃剂、发泡剂、润滑剂、抗老化剂等。在种类繁多的塑料助剂中，由于各种助剂的化学组成、物质结构不同，对塑料的作用机理及作用效果各异，因而由同种型号树脂制成的塑料，其性能会因助剂的不同而不同。

11.1.2　建筑装饰塑料及制品的种类和特性

1. 建筑装饰塑料及制品的种类

(1) 按树脂在受热时所发生的变化不同分类

1) 热固性树脂。此种塑料在受热时能软化，并有部分熔融，冷却后变成不熔性固体塑料，这种塑料成型后，不能再度加热软化，只能塑制一次。常用的热固性塑料有酚醛树脂、脲醛树脂、不饱和聚脂树脂等制成的塑料制品。

2) 热塑性树脂。塑料在受热时软化并熔融，冷却后固结成型，但可反复加热重新塑制。常用的热塑性塑料有聚氯乙烯、聚苯乙烯、聚酰胺等塑料。

(2) 按树脂的合成方法分类

1) 缩合物塑料。凡两个或两个以上的不同分子化合时，放出水或其他简单物质(如氨、氯化氢)，生成与原来分子完全不同的化学反应物，称为缩合物，如酚醛塑料、有机硅塑料、聚脂塑料等。

2) 聚合物塑料。凡许多相同的分子连接而成庞大的分子，并且基本化学组成不发生变化的化学反应物，称为聚合物。所有聚合物塑料具有热塑性，如聚乙烯塑料、聚苯乙烯塑料、聚甲基丙烯酸甲脂塑料等。

2. 建筑装饰塑料及制品的特性

塑料之所以能在建筑中得到广泛的应用，是由于它具有比其他建筑材料更为优越的性能。塑料是消耗能源低、使用价值高并具有节能效果的材料。

塑料材料与传统材料相比具有以下优点。

1) 优良的加工性能。塑料可以采用比较简便的方法加工成多种形状的产品，并可采用机械化大规模的生产。

2) 比强度高。即其强度与体积密度的比值远超过水泥、混凝土，并接近或超过钢材，是一种优良的轻质高强材料。

3) 质轻。塑料的密度在 $0.9\sim2.2g/cm^3$ 之间，平均为 $1.45\ g/cm^3$，约为铝的 1/2、钢的 1/5、混凝土的 1/3，与木材相近。

4) 导热系数小。塑料制品的传导能力较金属或岩石小，即热传导、电传导的能力较小，其导热能力约为金属的 1/500～1/600、混凝土的 1/40、砖的 1/20，是理想的绝热材料。

5) 装饰、可用性高。塑料制品色彩绚丽，表面富有光泽，图案清晰，可以模仿天然材料的纹理达到以假乱真的程度；还可电镀、热压、烫金制成各种图案和花型，使其表面具有立体感和金属的质感；通过电镀技术处理，还可使塑料具有导电、耐磨和对电磁波的屏障作用等功能。

6) 经济性。塑料建材无论是从生产时所消耗的能量或是在使用过程中的效果来看都有节能的效果。塑料生产的能耗低于传统材料，其范围为 $63\sim188kJ/m^3$，而钢材为 $316\ kJ/m^3$，铝材为 $617\ kJ/m^3$。塑料窗隔热性好，代替钢窗可节省空调费用；塑料管内壁光滑，输水能力比铁管高 30%，由此节省的能源也是可喜的，因此广泛使用塑料建筑材料有明显的经济效益和社会效益。

塑料虽具有以上优点，但还有如下一些缺点。

1) 易老化。塑料产生老化是因其在热、空气、阳光及环境介质中的酸、碱、盐等作用下，分子结构产生递变，增塑剂等组分被挥发，化合键产生断裂，使机械性能变化，甚至发生硬脆、破坏等现象。

2) 耐热性差。塑料一般都具有受热变形的问题，甚至产生分解，因此在使用中要限制温度。

3) 易燃。塑料不仅可燃，而且燃烧时挥发出的烟气有毒、有味，对人体有害，所以在生产过程中一般都掺入一定量的阻燃剂。

4) 刚度小。塑料是一种粘弹性材料、弹性模量低，只有钢材的 1/10～1/20，且在荷载长期作用下产生蠕变，所以用作承重结构时应慎重。

总之，塑料及其制品的优点大于缺点，且其缺点是可以采取措施改进的。随着石油化工的发展，塑料在建筑业，特别是在建筑装饰方向的应用将越来越广泛，必将成为今后建筑材料发展的趋势之一，并将在诸多方面取代木材、水泥及钢材，成为建筑工程的四大建筑材料之一。

11.1.3　建筑装饰材料中使用的塑料种类

1. PVC（聚氯乙烯）

PVC 是多种塑料装饰材料的原料，如塑料壁纸、塑料地板、塑料扣板等。它是一种多功能的塑料，通过配方的变化，可以制成硬质和软质的制品。因此，也能得到轻质的发泡制品。

PVC 的耐燃性好，具有自熄性。耐一般的有机溶剂，但可溶于环己酮和四氢呋喃等溶剂，利用这一点，PVC 制品可以用于上述溶剂粘接。硬质 PVC 制品的耐老化性较好，机械性能相当好，但抗冲击性较差。通过加入抗冲改性剂如氯化聚乙烯，其抗冲击能力得到改善。

2. PE（聚乙烯）

PE 易燃烧，燃烧时火焰呈淡蓝色并且熔融滴落，这会导致火焰的蔓延。作为建筑材料的 PE 制品中通常加入阻燃剂改善其耐燃性能。它是一种结晶性的聚合物，结晶度与密度有关，一般密度越高，结晶度也越高。PE 具有蜡状半透明的外观，透光率较低，耐溶剂性、柔性很好，耐低温性和抗冲击性比硬 PVC 好很多。

3. PP（聚丙烯）

PP 是塑料中相对密度较小的，约为 $0.9g/cm^3$。它的燃烧性与 PE 接近，易燃，呈淡蓝色火焰并发生滴落，可能引起火焰蔓延。它的耐热性优于 PE，其机械性能也优于 PE。PP 的耐溶剂性也很好，常温下没有溶剂。PP 的缺点是耐低温性较差，有一定的脆性。PE和PP可用来生产管材和卫生洁具等。

4. PS（聚苯乙烯）

PS为无色透明类似玻璃的塑料，透光率可达88％～92％。PS的机械强度较好，但抗冲击性较差，有脆性，敲击时有金属的清脆声音。燃烧时呈黄色火焰，并放出大量黑烟。离开火源继续燃烧，发出特殊的苯乙烯气味。PS能溶于苯、甲苯等芳香族溶剂。

5. ABS塑料

ABS塑料是一种橡胶改性的聚苯乙烯，是不透明的塑料，呈浅象牙色，相对密度为1.05g/cm^3；燃烧时呈黄色火焰，冒黑烟。其抗冲性很好，耐低温性也很好，耐热性也比PS好。

6. PMMA（有机玻璃）

它是透光率最高的一种塑料，可达92％，因此可代替玻璃，而且不易破碎，但其表面硬度比玻璃差，容易划伤，燃烧时呈淡蓝色火焰，顶端白色，无滴落，不冒烟，放出单体的典型气味。PMMA具有优良的耐老化性，处于热带气候下曝晒多年其透明度和色泽变化很小，可用来制作护墙板和广告牌。

7. UP（不饱和聚酯）

UP是一种热固性树脂，未固化时是高黏度的液体。一般在室温下固化，固化时需加入固化剂和催促剂。由于可制造UP的原料种类很多，通过改变配方和工艺可以制得不同性能的UP，以适应不同的需要，例如生产玻璃钢的UP，作涂料用的韧性UP等。UP的优点是工艺性能良好，可以不加压或在低压下成型，加工很方便，缺点是固化时收缩率较大，体积收缩为7％～8％。UP被大量用来生产玻璃钢制品。

8. EP（环氧树脂）

EP也是一种热固性树脂，未固化时为高黏度液体或脆性固体，易溶于丙酮和二甲苯等溶剂，加入固化剂后可在室温或高温下固化。室温固化剂多为乙烯多胺，如二乙烯三胺、三乙烯四胺；高温固化剂为邻二甲酸酐、液体酸酐等。EP的突出特点是与各种材料有很强的粘结力，这是由于在固化后的EP分子中含有各种极性基因（羟基、醚键和环氧基）。EP固化时的收缩率很低，而且在发生最大收缩时树脂还处于凝胶态，有一定的流动性，因此不会产生内应力。

9. PU（聚氨酯）

PU是性能优越的热固性树脂，它可制成单组分或双组分的涂料、粘合剂泡沫塑料。根据组成的不同，PU可以是软质的，也可以是硬质的。PU的性能优异，机械性能、耐老化性能、耐热性能等都比PVC好很多。其作为建筑涂料使用，耐磨性、耐污性和耐老化性都很好。

10. GRP（玻璃纤维增强塑料，玻璃钢）

GRP 是用玻璃纤维制品（纱、布、短切纤维、毡、无纺布等）增强 UP、EP 等树脂得到的一类热固性塑料。它是一种复合材料通过玻璃纤维的增强，得到机械强度很高的增强塑料。其强度甚至高于钢材。

11.1.4　塑料制品在建筑装饰工程中的应用

塑料在建筑装饰工程中被广泛地用于生产各种装饰塑料板材（如三聚氰胺层压板、硬质 PVC 板、玻璃钢板、铝塑板及聚碳酸酯 PC 板等）、塑料地板、塑料壁纸及塑料门窗等，另外还广泛地用于生产各种卫生洁具（如玻璃钢洁具、人造玛瑙洁具、聚丙烯塑料卫生洁具等）、塑料家具（如 FRP 玻璃钢家具、ABS 树脂家具、软质硬质海绵泡沫家具、压克力家具等）。此外，塑料还用于生产各种高中低档的装饰五金件（如塑料拉手、各种装饰件等）、装饰型材（如塑料窗帘盒、踢脚板、扶手等）、电气元件（如灯具、开关等）、水暖件及各种管线配件等。

11.2　建筑装饰塑料板材

塑料装饰板材是指以树脂为浸渍材料或以树脂为基材，采用一定的生产工艺制成的具有装饰功能的普通或异型断面的板材。塑料装饰板材以其重量轻、装饰性强、生产工艺简单、施工简便、易于保养、适于与其他材料复合等特点在装饰工程中得到愈来愈广泛的应用。

塑料装饰板材按原材料的不同可分为硬质 PVC 板、塑料贴面板（如三聚氰胺层压板）、有机玻璃装饰板、玻璃钢板、塑料金属复合板、聚碳酸酯采光板等类型。按结构和断面形式可分为平板、波形板、实体异型断面板、中空异型断面板、格子板、夹芯板等类型。

11.2.1　三聚氰胺层压板

三聚氰胺层压板是最常见的塑料贴面板，亦称纸质装饰层压板、塑料贴面板、树脂板或防火板，是以厚纸为骨架，浸渍酚醛树脂或三聚氰胺甲醛等热固性树脂，多层叠合经热压固化而成的薄型贴面材料。

酚醛树脂的成本低于三聚氰胺甲醛树脂，但由于为棕黄色不透明，不宜在表面层使用。三聚氰胺甲醛树脂清澈透明、耐磨性优良，常用作表面层的浸渍材料，故通常以此作为该种板材的命名。

三聚氰胺层压板的结构为多层结构，即表层纸、装饰纸和底层纸。表层纸主要是保护装饰纸的花纹图案，增加表面的光亮度，提高表面的坚硬性、耐磨性和抗腐蚀性。

三聚氰胺层压板由于采用的是热固性塑料，所以耐热性优良，经 100℃ 以上的温度不软化、不开裂和不起泡，具有良好的耐烫、耐燃性。由于骨架是纤维材料厚纸，所以有较高的机械强度，其抗拉强度可达 90MPa，且表面耐磨。三聚氰胺层压板表面光滑致密，具有较强的耐污性，耐湿，耐擦洗，耐酸、碱、油脂及酒精等溶剂的侵蚀，经久耐用。

三聚氰胺层板常用于墙面、柱面、台面、家具、吊顶等饰面工程。

11.2.2 硬质PVC板

硬质PVC板有透明和不透明两种。透明板是以PVC为基料，掺入增塑剂、抗老化剂，经挤压而成型。不透明板是以PVC为基材，掺入填料、稳定剂、颜料等，经捏合、混炼、拉片、切粒、挤出或压延而成型。硬质PVC板按其断面形式可分为平板、波形板和异型板等。

1. 平板

硬质PVC平板表面光滑、色泽鲜艳、不变形、易清洗、防水、耐腐蚀，同时具有良好的施工性能，可锯、可刨、可钻、可钉。常用于室内饰面、家具台面的装饰。常用的规格为2000mm×1000mm、1600mm×700mm、700mm×700mm等，厚度为1mm、2mm和3mm。

2. 波型板

硬质PVC波型板是以PVC为基材，用挤出成型法制成各种波形断面的板材。这种波型断面既可以增加其抗弯刚度，同时也可通过其断面波型的变形来吸收PVC较大的伸缩。其波型尺寸与一般石棉水泥波型瓦、彩色钢板波型板等相同，以便必要时与其配合使用。

硬质PVC波型板可任意着色，常用的有白色、绿色等。透明的波型板透光率可达75%～85%。彩色硬质PVC波型板可用作墙面装饰和简单建筑的屋面防水。透明PVC横波板可用作发光平顶，其放置在⊥型龙骨的翼缘上，上面安放照明灯。透明PVC纵波板，由于长度没有限制，适宜做成拱形采光屋面，中间没有接缝，水密性好。图11.1是波形板的断面形式举例。

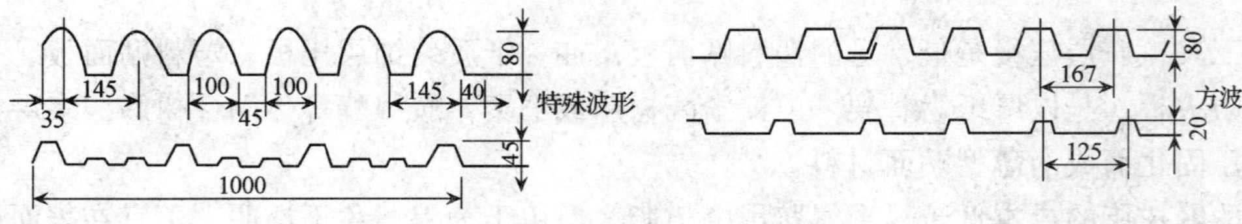

图11.1 波型板的断面形式举例

3. 异型板

硬质PVC异型板，亦称PVC扣板，有两种基本结构：一种为单层异型板，另一种为中空异型板。单层异型板的断面形式多样，一般为方型波，以使立面线条明显。与铝合金扣板相似，两边分别做成沟槽和插入边，既可达到接缝防水的目的，又可遮盖固定螺丝。每条型材一边固定，另一边插入柔性连接，可允许有一定横向变形，以适应横向的热伸缩。中空异型板为栅格状薄壁异型断面，该种板材由于内部有封闭的空气腔，所以有优良的隔热、隔声性能。同时其薄壁空间结构也大大增加了刚度，使其比平板或单层板材具有更好的抗弯强度和表面抗凹陷性，而且材料也较节约，单位面积重量轻。该种异型板材的联接方式有企口式和钩槽式两种，目前较流行的为企口式。硬质 PVC 异型板结构如图 11.2 所示。

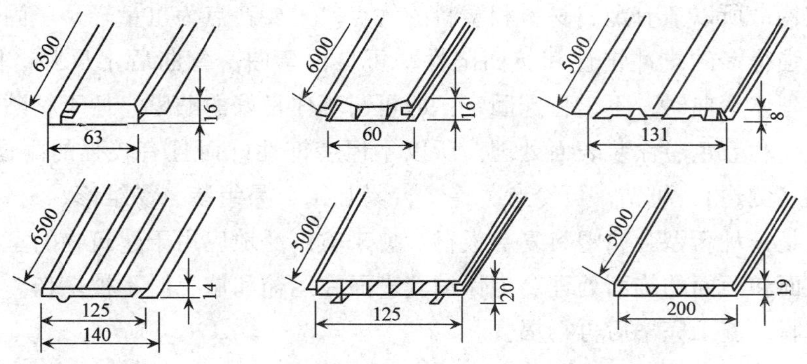

图 11.2　硬质 PVC 异型板结构图

硬质 PVC 异型板表面可印刷或复合各种仿木纹、仿石纹装饰几何图案，有良好的装饰性，而且防潮、表面光滑、易于清洁、安装简单。常用作墙板和潮湿环境（盥洗室、卫生间）的吊顶板。

11.2.3　玻璃钢板

玻璃钢（简称 GRP）是以合成树脂为基体，以玻璃纤维或其制品为增强材料，经成型、固化而成的固体材料。

玻璃钢采用的合成树脂有不饱和聚酯、酚醛树脂或环氧树脂。不饱和聚酯工艺性能好，可制成透光制品，可在室温常压下固化。目前制作玻璃钢装饰材料大多采用不饱和聚酯。

玻璃纤维是熔融的玻璃液拉制成的细丝，是一种光滑柔软的高强无机纤维，直径 9～18μm，可与合成树脂良好结合而成为增强材料。在玻璃钢中常应用玻璃纤维制品，如玻璃纤维织物或玻璃纤维毡。

玻璃钢装饰制品具有良好的透光性和装饰性，可制成色彩艳丽的透光或不透光构件或饰件，其透光性与 PVC 接近，但具有散射光性能，故作屋面采光时，光线柔和均匀；其强度高（可超过普通碳素钢）、重量轻（仅为钢的 1/4～1/5，铝的 1/3 左右），是典型的轻质高强材料；其成型工艺简单灵活，可制作造型复杂的构件；具有良好的耐化学腐蚀性和电绝缘性；耐湿、防潮，可用于有耐潮湿要求的建筑物的某些部位。玻璃钢制品的最大缺点是表面不够光滑。

常用的玻璃钢装饰板材有波型板、格子板、折板等。

11.2.4　铝塑板

铝塑板是一种以PVC塑料作芯板，按结构分为正、背两面为铝合金薄板的双面复合板和正面为铝合金薄板的单面复合板。按用途分为内墙板和外墙板两种，内墙板一般为单面复合板，外墙板一般为双面板。厚度为3mm、4mm、6mm或8mm，常见规格为1220mm×2440mm。该种板材表面铝板经过阳极氧化和着色处理，色泽鲜艳。由于采取了复合结构，所以兼有金属材料和塑料的优点，主要特点为重量轻，坚固耐久，比铝合金薄板有强得多的抗冲击性和抗凹陷性；可自由弯曲，弯曲后不反弹，因此成型方便，沿弧面基体弯曲时，不需特殊固定，即可与基体良好的贴紧，便于粘贴固定；由于经过阳极氧化和着色、涂装表面处理，所以不但装饰性好而且有较强的耐候性；可锯、可铆、可刨（侧边）、可钻，可冷弯、冷折，易加工、易组装、易维修、易保养。

铝塑板是一种新型金属塑料复合板材，愈来愈广泛地应用于建筑物的室外幕墙和室内墙面、柱面和顶面的饰面处理。为保护其表面在运输和施工时不被擦伤，塑铝板表面都贴有保护膜，施工完毕后再行揭去。

11.2.5　聚碳酸酯PC板

聚碳酸酯透明板（PC）亦称阳光板，是目前国际上普遍采用的一种新型高强度、隔热、透光建筑材料。因其特有的高品质，以及比其他材料（如夹胶玻璃、夹丝玻璃、钢化玻璃、中空玻璃、有机玻璃等）有无法比拟的优点，阳光板迅速得到了建筑设计、装饰工程、环境保护、广告业的广泛认可。尤其用于防弹、防爆的特种阳光板，更为安全保卫业界所重视。

聚碳酸酯透明板是以聚碳酸酯塑料为基材，采用挤出成型工艺制成的栅格状中空结构异型断面板材，是近年由国外引进的优质透光装饰板材。其结构如图11.3所示。断面为双层直栅格结构，脊骨宽（D）6mm、7mm、11mm、18.5mm、27mm，厚度（A）有6mm、8mm、10mm、16mm不同规格。阳光板的两面都履有透明保护膜，有印刷图案的一面经紫外线防护处理，安装时应朝外，另一面无印刷图案的安装时应朝内。常用的板面规格如图11.3所示。

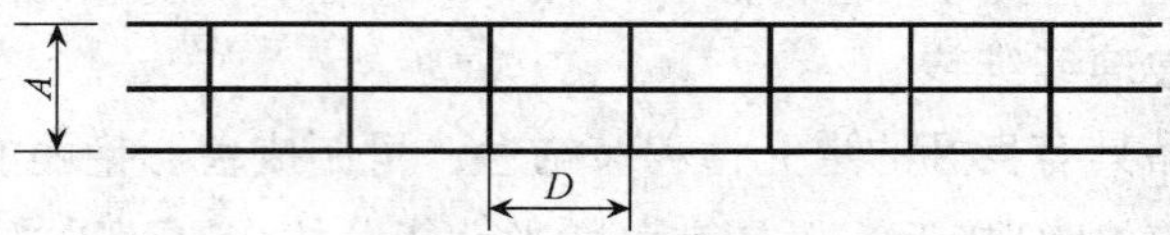

图11.3　聚碳酸酯阳光板剖面图

聚碳酸酯透明板的特点为轻、薄、刚性大。其单位面积质量为1.70～2.94kg/m²，厚度虽不超过16mm，但由于采用了多层空间栅格结构，所以刚性大、不易变形，能抵抗暴风雨、冰雹、大雪引起的破坏性冲击；色调多、外观美丽，有透明、蓝色、绿色、茶色、乳白等多种色调，极富装饰性；基本不吸水，有良好的耐水性和耐湿性；透光性好，6mm厚的无色透明板透光率可达80%；隔热、保温，由于采用中空结构，充分发挥了干燥空气导热系数极小的特点；阻燃性好，该种板材有良好的阻燃性，被火燃烤不产生有毒气体，符合环保标准；耐候性好，板材表面经特殊的耐老化处理，长时间使用不老化、不变形、不褪色，长期使用的允许温度范围为－40～120℃；有足够的变形性，作为拱形屋面最小弯曲半径可达 1050mm（6mm 厚的板材）。

聚碳酸酯透明板适用于遮阳棚、大厅采光天幕、游泳池和体育场馆的顶棚、大型建筑和庭园的采光通道、温室花房或蔬菜大棚的顶罩等。

常见的阳光板产品规格系列见表 11.1。

表 11.1　常见的阳光板产品规格系列表

产品	厚度/mm	宽度/mm	长度/mm	重量/(g/m^2)
双层阳光板	6	600　1000　1250　2100	5800　11 800	1300
	8	600　1000　1250　2100	5800　11 800	1500
	10	600　1000　1250　2100	5800　11 800	1700～2000
单层阳光板	2	1220, 1930	2440 或任意长	2400
	3	1220, 1930	2440	3600
	4.5	1220, 1930	2440	5400
	6	2400	3600	
波纹板	0.8	860, 覆盖宽 760	2400，3000，4200 4800，5400，6000	
	波高 18	1260		
薄膜	0.18～0.77		卷材	214～915

11.3　塑料地板

11.3.1　塑料地板的性能

塑料地板从广义上说，包括一切由有机物为主所制成的地面覆盖材料。塑料（PVC）地板是常用的建筑装饰材料之一，是发展最早、最快的塑料制品。

PVC 塑料地板的性能很多，表 11.2 是各类 PVC 塑料地板的性能比较。

表 11.2　PVC 塑料地板的性能

项目＼种类	半硬质地板	贴膜印花地砖	软质单色卷材	不发泡印花卷材	印花发泡卷材
表面质感	紫　色 拉　花 压花印花	平　面 桔皮压纹	平　面 拉　花 压　纹	平　面 压　纹	平　面 化学压花
弹　性	硬	软～硬	软	软～硬	软、有弹性
耐凹陷性	好	好	中	中	差
耐刻划性	差	好	中	好	好

续表

项目 \ 种类	半硬质地板	贴膜印花地砖	软质单色卷材	不发泡印花卷材	印花发泡卷材
耐烟头性	好	差	中	差	最差
耐污染性	好	中	中	中	中
耐机械损伤性	好	中	中	中	较好
脚　感	硬	中	中	中	好
施工性	粘贴	粘贴 可能翘曲	可不粘	可不粘 可能翘曲	可不粘 平伏
装饰性	一般	较好	一般	较好	好

11.3.2　塑料地板的特点

塑料地板的特点是：

1) 装饰效果好。色彩及图案不受限制，能满足各种用途的需要，也可模仿各种天然材料，十分逼真。

2) 种类繁多。有适用于公共建筑的硬质地板，也有适用于建筑住宅的软质发泡地板，能满足各种建筑的使用。

3) 施工铺设方便。

4) 耐磨性优异，使用寿命长。

5) 维修保养方便，便于清扫。

6) 有多种功能，如隔热、隔声和隔潮性能等。

7) 脚感舒适，有暖感。

11.3.3　塑料地板的应用

塑料地板按板材组成、加工方法、结构形式的不同，可分为多种形式。其分类如表 11.3 所示。

表 11.3　塑料地板的分类

名　称	主要材料组成		加工方法	结构形式
	树　脂	填充料		
油地毡	植物油、松香树脂	碳酸钙、木屑、软木粉、颜料	连续辊压	与沥青油纸或麻木织物复合的卷材
橡胶地毡	天然橡胶、再生橡胶或丁苯橡胶	碳酸钙、增塑剂、防老剂、硬化剂	层压或鼓式连续硫化	软质单层块材或卷材

续表

名　称		主要材料组成		加工方法	结构形式
		树　脂	填充料		
聚氯乙烯塑料地板	卷材	聚氯乙烯	碳酸钙、增塑剂、稳定剂、颜料	挤出或连续辊压	软质单层或复合层块材
	石棉地砖	聚氯乙烯、氯乙烯－醋酸乙烯共聚物	石棉短纤维、碳酸钙、增塑剂、稳定剂、颜料	以层压为主	半硬质单层或复合层块材
	多填充料地砖	聚氯乙烯	轻、重质碳酸钙，增塑剂，稳定剂，颜料	层压	接近于硬质的块材
	再生地板	再生聚氯乙烯	碳酸钙、少量增塑剂和稳定剂、颜料	连续压延	半软质单层卷材或块材

橡胶地毡是以天然或合成橡胶为主要原料，加入化学软化剂，在高温、高压下解聚后，加入着色补强剂，经混炼、塑化、压延而成的。国内天然橡胶资源紧缺，合成橡胶产量少，价格贵，所以没有专门的橡胶地毡产品。在需要有较高弹性、保温性、隔绝撞击性和电绝缘性的场合，往往以多用途橡胶板或卷材来代替。民用建筑中很少采用橡胶地毡。

聚氯乙烯（PVC）塑料地板是在有机合成工业的发展与 PVC 树脂用途不断开拓的基础上发展起来的。PVC 塑料地板在所有塑料地板中占有主导地位，它产量高，使用面积广，为其他塑料地板材料所不及。PVC 塑料地板和油地毡、橡胶地毡相比，突出性能是耐磨性能好，并具有色彩丰富、装饰效果好、耐湿性好、抗荷载性高、耐久性好等优点。

由于 PVC 具有较好的耐燃性、自熄性，加上它的性能可以随着增塑剂、填充料的加入量而变化所以其成为塑料地板理想的原材料。PVC 塑料地板中除 PVC 树脂外，还含有增强剂、稳定剂、加工润滑剂、填充料和颜料等，它们对 PVC 塑料地板的性能起很大的影响。PVC 塑料地板按其组成和结构主要可分为以下几种。

1. 单色半硬质 PVC 地砖

单色半硬质 PVC 地砖属于 PVC 块材地板，是最早生产的一种 PVC 塑料地板，国内主要采用热压法生产。它具有表面比较硬但有一定柔性、脚感好、不翘曲、耐凹陷性好、耐沾污性好等优点，但耐刻划性较差、机械强度较低。

PVC 单色地砖可分为素色和杂色拉花两种。杂色拉花是在单色的底色上拉直条的其他颜色花纹，有的外观类似大理石花纹，所以也有人称之为拉大理石花纹地板。杂色拉花不仅增加表面的花纹，同时对表面划伤有遮掩作用。

2. 印花 PVC 地砖

印花 PVC 地砖是表面印有彩色图案的 PVC 地板，常见的有两种类型，其结构如图 11.4 所示。

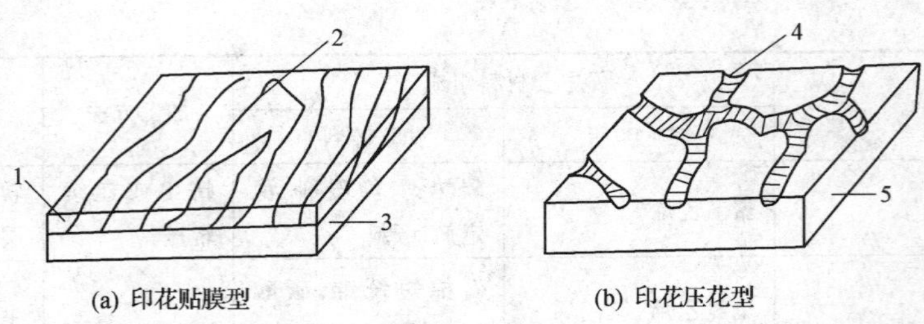

图 11.4　印花 PVC 地板结构

1. 透明 PVC 面层；2. 印刷油墨层；3.PVC 底层；4. 油墨压花；5.PVC 基材

1) 印花贴膜 PVC 地砖。它由面层、印刷层和底层组成。面层为透明 PVC 膜，厚度一般为 0.2mm 左右，底层为加填料的 PVC，也有用回收的旧塑料。印刷图案有单色也有多色的。其表面一般是平的，也有的压上桔皮纹或其他花纹，起消光作用。

2) 印花压花 PVC 地砖（沟底压花地砖）。它的表面没有透明 PVC 膜，印刷图案是凹下去的，通常是线条、粗点等，在使用时油黑不易磨去。其性能除了有压花印花图案外均与单色半硬质 PVC 地砖相同，应用范围也基本相同。

3) 碎粒花纹地砖。它由许多不同颜色（2～3 种）的 PVC 碎粒互相组合，因此整个厚度上都有花纹。碎粒的颜色虽不同，但基本是同一色调，粒度为 3～5mm。碎粒花纹地砖的性能基本与单色 PVC 地砖相同。其主要特点是装饰性好，碎粒花纹不会因磨耗而丧失，也不怕烟头的危害。

4) PVC 水磨石地砖。它由一些不同色彩的 PVC 碎粒和它们周围的“灰缝”构成。碎粒的外形与碎石一样，所以外观很像水磨石，整个厚度上都有花纹。

3. 软质 PVC 单色卷材地板

软质 PVC 单色卷材地板通常是均质的，底、面层组成性质相同。有单色卷材，也有拉大理石花纹的。除表面平滑的外，也有表面压花的，例如直线条、菱形花、圆形花等，起防滑作用。软质 PVC 单色卷材地板的特点如下。

1) 质地软，有一定弹性和柔性。它通常用压延法或挤出法生产，受加工方法限制，填充料加入量较少，增塑剂含量则较高，所以较柔软。

2) 耐烟头性中等，不及半硬质地砖。

3) 由于它是均质的，比较平伏，不会发生翘曲现象。

4) 耐沾污性和耐凹陷性中等，不及半硬质 PVC 地砖。

5) 机械强度较高，不易破损。

4. 不发泡 PVC 印花卷材地板

其结构与印花 PVC 地砖相同，也可由三层组成。面层为透明 PVC 膜，起保护印刷图案的作用。中间层为印花层，是一层印花的 PVC 色膜。底层为填料较多的 PVC，有的产品以回收料为底料，可降低生产成本。表面一般有桔皮、圆点等压纹，以降低表面的反光，但仍保持一定的光泽。不发泡 PVC 印花卷材地板通常是压延工艺生产。

不发泡 PVC 印花卷材地板的尺寸及外观、物理机械性能基本与软质 PVC 单色卷材地板相接近，但要求印刷图案的套色精度误差小于 1mm。印花卷材还要求有一定的层间剥离强度，一般要求达到 10.5N/cm，另外不允许严重翘曲。不发泡 PVC 印花卷材地板可用于通行密度不高，保养条件较好的公共及民用建筑。

5. 印花发泡 PVC 卷材地板

其基本结构与不发泡 PVC 卷材地板接近，但它的底层是发泡的。最普通的是由三层组成。面层为透明 PVC 膜，中间层为发泡的 PVC 层，底层为底布，通常用矿棉纸、玻璃纤维布、玻璃纤维毡、化学纤维无纺布等。表面有浮雕感。另一种发泡 PVC 印花卷材地板仅由透明层和发泡层组成，无底布。还有一种是底布夹在两层发泡 PVC 层之间的，也称增强型印花发泡 PVC 卷材地板。印花发泡卷材地板结构如图 11.5 所示。

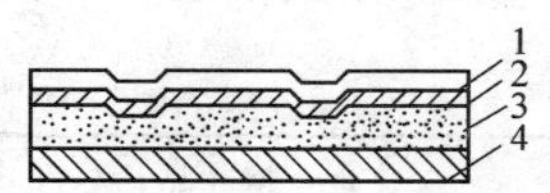

(a) 普通型印花发泡 PVC 地板

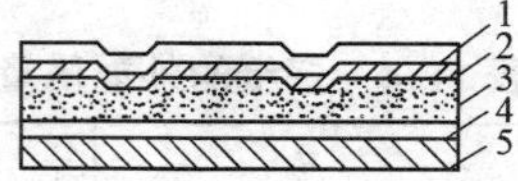

(b) 普通型印花发泡 PVC 地板

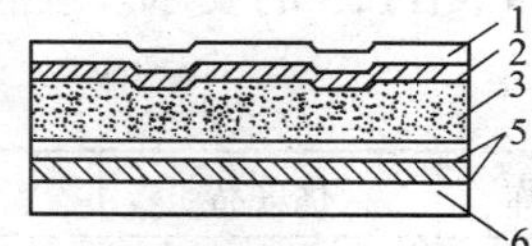

(c) 普通型印花发泡 PVC 地板

图 11.5　印花发泡卷材地板结构

1.PVC 透明面层；2. 印刷油墨；3. 发泡 PVC 层；4. 底层；5.PVC 打底层；6. 玻璃纤维毡

这类卷材地板通常用涂塑法生产，必须使用价格较高的糊状 PVC 树脂，因为发泡温度较高，所以生产速度较慢，有的产品还有底布，因此产品价格较高。它的性能有如下特点。

1) 因为有发泡层，增塑剂含量高（60%），所以柔软，有弹性，步行时脚感舒适，并且有一定隔热隔音性。

2) 除有印花图案外，还有化学压花法形成的压花纹，表面质感丰富，装饰效果优于其他卷材。

3) 由于增塑剂含量较高，表面耐沾污性较差，但耐刻划性好。

4) 平伏性好，一般没有翘边或荷叶边现象，可以不用粘接剂直接平铺在平整的地面基层上。

5) 由于有发泡 PVC 层，耐凹陷性较差，易产生永久性的凹陷，同时较易受机械损伤。

6) 不耐烟头，烟头危害较严重，不仅可能使透明层烧焦，还会使泡沫 PVC 烧结形成凹陷，不能用砂纸修复。

7) 耐磨性优异。

印花发泡 PVC 卷材地板主要适用于民用住宅。

11.4　塑料壁纸

壁纸和墙布是目前国内外广泛使用的墙面装饰材料。花色有套花印花并压纹的，有仿锦缎，仿木纹、石材的，有仿各种织物的，仿清水砖墙并有凹凸质感及静电植绒的等等。

壁纸墙布的品种繁多，有各种各样的分类方法，如按外观装饰效果分类，有印花壁纸、压花壁纸、浮雕壁纸等；从功能上分类，有装饰性壁纸、耐水壁纸、防火壁纸等；

从施工方法分类，有现场刷胶裱贴和背面预涂压敏胶直接扑贴的。按壁纸所用的材料分类，有纸面纸基壁纸、织物壁纸、天然材料面壁纸、塑料壁纸等。

塑料壁纸是以纸为基材，以聚氯乙烯塑料为面层，经压延、或涂布以及印刷、轧花、发泡等工艺而制成的。因为塑料壁纸所用的树脂均为聚氯乙烯，所以也称聚氯乙烯壁纸。由于塑料壁纸的原材料便宜，且具有耐腐蚀、难燃烧、可擦洗、装饰效果好等特点，因此塑料壁纸成为世界各国壁纸的主要产品。

11.4.1 塑料壁纸的性能

1. 塑料壁纸的技术要求、作用与规格

塑料壁纸的技术要求主要有壁纸的外观质量及物理性能两个方面，应分别满足表11.4和表11.5的要求。在使用选择塑料壁纸时，应按上述技术要求进行检验。

表11.4 壁纸的外观质量

名　称	优等品	一　等　品	合　格　品
色　差	不允许有	不允许有明显差异	允许有差异,但不影响使用
伤痕和皱折	不允许有	不允许有	允许纸基有明显折印,但壁表面不允许有死折
气　泡	不允许有	不允许有	不允许有影响外观的气泡
套印精度	偏差≯0.7mm	偏差≯1mm	偏差≯2mm
露　底	不允许有	不允许有	允许有2mm的露底,但不允许密集
漏　印	不允许有	不允许有	不允许有影响使用的漏印
污染点	不允许有	不允许有目视明显的污染点	允许有目视明显的污染点,但不允许密集

表11.5 聚氯乙烯壁纸的物理性质

项　目			指　标		
			优等品	一等品	合格品
褪色性(级)			>4	≥4	≥3
耐摩擦色牢度(级)	干摩擦 湿摩擦	纵横 纵横	>4	≥4	≥3
遮蔽性(级)			4	≥3	≥3
湿润拉伸负荷/(N/15mm)		纵向 横向	>2.0	≥2.0	≥2.0
粘合剂可擦性(横向)			20次无变化	20次无变化	20次无变化
可洗性	可　洗 特别可洗 可刷洗		摩擦30次无外观上的损伤和变化 摩擦100次无外观上的损伤和变化 摩擦40次无外观上的损伤和变化		

注：1）表中可擦性是指粘贴壁纸的粘合剂附在壁纸的正面，在粘合剂未干时，应用湿布或海绵拭去而不留下明显痕迹的性能。

2）表中可洗性是指可洗壁纸在粘贴后的使用期内可洗干净而不损坏的性能，是对壁纸用在有污染和高温度房间时的使用要求。

2. 塑料壁纸的作用

壁纸墙布是室内装饰的重要手段之一，正确选用其花色品种，可以获得多种预期的效果。壁纸的作用如下。

1) 可根据需要，利用壁纸的图案和色调，制造所需的室内气氛，如会议室等较严肃的场所，可采用颜色不太鲜艳、图案简单的壁纸。

2) 利用壁纸创造一种特殊的效果，如选用仿木纹、石材等的壁纸可以达到以假乱真的效果。

3) 壁纸可用于许多特殊需要的地方，如医院病房的墙壁可采用抗菌的特种壁纸来防止墙面积累细菌。

4) 具有吸声效果。

5) 易于清洁。

6) 某些特种壁纸具有耐水、防火、防霉等特性，对于要求较高的宾馆饭店、高级公共建筑的装修都能起到较好的作用。

由于壁纸的品种多，产品性能差异大，因而在选择壁纸时，要根据装修要求和产品性能来确定。

3. 常见塑料壁纸的品种、规格和性能

塑料壁纸常见的品种、规格和性能见表 11.6。

表 11.6 塑料壁纸的品种、规格和性能

<table>
<tr><th rowspan="2">名 称</th><th rowspan="2">品 种</th><th rowspan="2">规格/mm</th><th colspan="2">技术性能</th><th rowspan="2">备 注</th></tr>
<tr><th>项 目</th><th>指 标</th></tr>
<tr><td>中、高档壁纸
(郁金香牌)</td><td>印花、压花、印花发泡壁纸、仿瓷砖、仿织物壁纸</td><td>幅度:530
长度:10 000
每卷:5.3m²</td><td colspan="2" rowspan="2">产品达到欧洲壁纸标准(PREN 233)和国际壁纸协会(IGI 1987)以及国际草案优级品要求</td><td></td></tr>
<tr><td>高级浮雕壁纸
(西湖牌)</td><td>密突压花、印花壁纸，低、中、高发泡印花壁纸</td><td>幅度:530
长度:10 000
每卷:5.3m²</td><td></td></tr>
<tr><td>PVC 塑料壁纸
(金狮牌)</td><td>印刷壁纸、压花壁纸、发泡压花、印刷发泡、印花压花壁纸，布基壁纸及阻燃等功能型壁纸</td><td>幅宽:920、1000、12 000
长度:15 000、30 000、5 0 000</td><td>耐磨性(干擦 25 次，湿擦 2 次)
纵向湿强度(N/1.5cm)
褪色性(光老化)
施工性</td><td>无明显掉色，≥2 以上不变色，褪色良好
无浮起剥落</td><td></td></tr>
<tr><td>PVC 壁纸
(苏威牌)</td><td>全封闭、高发泡壁纸</td><td>幅宽:500
正负公差≤1%
厚:1.0±0.1</td><td>耐磨性(干湿级)
湿强度(N/1.5cm)
褪色性(级)
遮盖性(级)
施工性</td><td>≥3.6
≥2
≥3.6
≥3
无浮起剥落</td><td></td></tr>
<tr><td>塑料壁纸
(朱雀牌)</td><td>有轧花、发泡轧花、印花轧花、沟底印轧花、发泡印花轧花等</td><td>幅宽:970
1000
长度:50m/卷</td><td></td><td></td><td></td></tr>
</table>

11.4.2 塑料壁纸的特点

塑料壁纸是目前国内外使用广泛的一种室内墙面装饰材料，也可用于顶棚、梁柱等处的贴面装饰。壁纸与传统装饰材料相比有以下特点。

1) 具有一定的绅缩性和耐裂强度，因此允许底层结构（如墙面、顶棚面等）有一定的裂缝。

2) 装饰效果好。由于塑料壁纸表面可进行印花、压花发泡处理，能仿天然石材、木纹及锦缎，可印制适合各种环境的花纹图案，色彩也可任意调配，做到自然流畅，清淡高雅。

3) 性能优越。根据需要可加工成具有难燃、隔热、吸声、防霉等特性，且不易结露，不怕水洗，不易受机械损伤的产品。

4) 粘贴方便。塑料壁纸的湿纸状态强度仍较好，耐拉耐拽，易于粘贴，可用 107 粘合剂或乳白胶粘贴，且透气性能好，施工简单，陈旧后易于更换。

5) 使用寿命长，易维修保养。表面可清洗，对酸碱有较强的抵抗能力，易于保持墙面的清洁。

总之，与其他各种装饰材料相比，壁纸的艺术性、经济性和功能性综合指标最佳。壁纸的图案色彩千变万化，适应不同用户所要求丰富多彩的个性。选用时应以色调和图案为主要指标，综合考虑其价格和技术性质，以保证其装饰效果。

墙面采用壁纸装饰较之传统装饰材料能体现以下特性。

(1) 艺术性

室内墙面面积占被装饰面积的 60%～80%，是反映装饰效果的重要部位，在某种程度上，决定了该房间的艺术性和文化性。选用塑料壁纸对墙面进行装饰，可使墙面在花纹、颜色、光泽及触感中都优于涂料、木材的装饰效果，并可获得浮雕、珠光等艺术效果，同时也可获得仿瓷、仿木、仿大理石、仿黏土红砖及仿合金型材等艺术效果。采用壁纸墙布，色彩艳丽高雅，艺术图案丰富，所以壁纸与涂料及其他一些材料相比更适宜做墙体装饰材料。

(2) 使用性

多数塑料壁纸，都可擦洗，耐污染、耐摩擦，并且塑料装饰材料与石材、陶瓷、金属相比，导热系数小，隔热保温性能好，触感较佳，使用性能良好。

(3) 应用时需注意的几个问题

塑料壁纸的燃烧性等级应予以重视，同时应注意其老化特性，防止其老化褪色或老化开裂的现象。使用塑料壁纸作墙面装饰时，还应注意其封闭性，即这种材料的水密性及气密性，有时常出现由于塑料墙体材料的封闭性，破坏了砖墙体及混凝土墙体的呼吸效应，使室内空气干燥，空气新鲜程度下降，令人产生不适感的现象。

11.4.3 塑料壁纸的应用

1. 普通壁纸

普通壁纸又称纸基塑料壁纸，是以 80g/cm^2 的纸作基材，涂以 100g/cm^2 左右的聚氯乙烯糊状树脂（PVC 糊状树脂），经印花、压花等工序制成。其分为单色压花、印花压花、平光、有光印花等，花色品种多，生产量大，经济便宜，是使用最为广泛的一种壁纸。

2. 发泡壁纸

发泡壁纸又可分低发泡壁纸、低发泡压花印花壁纸和高发泡壁纸。发泡壁纸是以 $100g/cm^2$ 纸作为基材，上涂 PVC 糊状树脂 $300\sim400g/cm^2$，经印花、发泡处理制得。与压花壁纸相比，这种发泡壁纸具有富有弹性的凹凸花纹或图案，色彩多样，立体感更强，浮雕艺术效果及柔光效果良好，并且还有吸声作用。但发泡的 PVC 图案易落灰烟尘土，易脏污陈旧，不宜用在烟尘较大的候车室等场所。

3. 特种壁纸

特种壁纸也称专用壁纸，是指具有特殊功能的壁纸。常见的有耐水壁纸、防火壁纸、特殊装饰壁纸等。

1) 耐水壁纸。它是用玻璃纤维毡作为基材，（其他工艺与塑料壁纸相同）配以具有耐水性的胶黏剂，以适应卫生间、浴室等墙面的装饰要求，它能进行洒水清洗，但使用时若接缝处渗水，则水会将胶黏剂溶解，会导致耐水壁纸脱落。

2) 防火壁纸。它是用 $100\sim200g/cm^2$ 的石棉纸作为基材，同时面层的 PVC 中掺有阻燃剂，使该种壁纸具有很好的阻燃防火功能，适用于防火要求很高的建筑室内装饰，另外，防火壁纸燃烧时，也不会放出浓烟或毒气。

3) 特殊装饰效果壁纸。其面层采用金属彩砂、丝绸、麻毛、棉纤维等制成的特种壁纸，可使墙面产生光泽、散射、珠光等艺术效果，使被装饰墙面四壁生辉，可用于门厅、柱头、走廊、顶棚等局部装饰。

4) 风景壁画型壁纸。壁纸的面层印刷风景名胜、艺术壁画。常由多幅拼接而成，适用于装饰厅堂墙面。

11.5 塑料门窗

11.5.1 塑料门窗的特点

目前发达国家塑钢门窗已形成规模巨大、技术成熟、标准完善、社会协作周密、高度发展的生产领域，被誉为继木、钢、铝之后崛起的新一代建筑门窗。

1. 塑钢门窗的概念

塑钢门窗是以聚氯乙烯（PVC）树脂为主要原料，加一定比例的稳定剂、改性剂、填充剂、紫外线吸收剂等助剂，经挤出加工成型材，然后通过切割、焊接的方式制成门窗框、扇，配装上橡塑密封条、五金配件等附件而成。为增加型材的刚性，在型材空腔内填加钢衬，所以称之为塑钢门窗。其种类有平开门、窗，推拉门、窗，特殊规格可根据用户需要加工订制。其构造分类为单框单玻、单框双玻两种。

2．塑料门窗的特点

塑料门窗具有外型美观、尺寸稳定、抗老化、不褪色、耐腐蚀、耐冲击、气密、水密性能优良、使用寿命长等优点，深受许多国家政府的重视。

与传统的木窗和钢窗相比，塑料窗有如下特点。

1) 耐水和耐腐蚀。塑钢窗由于具有耐水性和耐腐蚀性，这使它不仅可以用于多雨湿热的地区，还可用于地下建筑和有腐蚀性的工业建筑。

2) 隔热性能好。虽然塑料的导热系数与木材接近，但由于塑钢窗的框料是由中空的异型材拼装而成的，所以塑钢窗的隔热性比钢木窗的效果好得多。表 11.7 为几种门窗的隔热性能的比较，从中可以看出塑料门窗良好的隔热性能。

表 11.7　几种门窗的隔热性能的比较

材料导热系数 [kcal/(m²·h·℃)]/[W/(m·K)]					整窗的传热性 [kcal/(m²·h·℃)]/[W/(m²·K)]		
铝	钢	松、衫木	PVC	空气	铝窗	木窗	PVC 窗
174.45	58.15	0.17~0.35	0.13~0.29	0.047	5.95	1.72	0.44
(150)	(50)	(0.15~0.30)	(0.11~0.25)	(0.04)	(5.120)	(1.479)	(0.378)

3) 汽密性和水密性好。PVC 窗异型材设计时就考虑了气密和水密的要求，在窗扇和窗框之间设有密封毛条，因此密封、隔音性能很好。

4) 装饰性好。PVC 塑料可以着色，目前较多的为白色，但也可以根据设计生产成不同的颜色，对建筑物起到美化作用。

5) 保养方便。PVC 窗不锈不腐，不像木窗和钢窗那样需要涂漆保护，其表面光洁，清理方便，部分配件可换可调，维修方便。

11.5.2　塑料门窗的性能

1．保温、节能性能

塑料型材为多腔式结构具有良好的隔热性能。其传热系数特小，仅为钢材的 1/357、铝材的 1/1250。

2．物理性能

1) 空气渗透性（气密性）。空气渗透性是在 10Pa 压力下，单位缝长渗透小于 0.5m³/（m·h），符合 GB 7107 第一级。

2) 雨水渗透性（水密性）。雨水渗透性是保持未发生渗漏最高压力为 100Pa，符合 GB 7107 第五级。

3) 抗风压性能。抗风压性能是受力杆件相对挠度为 1/300 时抗风压强度值，安全检测结果为 2500Pa，符合 GB 7106 第三级。

4) 隔声性。隔声 $PW = 32$dB，符合 GB 8485 第二级。

5) 传热系数。2.45W/（$m^2 \cdot K$），符合 GB 8484 第二级。

6) 耐候性。塑料型材采用特殊配方，通过人工加速老化试验表明，塑钢窗可长期使用于温差较大的环境中（-50～70℃），烈日暴晒，潮湿都不会使塑钢门窗出现变质、老化、脆化等现象。

7) 防火性能。塑钢门窗不自燃、不助燃、能自熄、安全可靠，这一性能更扩大了塑钢窗的使用范围。

11.5.3　塑料门窗的应用

目前，我国生产的塑钢门窗有平开门窗、推拉门窗、地弹门等五大类，二十多个尺寸系列的产品，还可生产满足特殊需要的工业建筑用的防腐蚀门窗、中悬窗等。经过多年的使用，塑钢门窗在越来越多的用户心目中树立起了良好的形象。

塑料门窗已经很好的解决了原料配方、窗形设计、组装工艺设备、五金配件等一系列技术问题，在各类建筑中都得到了成功。塑钢门窗行业迅速发展的原因，除其本身的优良性能外，也与世界性能源危机有着密切的关系。塑钢门窗无论是在节约制造能耗和使用能耗方面，还是在保护环境方面，都比木、钢、铝窗有明显的优越性。

根据中国建筑科学研究物理所提供的数据，双玻塑钢窗的平均传热系数为2.3W/（$m^2 \cdot K$），每 m^2 每年节能 21.5kg 标准煤。从生产能耗看，生产单位体积的 PVC 的能耗为钢的 1/4.5，铝的 1/8.8；在使用方面，采暖地区使用塑钢门窗与普通钢窗、铝窗相比节约采暖能耗 30%～50%。

塑料门窗材质的优势使其具有优良的保温、隔声、气密、水密性能，节能效果显著，而且耐腐蚀、阻燃，使用寿命长。它在国内仍然有相当大的应用市场。作为国家建设行政主管部门，建设部一直倡导使用、推广塑料门窗，并大力推动塑料门窗的发展。同时，大力发展塑料门窗还可以推动石油化工、塑料加工、建材、机电以及建筑业等相关产业的技术进步，优化产业结构。

材料选用案例

铝塑板在幕墙装修工程中的应用实例。

1. 工程名称

某造纸厂办公楼室外幕墙装修工程

2. 工程概况

建筑面积：5000m^2；

幕墙面积：2360m^2；

建筑结构：四层砖混结构。

设计要求：建筑外墙勒脚处粘贴 1.2m 高蘑菇石，勒脚上部墙面为铝塑板金属幕墙与点式玻璃幕墙相结合，入口为高档复古铜门，台阶、雨搭及入口墙面采用进口花岗岩饰面装修（干挂），花岗岩机刨台阶石，窗采用彩色铝合金推拉窗。

3. 材料选用

(1) 幕墙骨架的选用

幕墙骨架采用铝合金幕墙骨架，壁厚 2.0mm。铝合金幕墙骨架、压条、结构胶、密封胶、配件及连接件等符合幕墙设计要求。

(2) 铝塑板的选用

铝塑板选用外墙铝塑板（双面），板材规格 1220mm×2440mm，板厚 4mm，铝板厚度为 0.5mm。市场参考价为 300.00 元/张。板材与龙骨之间采用铝铆钉和硅酮耐候胶粘结。

实践课题

了解塑料装饰板材的种类、规格、性能、价格和使用情况等。重点掌握铝塑板和三聚氰胺层压板（防火板）的规格、性能、价格及应用情况。

1. 实践目的

让学生自主地到建筑装饰材料市场和建筑装饰施工现场进行调查和实习，了解塑料装饰材料的价格、熟悉塑料装饰材料的应用情况，能够准确识别各种材料的名称、规格、种类、价格、使用要求及适用范围等。

2. 实践方式

(1) 建筑装饰材料市场的调查分析

学生分组：学生 3～5 人一组，自主地到建筑装饰材料市场进行调查分析。

调查方法：学会以调查、咨询为主，认识各种塑料装饰板材、调查材料价格、收集材料样本、掌握材料的选用要求。

(2) 建筑装饰施工现场装饰材料使用的调研

学生分组：10～15 人一组，由教师或现场负责人带队。

调查方法：结合施工现场和工程实际情况，由教师或现场负责人带队，讲解材料在工程中的使用情况和注意事项。

3. 实践内容及要求

1) 认真完成调研日记。

2) 填写材料调研报告（见材料调研报告）。

3) 实习总结。

小　　结

本章重点介绍了塑料装饰材料的组成、分类、性能及应用。在教学中，对于塑料装饰材料中的各种塑料装饰板材、塑料地板、塑料壁纸和塑钢门窗等的掌握情况，理论教学部分要求学生掌握塑料装饰材料的组成及特性，学会利用所掌握的理论知识解释各种塑料装饰材料的性能特点及使用注意事项；实践教学部分应使学生掌握常用的塑料装饰材料的名称、性能、用途和使用要求。对每一种材料应结合在实际工程中的使用情况要求学生掌握其名称、规格、性能、价格和用途等。

复习思考题

11.1　建筑装饰塑料及塑料制品的组成材料有哪些？

11.2　用于生产装饰材料的塑料主要有哪几种？

11.3　常用的塑料装饰板材有哪些？其性能特点和使用要求有什么？

11.4　塑料壁纸的特点有哪些？如何选用？

11.5　塑钢门窗的性能及特点有哪些？

第 12 章

建筑装饰纤维织物及其制品

建筑装饰纤维织物及其制品是现代建筑室内装饰中必不可少的装饰材料。纤维装饰织物的色彩、质地、柔软度和弹性等均会对室内的景观、光线、质感及色彩产生直接的影响。合理地选用装饰织物与纤维制品不仅能美化室内环境，给人们的生活带来舒适感，并能增加室内的豪华气派，取得其他装饰材料无法达到的艺术效果。建筑装饰纤维织物及其制品主要包括地毯、挂毯或壁挂、墙布、窗帘等纤维织物。近几年来，这些装饰织物无论在品种、花样、材质及性能方面都有很大发展，为现代室内装饰提供了良好的材料。

12.1 纤维的基本知识

建筑装饰纤维的类型

建筑装饰织物所用的纤维有天然纤维、化学纤维和无机纤维等。这些纤维的特性各异，对装饰织物的性能影响也不尽相同。

1. 天然纤维

天然纤维包括羊毛、棉、麻、丝等。

1) 羊毛纤维。羊毛以其温暖、柔软而富有弹性、不易燃、色泽鲜艳、稳定成为人们最早使用的天然纤维之一，但它的缺点是易受虫蛀。

2) 棉纤维。棉纤维柔软，透气性好，并且有较好的保温性能，易于熨烫，易皱、易污。棉纤维制品主要有素面和印花的墙布、窗帘和垫罩等。

3) 麻纤维。麻纤维刚性大，强度高，耐磨性好，美观挺括，但纯麻的价格较高，所以常与化学纤维混纺制成各种制品。

4) 丝纤维。丝纤维是最长的天然纤维，滑润、柔软、半透明、易上色、柔和，隔热性能良好，是一种高级装饰材料。

5) 其他纤维。除了以上各种常用的天然纤维以外，还有一些不常用的纤维品种，例如椰壳纤维、木质纤维、苇纤维、黄麻及竹纤维等。

2. 化学纤维

化学纤维又分为人造纤维（如粘胶纤维和醋酸纤维等）和合成纤维（如涤纶、腈纶、锦纶、氨纶和丙纶等）。

1) 粘胶纤维。粘胶纤维又分为人造棉、人造丝和人造毛等。此类纤维不耐脏、不耐磨和易皱，一般要掺入其他纤维混合使用，常用作窗帘或包垫布。

2) 醋酸纤维素纤维。它具有光稳定性，不易燃，不易皱，而且具有丝绸的外观，主要用作窗帘。

3) 聚酰胺纤维（锦纶）。旧称尼龙，又称为锦纶。优点是不怕腐蚀、易清洗、耐磨性特好。缺点是弹性差，易吸尘，易变形，遇火易局部熔融等。

4) 聚酯纤维（涤纶）。耐磨性好，并且在湿润状态下同干燥时一样耐磨。它不易皱缩，耐晒、耐热，可与多种纤维、棉纱混纺制成床单、窗帘等。

5) 聚丙烯纤维（丙纶）。其具有质地轻、强力高、弹性好、不霉不蛀、易于清洗和耐磨性好等优点，生产成本较低。

6) 聚丙烯腈纤维（腈纶）。它具有质地轻，柔软保暖，弹性好；耐潮、不霉、不蛀、耐酸碱腐蚀。其优点是耐晒，这是天然纤维和大多数合成纤维所不能比的。

3. 玻璃纤维

玻璃纤维是由熔融的玻璃制成的一种纤维材料，直径从数微米至数十微米。玻璃纤维性脆，较易折断，不耐磨，但耐高温，耐腐蚀，吸声性能好。因对人体有刺激，一般不用于和人接触的部位。

市场上纤维品种比较多，正确的识别各种纤维，对于使用及铺设都有指导作用。纤维的鉴别方法很多，燃烧鉴别法是一种简单易行的方法，通过比较各种纤维的燃烧速度、产生的气味和灰烬的形状等区别纤维，见表 12.1。

表 12.1　常见纤维燃烧时的特性

纤维种类	燃烧情况	气　味	灰烬颜色和形状
棉	燃烧很快，发出黄色火焰及蓝烟	有烧纸气味	灰烬少，灰末细软，呈灰色
麻	燃烧起来比棉纤维慢，发出黄色火焰	有烧草气味	灰烬少，颜色比棉纤维的深
丝	燃烧比较慢，而且缩成一团	有烧头发的气味	灰烬为黑褐色小球，用手指一压即碎
羊毛	不燃烧，冒烟且起泡	有烧头发的气味	灰烬多，烧后为有光泽的黑色脆块，用手指一压即碎
粘胶纤维	燃烧很快，发出黄色火焰	有烧纸的气味	灰烬极少，细软，呈灰或浅灰色
醋酸纤维	燃烧很慢，熔化后离开火焰，一面熔化，一面燃烧，滴下深褐色胶状液体，	发出扑鼻的醋酸气味	灰烬为黑色、有光泽的块状，可用手指压碎
锦纶	边缓慢燃烧边熔化，纤维迅速卷缩熔融成胶状，趁热可以把它拉成丝，燃烧火焰呈蓝色	有芹菜气味	灰烬为坚韧的褐色硬球，不易碎
涤纶	点燃时纤维卷缩，一面熔化，一面冒烟燃烧，有黄色火焰	有芳香族气味	灰烬呈黑色硬块，但能用手压碎
腈纶	边熔化，边缓慢燃烧，火焰呈白色，明亮有力，有时略有黑烟	有鱼腥臭味	灰烬为黑色硬球，脆而易碎
丙纶	燃烧时迅速卷缩熔融，发出蓝色火焰，	有烧腊气味	灰烬为易研碎的硬块
氯纶	点燃中几乎不能起燃，接近火焰时收缩燃烧，离火即熄灭	发出氯气的刺鼻气味	灰烬为不规则黑色硬块

12.2　地毯和挂毯

地毯是一种历史悠久的世界性装饰制品，从最初铺御寒湿、利坐卧，逐步发展成为一种隔热保温、隔声并具有独特艺术魅力的高级装饰品。

地毯具有实用价值和欣赏价值，能起到抗风湿、吸尘、保护地面和美化室内环境的作用。地毯不仅具有保温、隔声、防滑和减轻碰撞等作用，而且以其丰富而巧妙的图案构思、配色及质感，表现出较高的艺术性。创造出其他装饰材料所没有的装饰效果。

12.2.1　地毯的分类、等级、性能

1. 地毯的分类

(1) 按材质分

1) 纯毛地毯。纯毛地毯是以粗绵羊毛为主要原料制成的一种。纯毛地毯具有质地厚实、弹性大、经久耐用、光泽好等特点，而且其装饰性也很好，但价格较贵，是一种高档铺地材料。

2) 混纺地毯。混纺地毯是羊毛纤维和合成纤维混纺后编织而成，其性能介于纯毛地毯和化纤地毯之间。一般合成纤维的掺入，均可改善地毯的耐磨性和造价。例如，在羊毛中加入20％的聚酰胺纤维，地毯的耐磨性可提高5倍，装饰性好但价格远低于纯毛地毯。

3) 化纤地毯。化纤地毯又称为合成纤维地毯，是以各种合成纤维为原料，采用簇绒法或机织法将合成纤维制成面层，再与麻布底层缝合而成。化纤地毯的外观和触感酷似纯毛地毯，耐磨且富有弹性，价格低于纯毛地毯，是目前用量最大的中、低档地毯品种。

4) 塑料地毯。它是以聚氯乙烯树脂为主要原料，加入填料和增塑剂等辅助材料，制成的一种轻质地毯。其具有质地轻柔、色泽美观、脚感好、自熄不燃、耐用、易于清洁特点，用于公共建筑的出口或通道、住宅的卫生间和浴室等。

5) 天然地毯。是采用天然物料编织而成的地毯，如剑麻地毯、椰棕地毯和水草地毯等。剑麻地毯是采用剑麻纤维为主要原料制成的，其产品分为素色、染色两类，有斜纹、罗纹、鱼骨纹、帆布平纹、多米诺纹等多种纹理花色。剑麻地毯具有耐酸碱、耐磨、无静电、防虫蛀、阻燃防火等优点，较羊毛地毯经济实用，所以天然地毯以它独特的质感、绿色环保的时代潮流，受到市场的欢迎。

(2) 按规格尺寸分

1) 块状地毯。块状地毯多为方形或长方形，也有圆形、椭圆形等多种形状、多种尺寸。花式方块地毯是由花色各不相同的500mm×500mm的方块地毯组成，集美观、实用、灵活于一体，花色流行，图案拼接完整流畅，具有阻燃、耐热、抗静电和优异的尺寸稳定性。铺设时可组成不同的图案，块状地毯铺设方便灵活，给室内设计提供了更大的选择性。同时，对已经磨损的部位，可随意调换，达到既经济又美观的目的。

2）卷状地毯。卷状地毯通常为宽幅的成卷包装的地毯，其幅宽为 1～4m 等多种规格，每卷长度一般为 20～30m，剑麻地毯、化纤地毯及无纺纯毛地毯等常为卷状地毯。这种地毯一般适合于室内固定式满铺，可使室内具有宽敞感、整洁感，但地毯局部磨损后不易更换，而且地毯清洗比较困难。

(3) 按地毯的编织工艺分类

1）手工编织地毯。手工编织地毯是以人手和手工工具完成毯面加工的地毯。按照其编织方法的不同又分为手工打结地毯、手工簇绒地毯、手工绳条编结地毯和手工绳条缝结地毯。

2）机制类地毯。机制类地毯是以机械设备完成毯面加工过程的地毯。按其具体编织方法的不同分为机织地毯、簇绒地毯、针织地毯、针刺地毯、粘合地毯、针缝地毯、静电植绒地毯和辫结地毯。

2. 地毯的等级

按其所用场所的不同分为 6 个等级，见表 12.2。

表 12.2　地毯的等级

序号	等　　级	所用场所
1	轻度家用级	用于不常使用的房间或部位
2	中度家用级(或轻度专用使用级)	用于主卧室或家庭餐厅等
3	一般家用级(或中度专用使用级)	用于起居室及楼梯、走廊等行走频繁的部位
4	中度家用级(或一般专用使用级)	用于家中重度磨损场所
5	重度专用使用级	用于特殊要求场所
6	豪华级	地毯绒毛长，具有豪华气派，用于高级装饰场所

3. 地毯的主要技术性质

1）耐磨性。地毯的耐磨性是衡量地毯使用耐久性的重要指标。地毯的耐磨性常用耐磨次数表示，即地毯在固定压力下磨至背衬露出所需要的次数。耐磨次数越多，表示地毯的耐磨性越好。

2）弹性。弹性是反映地毯受压后，其厚度产生压缩变形的程度，它是地毯脚感是否舒适的重要性能。地毯的弹性是指地毯经一定次数的碰撞（一定动荷载）后，厚度减少的百分率。

3）剥离强度。地毯的剥离强度反映了地毯面层与背衬间复合强度的大小，也反映地毯复合之后的耐水性能。其通常以背衬剥离强力表示，即采用一定的仪器设备，在规定速度下，将 50mm 宽的地毯试样的面层与背衬剥离至 50mm 长时所需的最大力。

4）绒毛粘合力。绒毛粘合力是指地毯绒毛在背衬上粘结的牢固程度。化纤簇绒地毯的粘合力以簇绒拔出力表示，要求圈绒地毯的拔出力大于 20N，平绒地毯的簇绒拔出力大于 12N。

5）抗静电性。抗静电性表示地毯带电和放电的性能。静电大小与纤维的导电性有关。通常有机高分子材料受到摩擦会产生静电，而高分子材料具有绝缘性，静电不容易放出，这就使得化纤地毯比羊毛地毯所带静电多，易于吸尘，难清扫，严重时在上面行走的人有触电感。因此在生产化纤地毯时，常掺入适量抗静电剂以提高其抗静电性。化纤地毯的抗静电性常以其表面电阻和静电压表示。

6）抗老化性。抗老化性主要是针对化纤地毯而言。这是因为化学合成纤维在光照和空气等因素作用下会发生氧化，从而导致地毯性能变坏。通常用经紫外线照射一定时间后，化纤地毯的耐磨次数、弹性以及色泽的变化情况来评定其抗老化性。

7）耐燃性。耐燃性是指化纤地毯遇火时，在一定时间内燃烧的程度。化学纤维一般易燃，所以常在生产化学纤维时加入一定量的阻燃剂，以使织成的地毯具有自熄性或阻燃性。当化纤地毯试件在12min的燃烧时间内，其燃烧面积的直径不大于17.96cm时，则认为其耐燃性合格。

8）抗菌性。作为地面材料，地毯在使用过程中较易被虫、菌等侵蚀而引起霉变。因此地毯生产时常要做防菌、抗菌处理。通常规定，凡能经受八种常见霉菌和五种常见细菌的侵蚀而不长菌和霉变的地毯，认为抗菌性合格。

12.2.2 纯毛地毯

1. 纯毛地毯的种类

1）北京式地毯。简称“京式地毯”，它具有传统风格，其图案和颜色都是衬托主调图案的。图案工整对称，色调典雅庄重古朴，四周方形边框醒目，且所有图案均具有独特的寓意和象征性。

2）美术式地毯。其特点是有主调颜色，地毯的图案色彩华丽，富有层次感，具有富丽堂皇的艺术风格。它借鉴了西欧装饰艺术的特点，常以盛开的玫瑰花、郁金香和苞蕾卷叶等组成花团锦簇的图案，给人以繁花似锦的感觉。

3）仿古式地毯。仿古式地毯是以古代的古纹图案、风景和花鸟等为题材，给人以古香古色、古朴典雅的感觉。

4）素凸式地毯。素凸式地毯的色调清淡，图案为单色凸花织作，纹样剪片后清晰美观，犹如浮雕，富有幽静、立体感。

5）彩花式地毯。彩花式地毯的图案突出的是清新活泼，以深黑色作主色，配以小花图案，如同工笔花鸟画，浮现出百花争艳的情调，色彩绚丽、名贵大方。

2. 纯毛地毯编织工艺

纯毛地毯编织工艺分为手工编织和机织两种。手工编织的纯毛地毯是我国传统纯毛地毯中的高档品；机织纯毛地毯是现代发展起来的比较高级的纯毛地毯品种。

(1) 手工编织纯毛地毯

手工编织纯毛地毯是采用中国特有的土种优质绵羊毛纺纱，用现代染色技术染出最牢固的颜色，通过精湛的技巧织成瑰丽图案后，再以专用机械平整毯面或剪凹花地毯周边，最后用化学方法洗出丝光。

手工编织的羊毛地毯，一般以“道”的数量来决定其密度，即指垒织方向（自下而上）上 1 英尺内垒织的纬线的层数（每一层称一道），所以地毯的档次与道数成正比关系。一般用地毯为 90～150 道，高级装饰用地毯的道数为 250 道以上，目前最精致的地毯为 400 道。

手工编织纯毛地毯具有色泽鲜艳、图案优美、品质上乘、柔软舒适、处处体现着品质与艺术的完美结合的特点。手工编织纯毛地毯由于做工精细，产品名贵，一般多用于国际性、国家级的宾馆、饭店、高档会议室等。

(2) 机织纯毛地毯

机织纯毛地毯具有毯面平整、光泽好、富有弹性、脚感柔软、抗磨耐用等特点，其性能与纯毛手工地毯相似，但价格远低于手工地毯。其回弹性、抗静电性、抗老化性、耐燃性等都优于化纤地毯，机织羊毛地毯是介于手工编织纯毛地毯和化纤地毯之间的中档铺地装饰材料。

机织纯毛地毯最适合于宾馆、饭店的客房、楼梯、楼道、宴会厅、酒吧间、会客室，以及体育馆、居室等满铺使用。另外，这种地毯还有阻燃性产品，可用于防火性能要求较高的建筑室内地面。

3. 纯毛地毯的主要规格及性能

国产纯毛地毯的主要规格与性能见表 12.3。

表 12.3　国产纯毛地毯的主要规格与性能

品　名	规格/mm	性　能　特　点	生产厂家
羊毛满铺地毯 电针绣枪地毯 艺术壁挂(工美 牌)	有各种规格	以优质羊毛加工而成。电针绣枪地毯可仿制传统手工地毯图案，古香古色，现代图案富有时代气息。艺术壁挂图案粗犷朴实，风格多样	北京市地毯二厂
90 道手工打结地毯 素式羊毛地毯 高道数艺术挂毯	61 × 910 ～ 3050 × 4270 等各种规格	以优质羊毛加工而成，图案华丽柔软舒适、牢固耐用	上海地毯总厂
90 道手工栽绒地毯、提花地毯、艺术壁挂(风船牌)	有各种规格	以优质西宁羊毛加工而成。图案有北京式、美术式、彩色式、素凸式、东方式及古典式	天津地毯工业公司
90 道羊毛地毯 120 道羊毛艺术挂毯	厚度:6～15 宽度:按要求加工 长度:按要求加工	用上等纯羊毛手工编织而成。经化学处理，防潮、防蛀，吸声，图案美观，柔软耐用	武汉地毯厂
手工栽绒地毯(飞天牌)	2140×610～3660×910 等各种规格	以上等羊毛加工而成。产品有北京式、美术式、彩花式、素凸式、敦煌式、仿古式等	兰州地毯总厂

续表

品　名	规格/mm	性 能 特 点	生产厂家
纯羊毛机织地毯	有各种规格	以西宁羊毛加工而成。产品质地坚固、花式多样、防潮、隔音、保暖、吸尘、无静电、弹性好等	青海地毯厂
90道手工打结地毯,140道精艺地毯,机织满铺羊毛地毯(海马牌)	幅宽4m及其他各种规格	以优质羊毛加工而成。图案花式多样,产品手感好、脚感好、舒适、防潮、吸声、保温、吸尘等	山东威海海马地毯集团公司
仿手工羊毛地毯(雏凤牌)	各种规格	以优质羊毛加工而成。款式新颖、图案精美、色泽雅致、富丽堂皇、经久耐用	浙江美术地毯厂
纯羊毛手工地毯,机织羊毛地毯(松鹤牌)	各种规格	以国产优质羊毛和新西兰羊毛加工而成。具有弹性好、抗静电、保暖、、吸声、防潮等特点	杭州地毯厂

12.2.3　化纤地毯

化纤地毯是20世纪70年代发展起来的一种地面铺装材料，它是以各种化学合成纤维（丙纶、腈纶、锦纶、涤纶等）为主要原料，经过机织法或簇绒法等加工成面层织物后，再与麻布背衬材料复合处理而成的一种地毯。

1. 化纤地毯的种类、特点

(1) 化纤地毯的品种

按织法的不同，化纤地毯可分为簇绒地毯、针刺地毯、机织地毯、粘结地毯、手工编织地毯等多种。其中以簇绒地毯产销量最大，其次是针刺地毯、机织地毯。

(2) 化纤地毯的特点

化纤地毯与传统的手工羊毛地毯相比，具有质轻、耐磨、不霉、不蛀、耐腐蚀、易于清洗等、富有弹性、铺设简便和价格较低的优点。但也有易变形、易产生静电及吸附性强易产生粘附性污染，遇水局部会融化等缺点。

各种化纤的特性有很大的差异，因此在选用、使用时应注意区别。如在着色性能方面，涤纶纤维的着色性很差，颜料在其上的附着力很小，故在地毯洗涤时如果频繁清洁，可能会引起地毯的褪色。耐磨性方面：锦纶是所有化学纤维中最好的（是羊毛的20倍），腈纶纤维最差。在耐暴晒方面：腈纶纤维最好，涤纶纤维次之，锦纶和丙纶较差。在弹性方面：丙纶和腈纶纤维的弹性恢复能力较好，其低延伸范围内接近羊毛，锦纶和涤纶纤维则较差。在静电特性方面：锦纶纤维在干热环境条件下比较容易造成静电的积累，而涤纶、丙纶和腈纶纤维的静电积累则不严重。

2. 化纤地毯的规格性能

化纤地毯品种较多，在选用时一定要根据环境设计要求，家具配置，墙面顶棚装饰色彩等具体情况来选择合适的品种。表12.4列出了我国部分化纤地毯的规格性能及生产厂。

表 12.4　化纤地毯的品种、规格与性能

名　称	特　点	规　格	技术性能	生产厂
丙纶簇绒地毯 丙纶机织提花满铺地毯 丙纶机织提花工艺美术地毯 (燕山牌)	以聚丙烯纤维经加工为面层，背衬有胶背、麻背、聚丙烯背三种。毯面分为割绒、圈绒、高低圈绒三种。色泽鲜艳、牢固，耐磨损、防起毛、耐酸碱腐蚀、防虫蛀、不霉烂、弹性好、阻燃、抗静电、吸声降噪等	(1) 簇绒地毯 幅宽：4m 长：15m 或 25m (2)提花满铺地毯 幅宽：3m (3) 提花工艺美术地毯 1.25m×1.66m 1.50m×1.9m 1.7m×2.35m 2.0m×2.86m 2.5m×3.31m 3m×3.86m	(1) 丙纶簇绒地毯 簇绒粘结力(N)：毛圈：25；割绒：10 干断裂强度(N)： 经向：>500；纬向：>300 日晒牢度/级：≥4 可燃性能/mm：<75 磨损性能：<0.70 (2) 丙纶机织提花地毯 干断裂强度(N)：经向：400 纬向：≥800 压缩厚度回复率/%：≥55 日晒牢度/级：≥4 可燃性能/mm：<75	北京燕山石油化工公司化纤地毯厂
丙纶、尼龙簇绒地毯(钻石牌)	以丙纶、尼龙长纤维加工成面层，人造黄麻为背衬复合而成，具有质地柔软、富有弹性、绒毛粘结牢固、耐磨性好、色泽艳丽、不蛀不霉、阻燃、抗静电、降噪声等特点	绒高：5～7mm 最大幅宽：4m 花式：平绒、圈绒、提花颜色由用户选择	动载厚度减少率/% 圈绒：9.71；平绒：14.05 背衬剥离强力(N) 经向：圈绒 54.5；平绒 45.6 纬向：围绒 53.5；平绒 49.6 绒毛粘合力(N)：圈绒：52.2 平绒：43.1 染色牢度/级：圈绒：5；平绒：6 耐热损毁最大距离/mm 圈绒：6.0；平绒：6.1	无锡铺地材料厂
簇绒化纤地毯(金鹿牌)	以化纤为原料制成，具有防尘、隔声、保暖、弹性、耐磨损、易清洁、阻燃等特点	绒高 3～12mm 平绒、圈绒、提花 颜色：各色 幅宽：圈绒、提花：4m 平绒：2m 长度：125m/卷	绒毛粘合力(N) 圈绒：27.46；平绒：19.61 绒头单位质量/(g/m^2) 圈绒：300；平绒：≥350 剥离强力(N)：圈绒：28.4； 平绒：≥27.5 厚度减少率/% 圈绒：≤25；平绒：≤40 耐燃性：符合要求	兰州地毯厂

3. 化纤地毯的应用

化纤地毯是用量较大的中、低档品种。它具有不霉、不蛀、耐腐蚀、耐磨、轻质、富有弹性、脚感好、吸湿性小、易于清洗、价格较低等特点。化纤地毯可以摊铺，也可以粘铺在木地板、马赛克地面、水磨石地面及水泥混凝土地面上。其适用于宾馆、饭店、招待所、接待室、船舶、车辆、飞机等地面的装饰。对于高绒头、高密度、格调新颖、图案美丽的化纤地毯，可用于三星级以上的宾馆。机织提花工艺地毯属于高档产品，其外观可与纯毛地毯相媲美。

12.2.4 挂毯

挂毯又名壁毯，是一种供人们欣赏的室内墙挂艺术品，故又称艺术壁挂。挂毯要求图案花色精美，为此常采用纯羊毛蚕丝、麻布等上等材料制作而成。近年来混纺纤维或化学纤维也已大量使用。

挂毯除具有吸声、保温、隔热等实用功能外，还给人以美的艺术享受。挂毯的规格尺寸多样，也可按需要加工。挂毯的图案题材十分丰富，秀丽的山川、精美的绘画、动物花鸟、摄影作品等均可作为挂毯图案的设计内容。采用挂毯装点室内墙壁，不仅能产生高雅的艺术美感，还可增添室内的安逸平和气氛。

高档挂毯历来就是高贵的馈赠品，如联合国大厦休息厅就装点着我国赠送的一幅6m×6m“万里长城”的大幅挂毯，既体现了中华民族的文化历史，又代表着我国挂毯编织精湛的工艺水平。

12.3 墙面装饰织物

织物装饰饰面以其独特的柔软质地和特殊效果的色彩来柔化空间、美化环境，从而营造出温暖、祥和的氛围。

现代装饰的快速发展，使得织物已成为一种十分重要的材料。用织物作室内墙面装饰，可以通过与窗帘、台布、挂毯和靠垫等室内织物的呼应，改善室内的气氛、格调、意境和使用功能，增加室内装饰效果。因此，各种织物在建筑装饰中将得到越来越广泛的应用。目前，我国生产的墙面装饰织物主要品种有织物壁纸、玻璃纤维印花贴墙布、无纺贴墙布、化纤装饰墙布、棉纺装饰墙布和织锦缎等。

12.3.1 织物壁纸

织物壁纸，即由棉、麻、丝和羊毛等天然纤维和化学纤维制成各种色泽、花式的粗细纱或织物，用不同的纺纱工艺和花色拈线加工方式，将纱线粘到基层纸上，从而制成花样繁多的纺织纤维壁纸。还有的用扁草、竹丝或麻皮条等天然材料，经过漂白或染色再与棉线交织后同基纸粘贴，制成植物纤维壁纸。织物壁纸主要有纸基织物壁纸和麻草壁纸两种。

1. 纸基织物壁纸

纸基织物壁纸是由棉、毛、麻、丝等天然纤维及化纤制成的各种色泽、花色的粗细纱或织物，再与纸基层粘合而成。这种壁纸用各色纺线排列出图案，或在纺线中编有金、银丝，使壁面呈现金光点点，达到艺术装饰效果。其还可以压制成浮雕图案，别具一格。

纸基织物壁纸的特点是：色彩柔和幽雅，墙面立体感强，吸声效果好。耐日晒，不褪色，无毒无害，无静电，具有透气性和调湿性。其适用于宾馆、饭店、办公大楼、会议室、接待室、计算机房、广播室及家庭卧室等室内墙面装饰。

2. 麻草壁纸

麻草壁纸是以纸为基底，以编织的麻草为面层，经复合加工而制成的室内装饰材料。麻草壁纸具有吸声、阻燃、散潮气、不吸尘、对人体无任何影响及不变形等特点，具有自然、古朴、粗犷的大自然之美，给人以置身于大自然的感觉。其适用于会议室、接待室、酒吧、舞厅以及饭店、宾馆的客房等的墙壁贴面装饰。

12.3.2　棉纺装饰墙布

棉纺装饰墙布是以纯棉平布为基材，经过处理、印花、涂布耐磨树脂等工序制作而成。该墙布强度大、静电小、蠕变性小、无光、吸声、无毒、无味、美观大方，可用于宾馆、饭店及其他公共建筑和较高级的民用建筑中的装饰，适用于基层为砂浆、混凝土、白灰浆、石膏板、胶合板、纤维板和石棉水泥等墙面的基层粘贴或浮挂。

棉纺装饰墙布还常用作窗帘。夏季采用这种薄型的淡色窗帘，无论是自然下垂，还是双开平拉成半弧形，均会给室内创造出清静和舒适的氛围。

12.3.3　无纺贴墙布

无纺贴墙布是采用棉、麻等天然纤维或涤纶 FE-TP、腈纶 PAN 等合成纤维，经无纺成型、涂布树脂、印刷彩色花纹等工序制成的一种新型贴墙材料。

这种贴墙布的特点是挺括，富有弹性，不易折断，纤维不老化，不散头，对皮肤无刺激作用，色彩鲜艳，图案雅致，粘贴方便，具有一定的透气性和防潮性，能擦洗而不褪色，且粘贴施工方便。适用于各种建筑物的室内墙面装饰，尤其是涤纶棉无纺贴墙布，除具有麻质无纺贴墙布的所有性能外，还具有质地细洁、光滑等特点，特别适用于高级宾馆和高级住宅建筑物。

12.3.4　其他墙面装饰织物

1. 化纤装饰墙布

化纤装饰贴墙布是以化学纤维织成的布（单纶或多纶）为基材，经一定处理后印花而成。常用的化学纤维有粘胶纤维、醋酯纤维、丙纶、腈纶、锦纶和涤纶等。所谓“多纶”是指多种化纤与棉纱混纺制成的贴墙布。这种墙布具有无毒、无味、透气、防潮、耐磨等特点，适用于宾馆、饭店、办公室、会议室及居民住宅。

2. 高级墙面装饰织物

高级墙面装饰织物是指锦缎、丝绒和呢料等织物，这些织物由于纤维材料、织造方法和处理工艺的不同，所产生的质感和装饰效果也不相同，因而给人的美感也有所不同。

锦缎也称织锦缎，其面上织有绚丽多彩、古朴精致的各种图案，加上丝织品本身的质感与丝光效果，显得高雅华贵、富丽堂皇。其常用于高档室内墙面的裱糊。但因价格高、柔软易变形、施工难度大、不能擦洗、易脏、易发霉等缺点，在应用上受到一定的限制。

丝绒色彩华丽，质感厚实温暖，格调高雅，主要用于高级建筑的室内窗帘、软隔断或浮挂，可营造出富贵、豪华的氛围。

粗毛呢料或仿毛化纤织物和麻类织物，它们质感粗实厚重，具有温暖感，吸声性能好，还能从纹理上显示出厚实、古朴的特色，适用于高级宾馆等公共厅堂柱面的装饰。

3. 皮革和人造革

皮革和人造革是一种高级墙面装饰材料。这类材料中最高档的皮革是真羊皮，但其价格昂贵，通常采用的是仿羊皮等纹理的人造革。人造革色彩花纹多样，仿真性很强，价格比较低，且装饰效果甚佳。

皮革和人造革墙面具有柔软、消声、温暖和耐磨等优良性能，显示出高雅华贵的装饰效果，适用于健身房、幼儿园等要求防止碰撞的房间墙面，也可用于录音室、电话间等声学要求较高的房间。在室内装饰工程中，还常用仿羊皮人造革制作软包和吸声门等，这样可起到既装饰又实用的效果。

12.4 窗帘装饰材料

12.4.1 窗帘帷幔的作用

随着现代建筑的发展，窗帘帷幔已成为室内装饰不可缺少的一部分。

窗帘帷幔除装饰作用之外，还有遮挡外来光线，保护地毯及其他织物陈设和装饰材料不因日晒而褪色变质；防止灰尘进入，保持室内清洁，保持室内清静，消声隔声作用。若窗帘采用厚质织物，尺寸宽大，折皱较多，其隔声效果就较好，同时可以起到调节室内温度的作用，创造出温馨舒适的室内环境。

12.4.2 窗帘的分类

窗帘帷幔的原料已从棉、麻等天然纤维纺织品发展到人造纤维纺织品或混纺织品。其主要品种有棉布、混纺麻织品、粘胶纤维织品、醋酸纤维织品和聚丙烯腈纤维织品等。

1. 按材质分类

窗帘帷幔按材质一般分为四大类。

1）粗料。它包括毛料、仿毛化纤织品和麻料编织物等，属厚重型织物。其保温、隔声和遮光性好，风格朴实大方或古典厚重。

2）绒料。其含平绒、条绒、丝绒和毛巾布等，属柔软细腻织物。其纹理细密，质地柔和，自然下垂，具有保温、遮光、隔声等特点，可用于单层窗帘或用于双层窗帘中的厚层。

3）薄料。其含花布、府绸、丝绸、的确良、乔其纱和尼龙纱等，属轻薄型织物。它们质地薄而轻，打褶后悬挂效果好，且便于清洗，但遮光、保温和隔声等性能差。它可单独用于制作窗帘，也可与厚窗帘配合使用。

4）网扣和拉丝。

2. 按组成分类

窗帘按其组成分为外窗帘、中间窗帘和里层窗帘。

1）外窗帘。一般指靠近玻璃的一层窗帘。其作用是防止阳光暴晒并起到一定的遮挡室外视线的作用。要求窗帘轻薄透明，面料一般为薄型和半透明织物。

2）中间窗帘。一般采用半透明织物，常选用花色纱线织物、提花织物、提花印花织物、仿麻及麻混纺织物等。

3）里层窗帘。它在美化室内环境方面起着重要作用。其对窗帘的质地、图案色彩要求较高，在窗帘深加工方面也比较讲究。里层窗帘要求不透明，有隔热、遮光和吸声等功能，一般选择粗犷的中厚织物，如棉、麻及各种混纺织物。

12.4.3　窗帘的选择

合理选择窗帘的颜色及图案是达到室内装饰目的的重要环节。窗帘的颜色应根据室内的整体性及不同气候、环境和光线而定。如随着季节的变化，夏季选择淡色薄质的窗帘为宜，冬天选用深色和质地厚实的窗帘为佳。此外，窗帘颜色的选择还应同室内墙面、家具和灯光的颜色相配合，并与之相协调。

图案是在选择窗帘时要考虑的另一个重要问题。竖向的图案或条纹会使窗户显得窄长，水平方向图案或条纹则使窗户显得短宽。大图案窗帘使窗户显得小。碎花图案使窗户显得大，所以一般应根据窗户的大小及房间的高低、色调来选择合适的图案织物做窗帘。另外，窗帘的悬挂长度也影响图案大小的选择。

12.4.4　窗帘的悬挂方式

窗帘的悬挂方式很多，从层次上分单层和双层；从开启方式上分为单幅平拉、双幅平拉、整幅竖拉和上下两段竖拉等；从配件上分为设置窗帘盒、暴露窗帘杆和不暴露窗帘杆；从拉开后的形状分为自然下垂和半弧形等。

实践课题

了解墙面装饰织物、地毯的种类、规格、性能、价格和使用情况等。重点掌握壁纸及墙布的种类、规格、性能、价格及选用和使用。

1. 实践目的

让学生自主地到建筑装饰材料市场和建筑装饰施工现场进行调查和实习，了解墙面装饰织物和地毯装饰材料的价格、熟悉材料的应用情况，能够准确识别各种材料的名称、规格、种类、价格、使用要求及适用范围等。

2. 实践方式

(1) 建筑装饰材料市场的调查分析

学生分组：3～5人一组，到建筑装饰材料市场进行调查分析。

调查方法：学会以调查、咨询为主，认识各种装饰涂料、调查材料价格、收集材料样本、掌握材料的选用要求。

(2) 建筑装饰施工现场装饰材料使用的调研

学生分组：10～15人一组，由教师或现场负责人带队。

调查方法：结合施工现场和工程实际情况，由教师或现场负责人带队，讲解材料在工程中的使用情况和注意事项。

3. 实践内容及要求

1) 认真完成调研日记。

2) 编写材料调研报告。

3) 实习总结。

小　结

地毯是一种高级的地面装饰材料。地毯的品种很多，其分类方法也多种多样，如按图案类型分、按材质分、按工艺分、按规格尺寸分、按使用场所分等。常用的地毯有纯毛地毯和化纤地毯。纯毛地毯为高档地毯，按编织方法可为手工编织和机织两种。

纯毛地毯具有色泽鲜艳、质地厚实、富有弹性、柔软舒适、经久耐用等特点。化纤地毯的装饰性好，耐污染性、耐磨性好，抗倒伏性也好，但其阻燃性差，易产生静电。化纤地毯由面层、防松涂层和背衬三部分组成。化纤地毯的主要技术性能包括剥离强度、绒毛粘合力、耐磨性、抗静电、抗老化、阻燃等。

墙面装饰织物是指以纺织物和编织物为面料织成的壁纸或墙布。织物壁纸主要有纸基织物壁纸和麻草壁纸等。墙布则主要有以玻璃纤维为基料的墙布、无纺贴墙布、化纤装饰墙布、棉纺装饰墙布以及高级墙面装饰织物等。

复习思考题

12.1　建筑装饰纤维的类型及主要特点是什么？

12.2　地毯按材质分哪五类，特点是什么？

12.3　墙面装饰织物有哪些类型？

第 13 章
建筑涂料

涂料是指借助于刷涂、辐涂、喷涂、抹涂、弹涂等多种作业方法涂覆于建筑构件的表面，并能与建筑构件表面材料很好地粘结，形成完整保护膜的材料，延长建筑物的使用寿命。它具有色彩丰富、质感逼真、施工方便、便于维护更新等优点。因此，采用涂料来装饰和保护建筑，是最简便、最经济的方法。

13.1 装饰涂料概述

13.1.1 涂料的组成

涂料中各组成的作用不同，但其基本组分有主要成膜物质、次要成膜物质和辅助成膜物质。如图 13.1 所示。

1. 主要成膜物质

主要成膜物质，又称胶黏剂或固着剂。它的作用是将其他组分粘结成一整体，并能附着在被涂基层表面形成坚韧的保护膜。胶黏剂应具有较高的化学稳定性，多属于高分子化合物（如树脂）或成膜后能形成高分子化合物的有机物质（油料）。

(1) 油料

油料是制造某些油性涂料和油性基涂料的主要原料。涂料使用的主要是植物油料，按其能否干结成膜以及成膜的快慢，又分为干性油、半干性油和不干性油。

干性油（桐油、梓油、苏子油等）是将它涂于物体表面，受到空气氧的氧化作用和自身的聚合作用，经一段时间（一周以内），能形成坚硬的油模，耐水而富有弹性。

半干性油（豆油、向日葵油、棉籽油等），这种油干燥时间较长（一周以上），形成的油膜软而且发黏。

不干性油（花生油、蓖麻油等），这些油在正常条件下不能自行干燥，不能直接用于制造涂料。

(2) 树脂

单用油料虽然可以制成涂料，但是这种涂料形成的涂膜，在硬度、光泽、耐水、耐酸碱等方面的性能不能满足较高的要求，因此需要采用性能优异的树脂作为涂料的成膜

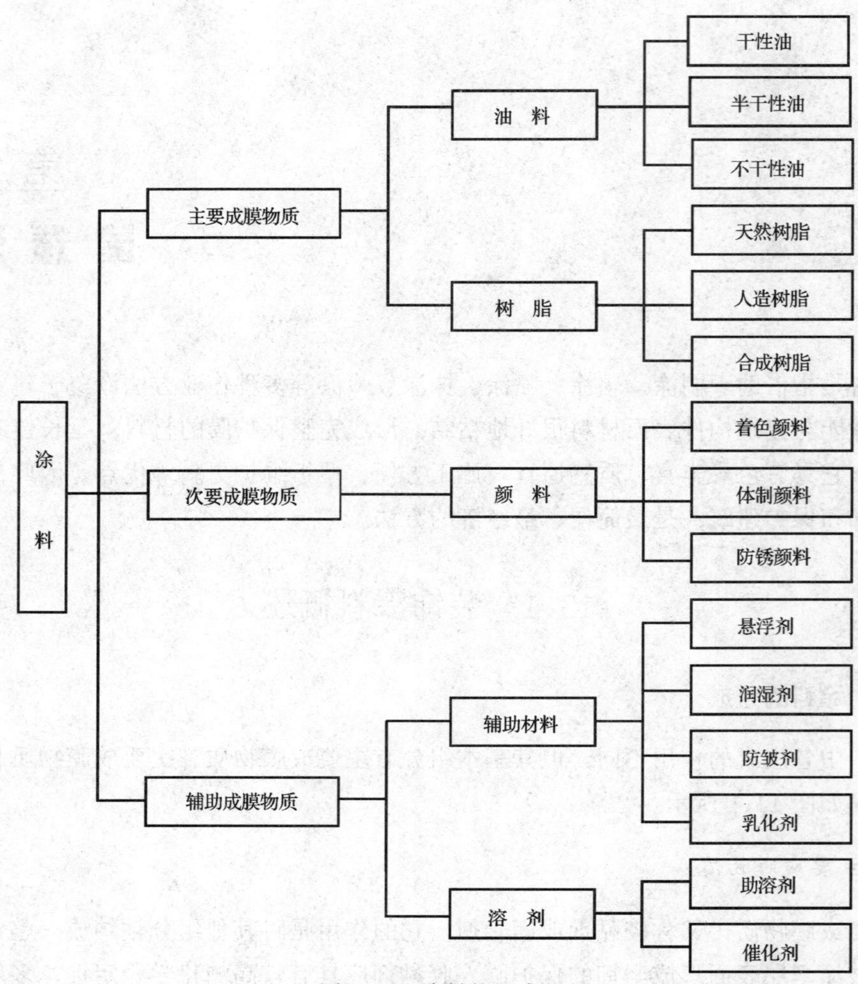

图 13.1　涂料的组成

物质。树脂分为天然树脂（虫胶、大漆等）、人造树脂（松香甘油酯、硝化纤维）和合成树脂（醇酸树脂、聚丙烯酸酯、环氧树脂、聚氨酯、氯磺化聚乙烯、聚乙烯醇系缩聚物、聚醋酸乙烯及其共聚物等）。

为满足涂料的多种性能要求，可以在一种涂料中采用多种树脂配合或与油料配合，共同作为主要成膜物质。

2. 次要成膜物质

次要成膜物质是指涂料中的各种颜料。颜料本身不具备成膜能力，但它可以依靠主要成膜物质的粘结而成为涂膜的组成部分，起着使涂膜着色、增加涂膜质感、改善涂膜性质、增加涂料品种、降低涂料成本等作用。

颜料的品种很多，按其化学组成成分的不同，分为有机和无机颜料；按其来源的不同，分为天然与人造颜料；按照不同种类的颜料在涂料中起的作用不同，可将颜料划分为着色颜料、体质颜料和防锈颜料。

(1) 着色颜料

着色颜料主要作用是赋予涂膜一定的颜色和遮盖能力，此外，无机颜料还具有一定的防紫外线穿透作用，可以减轻有机高分子主要成膜物质的老化，提高涂膜的耐候性。建筑涂料经常在碱性基层（如砂浆或混凝土表面）上使用，而且与大气层环境接触，因此要求着色颜料应具有较好的耐碱性和耐光性。有机颜料的抗老化性能较差，因而很少作为建筑涂料的着色颜料使用。常见的着色颜料见表 13.1。

表 13.1　涂料中常见的着色颜料

颜　色	化学组成	品　种
黄色颜料	无机颜料	铅铬黄、铁黄
	有机颜料	耐晒黄、联苯胺黄等
红色颜料	无机颜料	铁红、银朱
	有机颜料	甲苯胺红、立素尔红等
蓝色颜料	无机颜料	铁蓝、钴蓝、群青
	有机颜料	酞青蓝等
黑色颜料	无机颜料	碳黑、石墨、铁黑等
	有机颜料	苯胺黑等
绿色颜料	无机颜料	铬绿、锌绿
	有机颜料	酞青绿等
白色颜料	无机颜料	铁白粉、氧化锌、立德粉
金属颜料		铝粉、铜粉等

(2) 体质颜料

体质颜料又称为填充料，为白色粉末。它在涂料中的遮盖能力很低，基本上是透明的，不能阻止光线透过涂膜，一般不具备着色能力和遮盖力，它只能增加漆膜的厚度，加强涂膜质感，提高涂膜的耐磨性、抗老化性、耐久性等。

体质颜料主要是一些碱土金属盐、硅酸盐和钻金属盐类等，如硫酸钙、碳酸钙、滑石粉、云母粉、瓷土等。

(3) 防锈颜料

防锈颜料的作用是使涂膜具有良好的防锈能力，防止被涂覆的金属表面发生锈蚀。防锈颜料的主要品种有红丹、锌铬黄、氧化铁红、铝粉等，铁的防锈颜料可用红丹、铝、铝镁合金等，轻金属的防锈颜料可用锌铬黄。

3. 辅助成膜物质

辅助成膜物质不能单独构成涂膜，但对于涂料的生产、涂饰施工以及涂膜形成过程有重要影响。涂料中的辅助成膜物质有两类，即一类是分散介质，另一类是助剂。

(1) 分散介质（稀释剂）

涂料在施工时的形态一般是具有一定稠度、袭击性和流动性的液体。所以，涂料中必须含有较大数量的分散介质。这些分散介质也叫稀释剂，在涂料的生产过程中，往往是溶解、分散、乳化主要成膜物质或主要成膜物质的原料；在涂饰施工中，使涂料具有一定的稠度和流动性，还可以增强成膜物质向基层渗透的能力。在涂膜的形成过程中，分散介质中少部分将被基层吸收，大部分将逸入大气之中，不保留在涂膜之内。

涂料所用的分散介质有两类，即一类是有机溶剂，另一类是水。

有机溶剂既应能溶解树脂、油料等主要成膜物质，又应能控制涂料的黏度，使之便于涂饰施工，还应具有一定的挥发性。常用的有机溶剂有松香水、酒精、200 号溶剂汽油、苯、二甲苯、丙酮等。用有机溶剂作分散介质的涂料称为溶剂型涂料。水可以作为多种涂料的分散介质，这种涂料称为水性涂料。稀释水性涂料时可以采用矿物杂质含量较少的饮用自来水。

(2) 助剂

助剂是为改善涂料的性能、提高涂膜的质量而加入的辅助材料。它们的加入量很少，但种类很多，对改善涂料性能的作用显著。涂料中常用的助剂主要有以下几种。

1) 催干剂。催干剂用于以油料为主要成膜物质的涂料，它的作用是加速油料的氧化、聚合、干燥成膜过程，并在一定程度上改善涂膜的质量。常用的催干剂大多为过渡金属元素铅、钴、锰、锌等的氧化物、盐以及它们与油酸、亚油酸、环烷酸等反应制成的金属皂类。

2) 增塑剂。增塑剂用于以合成树脂为主要成膜物质的涂料，它通常为分子量较小(大约 300～500) 的酯类化合物，能够插入合成树脂的高分子链之间，削弱高分子之间的结合力，从而增加涂膜的塑性和柔韧性。常用的增塑剂有邻苯二甲酸酯类、脂肪酸酯类。

3) 固化剂。固化剂是能与涂料中主要成膜物质发生反应而使之固化成膜的物质。涂料的主要成膜物质不同，所需的固化剂也不同。如水玻璃涂料用缩合磷酸铝为固化剂，室温固化型环氧树脂多选用二乙烯三胺、三乙烯四胺等多烯多胺类固化剂。

4) 流变剂。流变剂主要用于乳液型涂料，它的加入可在涂料中建立起一种触变结构。这种结构的特点为：当进行涂饰作业时，由于剪切力的作用，可使涂料的黏度降低、流动性增加，便于流平；涂饰作业完成后，形成的湿涂膜又可迅速恢复成为疏松网状的凝聚状态，黏度显著增加，流动性显著降低，从而有效地防止湿涂膜产生流挂现象。常用的流变剂有碱金属氧化物、膨润土、聚乙烯醇、丙烯酸共聚物等。

5) 分散剂、增稠剂、消泡剂、防冻剂。在乳液型涂料中加入这些助剂，可以分别起到提高成膜物质在溶剂中的分散程度，增加乳液黏度，保持乳液体系的稳定性，改善涂料的流平性，消除气泡，改善乳液内防冻性，降低成膜温度等作用。

6) 紫外线吸收剂、抗氧化剂、防老化剂。这类助剂可以吸收阳光中的紫外线、抑制、延缓有机高分子化合物的降解、氧化破坏过程，提高涂膜的保光性、保色性和抗老化性能，延长涂膜的使用年限。

此外，还有一些其他的助剂，如防霉剂、防腐剂、阻燃剂等，它们可以满足某些有特殊功能要求的建筑涂料的需要。

13.1.2　涂料的分类、型号及命名

1. 涂料的命名

国家标准《涂料产品分类、命名和型号》(GB 2075—92) 对涂料的命名，作了如下规定。

涂料的命名原则为：

涂料全名＝颜色或颜料名称＋主要成膜物质＋基本名称

涂料颜色应位于涂料名称的最前面。若颜料对漆膜性能起明显作用，则可用颜料的名称代替颜色的名称。

涂料名称中的主要成膜物质名称应作适当简化，如聚氨基甲酸酯简化为聚氨酯。如果当中含有多种成膜物质时，可选取起主要作用的那一种成膜物质命名。

基本名称仍采用已广泛使用的名称，如红醇酸磁漆、铁红酚醛防锈漆等。

表 13.2 给出了部分涂料的基本名称和代号。

表 13.2　部分涂料的基本名称和代号

代号	基本名称	代号	基本名称	代号	基本名称
00	清油	14	透明漆	61	耐热漆
01	清漆	15	斑纹漆、裂纹漆、桔纹漆	62	示温漆
02	厚漆	19	闪光漆	66	光固化涂料
03	调和漆	24	家电用漆	77	内墙涂料
04	磁漆	26	自行车漆	78	外墙涂料
05	粉末涂料	23	罐头漆	79	屋面防水涂料
06	底漆	50	耐酸漆、耐碱漆	80	地板漆、地坪漆
07	腻子	52	防腐漆	86	标志漆、路标漆、马路划线漆
08	大漆	53	防锈漆	98	胶液
11	电泳漆	54	耐油漆	99	其他
12	乳胶漆	55	耐水漆		
13	水溶性漆	60	防火漆		

注：上述编号的基本原则为：采用 0～99 二位数表示，0～99 代表基本名称；10～19 代表美术漆；20～29 代表轻工漆；30～39 代表绝缘漆；40～49 代表船舶漆；50～59 代表腐蚀漆；60～69 代表其他。

2. 涂料的型号

(1) 涂料的型号表示方法

各种涂料的型号用三个部分表示：第一部分是主要成膜物质的代号，用汉语拼音字母表示，见表 13.3；第二部分是基本名称，用两位数字表示，见表 13.2；第三部分是序号，表示同类产品中组成、配比或用途不同的涂料品种。每个型号只表示一种涂料品种，例如：C04-2，其中“C”表示醇酸树脂（主要成膜物质），“04”表示磁漆（基本名称），“2”表示序号。

例：

C　04　－　2
　　　　　└基本名称
　　└主要成膜物质
└颜色

表 13.3 涂料的类别

序号	类 别	主要成膜物质	代 号
1	油脂	天然植物油、合成油等	Y
2	天然树脂	松香及其衍生物、虫胶、乳酪素、大漆及其衍生物等	T
3	酚醛树脂	酚醛树脂、改性酚醛树脂	F
4	沥青漆类	天然沥青、石油沥青、煤焦油沥青等	L
5	醇酸树脂	甘油醇酸树脂、改性醇酸树脂	C
6	氨基树脂	脲醛树脂	A
7	硝基	硝基纤维素、改性硝基纤维素	Q
8	纤维素	乙基纤维、卡基纤维、醋酸纤维、羟基纤维等	M
9	过氯乙烯树脂	过氯乙烯、改性过氯乙烯	G
10	乙烯类树脂	氯乙烯共聚物、聚醋酸乙烯及其共聚物、聚苯乙烯树脂、氯化聚丙烯树脂等	X
11	丙烯酸树脂	丙烯酸树脂及其共聚物改性树脂	B
12	聚酯树脂	饱和聚酯树脂、不饱和聚酯树脂	Z
13	环氧树脂	环氧树脂、改性环氧树脂	H
14	聚氨酯树脂	聚氨基甲酸酯	S
15	元素有机聚合物	有机硅、有机钛、有机铝等	W
16	橡胶	天然橡胶及其衍生物	J
17	其他	以上16类未包括的其他成膜物质，如无机高分子材料等	E

(2) 辅助材料的型号表示方法

辅助材料的型号分两部分：第一部分是辅助材料种类，用汉语拼音字母表示；第二部分是序号。辅助材料按用途划分，其种类及代号为稀释剂-X、防潮剂-F、催干剂-G、脱漆剂-T、固化剂-H。

3. 涂料的分类

常用的分类方法有如下几种。

1) 按使用部位分类。

建筑涂料可以在建筑物的不同部位使用，涂料可分为外墙涂料、内墙涂料、顶棚涂料、地面涂料和屋面防水涂料等。

2) 按主要成膜物质的不同分类。

按成膜物质的不同，涂料可分为有机涂料、无机涂料、有机无机复合涂料。

在建筑涂料中，以有机合成高分子材料作为主要成膜物质的可称为有机涂料。某些无机胶凝材料（主要是水玻璃、硅溶胶）也可以作为涂料的主要成膜物质，这类涂料被称为无机涂料。两者复合使用的（如聚乙烯醇水玻璃涂料）称为有机无机复合涂料。

3) 按分散介质的不同分类。

按分散介质的不同，涂料可分为溶剂型涂料、水性涂料（乳液型涂料、水溶胶涂料和水溶性涂料）。

溶剂型涂料是主要成膜物质在分散介质中溶解成真溶液状态的涂料。

水性涂料是以水作为分散介质的涂料。按主要成膜物质在水中的分散方式不同，水性涂料又可分为乳液型涂料、水溶胶涂料和水溶性涂料。

4) 按建筑功能的不同分类。

涂料可分为装饰涂料、防水涂料、防腐涂料、防霉涂料、防结露涂料、防火涂料等。

5) 按图层质感的不同分类。

涂料可分为薄质涂料、复层建筑涂料等。

13.1.3　建筑涂料的主要技术性能要求

建筑涂料对建筑物的功能体现在两个方面：一是装饰功能，通过不同的涂饰方法，形成不同的色彩、质感，以满足各种类型建筑物的不同装饰艺术要求；二是对建筑物的保护功能，建筑物在使用中，结构材料会受到环境介质的破坏，建筑涂料的使用会减缓这种破坏作用，延长建筑物的使用年限，而这两种功能都是通过涂料能形成性能优良的涂膜予以实现的。影响涂膜性能和内在质量的因素主要是涂料的组成成分及涂料的体系特征，因此建筑涂料及其经涂饰施工后所形成的涂膜均应满足一定的技术性能要求。

1. 涂料的主要技术性能要求

涂料的主要技术性能要求有：在容器中的状态、黏度、含固量、细度、干燥时间、最低成膜温度等。

(1) 容器中的状态

容器中的状态反映涂料体系在储存时的稳定性。各种涂料在容器中储存时均应无硬块，搅拌后应呈均匀状态。

(2) 黏度

涂料应有一定的黏度，使其在涂饰作业时易于流平而不流挂。建筑涂料的黏度取决于主要成膜物质本身的黏度和含量。

(3) 含固量

含固量是指涂料中不挥发物质在涂料总量中所占的百分比。含固量的大小不仅影响涂料的黏度，同时也影响到涂膜的强度、硬度、光泽及遮盖力等性能。薄质涂料的含固量通常不小于 45%。

(4) 细度

细度是指涂料中次要成膜物质的颗粒大小，它影响涂膜颜色的均匀性、表面平整性和光泽。薄质涂料的细度一般不大于 60μm。

(5) 干燥时间

涂料的干燥时间分为表干时间和实干时间，它影响到涂饰施工的时间。一般地，涂料的表干时间不应超过 2h，实干时间不应超过 24h。

(6) 最低成膜温度

最低成膜温度是乳液型涂料的一项重要性能。乳液型涂料是通过涂料中分散介质

(水分的蒸发)，细小颗粒逐渐靠近、凝结而成膜的，这一过程只有在某一最低温度以上才能实现，此温度称为最低成膜温度。乳液型涂料只有在高于这一温度时才能进行涂饰作业。乳液型涂料的最低成膜温度都应在10℃以上。

此外，对不同类型的涂料，还有一些不同的特殊要求，如砂壁状涂料的骨料沉降性、树脂乳液型涂料的低温稳定性等。

2. 涂膜的主要技术性能要求

涂膜的技术性能包括物理力学性能和化学性能，主要有涂膜颜色、遮盖力、附着力、粘结强度、耐冻融性、耐污染性、耐候性、耐水性、耐碱性及耐刷洗性等。

(1) 膜颜色

涂膜颜色与标准样品相比，应符合色差范围。

(2) 遮盖力

遮盖力反映涂膜对基层材料颜色遮盖能力的大小，与涂料中着色颜料的着色力及含量有关，通常用能使规定的黑白格遮盖所需涂料的单位面积质量 g/cm^2 表示。建筑涂料的遮盖力范围约为 $100\sim300g/cm^2$。

(3) 附着力

附着力是表示薄质涂料的涂膜与基层之间粘结牢固程度的性能，通常用划格法测定。将涂料制成标准的涂膜样本，然后用锋利的刀片，沿长度和宽度方向每隔1mm划线，共切出100个方格，划线时应使刀片切透涂膜，然后用软毛刷沿对角线方向反复刷5次，在放大镜下观察被切出的小方格涂膜有无脱落现象。用未脱落小方格涂膜的百分数表示附着力的大小。质量优良的涂膜其附着力指标应为100%。

(4) 粘结强度

粘结强度是表示厚质建筑材料涂料和复层建筑涂料的涂膜与基层粘结牢固程度的性能指标。粘结强度高的涂料其涂膜不易脱落，耐久性好。

(5) 耐冻融性

外墙涂料的涂膜表面毛细管内含有吸收水分，在冬季可能发生反复冻融，导致涂膜开裂、粉化、起泡或脱落。因此，对外墙涂料的涂膜有一定的耐冻融性要求。涂膜的耐冻融性用涂膜标准样板在 $-20\sim23$℃之间能承受的冻融循环次数表示，次数越多，表明涂膜的耐冻融性越好。

(6) 耐沾污性

耐沾污性是指涂料抵抗大气灰尘污染的能力，它是外墙涂料的一项重要的性能。暴露在大气环境中的涂料，受到的灰尘污染有三类：第一类是沉积性污染，即灰尘自然沉积在涂料表面，污染程度与涂膜的平整度有关；第二类是侵入性污染，即灰尘、有色物质等随同水分浸入到涂膜的毛细孔中，污染程度与涂膜的致密性有关；第三类是吸附性污染，即由于涂膜表面带有静电或油污而吸引灰尘造成污染。其中以第二类污染对涂膜的影响最为严重。涂料的耐沾污性用涂膜经污染剂反复污染至规定次数后，对光的反射系数下降率的百分数表示，下降率越小，涂料的耐沾污性越好。

(7) 耐候性

有机涂料的主要成膜物质在光、热、臭氧的长期作用下，会发生高分子的降解或交联，使涂料发黏或变脆、变色，失去原有的强度、柔韧性和光泽，最终导致涂膜的破坏。这种现象称为涂料的老化。涂料抵抗老化的能力称为耐候性。它通常经给定的人工加速老化处理时间后，涂膜粉化、裂化、起鼓、剥落及变色等状态指标来表示涂料的耐候性。

(8) 耐水性

涂料与水长期接触会产生起泡、掉粉、失光、变色等破坏现象。涂膜抵抗水的这种破坏作用的能力称为涂料的耐水性。涂料的耐水性用浸水试验法测定，即将已经实干的涂膜试件的 2/3 面积浸入 25±1℃的蒸馏水或沸水中，达到规定时间后检查涂膜有无上述破坏现象。耐水性差的涂料不得用于潮湿的环境中。

(9) 耐碱性

大多数建筑涂料是涂饰在水泥混凝土、水泥砂浆等含碱材料的表面上，在碱性介质的作用下，涂膜会产生起泡、掉粉、失光和变色等破坏现象。因此，涂料必须具有一定的抵抗碱性介质破坏的能力，即耐碱性。涂料的耐碱性的测定方法为：将涂膜试样浸泡在 $Ca(OH)_2$饱和水溶液中一定时间后，检查涂膜表面是否产生上述破坏现象及破坏程度，用以评价涂料的耐碱性。

(10) 耐刷洗性

耐刷洗性表示涂膜受水长期冲刷而不破坏的性能。涂料耐刷洗性的测定方法为：用浸有规定浓度肥皂水的鬃刷，在一定压力下反复擦刷试板的涂膜，刷至规定的次数，观察涂膜是否破损露出试板底色。外墙涂料的耐刷洗次数一般要求达 1000 次以上。

上述对涂膜的各项技术要求并非对所有的涂料都是必须的，如耐冻融性、耐沾污性、耐候性对于外墙涂料是重要的技术性能，但对内墙涂料则往往不做要求。此外，对于不同的涂料，还有一些特殊的技术要求，如对地面涂料，要求具有较高的耐磨性，对复层建筑涂料则有耐冷热循环性及耐冲击性等。

3. 装修材料溶剂型木器涂料中有害物质限量

涂料，包括各种油漆、内外墙涂料等，目前在我国家居和装修业中使用量均排在前列。而聚酯漆和聚氨酯漆中需配加固化剂才能使用，必要时还加入稀释剂、胶黏剂。许多消费早已经注意到稀释剂中苯类化合物对人体健康的危害，在购买和使用油漆配套的稀释剂时，都指明要不含苯的。但固化剂中残留的甲苯二异氨酸酶（TDI）的毒性更大，对人体健康和环境的危害更加严重。

生产固化剂的主要原料是 TDI，其投料量接近总量的四成。TDI 是有毒的化合物，因此用于聚酯漆或聚氨酯漆固化时，要先行转化为新的无毒的物质，这便是生产中应用的固化剂。然而，由于生产工艺和设备水平的限制，总是有部分 TDI 不能转化而残留在固化剂中，因此，固化剂 TDI 残留量高低决定了固化剂毒性的高低。我国原化工部化工企业行业标准的规定中，是以 2%TDI 残留量作为有毒和无毒固化剂的分界线。我国目前投放市场的固化剂，其 TDI 残留量普遍在 5%～8%之间，属于有毒级别，部分极劣质产品甚至高达10%。用这种有毒级固化剂配制的涂料喷涂家具和装修房子，其有毒物质将会逐渐散发到空气中。室内装饰装修材料溶剂型木器涂料中有害物质限量技术要求见表13.4。

表13.4　室内装饰装修材料溶剂型木器涂料中有害物质限量技术要求

项　目		限量值		
		硝基漆类	聚氨酯漆类	醇酸漆类
挥发性有机化合物(VOC)/(g/L),≤		750	光泽(60°)≥80,600 光泽(60°)<80,700	550
苯/%,≤		0.5		
甲苯和二甲苯总和/%,≤		45	40	10
游离甲苯二异氰酸酯(TDI)/%,≤		–	0.7	–
重金属—(限色漆)/(mg/kg),≤	可溶性铅	90		
	可溶性镉	75		
	可溶性铬	60		
	可溶性汞	60		

我国从“八五”规划开始就把无毒固化剂的研制列入攻关项目中，经列入“八五”、“九五”规划未能完全解决，截止目前，我国市场上销售的和使用的无毒固化剂，几乎全部靠进口，但国内目前已在逐步攻克无毒固化剂产品生产的难关。

① 按产品规定的配比和稀释比例混合后测定。如稀释剂的使用量在某一范围时，应按照推荐的最大稀释量稀释后进行测定。

② 如产品规定了稀释比例或产品由双组分或多组分组成时，应分别测定稀释剂和各组分中的含量，再按产品规定的配比计算混合后涂料中的总量，如稀释剂的使用量为某一范围时，应按照推荐的最大稀释量进行计算。

③ 如聚氨酯漆类规定了稀释比例或由双组分或多组分组成时，应先测定固化剂(含甲苯二异氰酸酯预聚物)中的含量，再按产品规定的配比计算混合后涂料中的含量。如稀释剂的使用量为某一范围时，应按照推荐的最小稀释量进行计算。

13.2　内墙涂料

内墙涂料也可以用作顶棚涂料，它具有装饰和保护室内墙面和顶棚的作用。为达到良好的装饰效果，要求内墙涂料应色彩丰富、协调，色调柔和，质地平滑细腻，并具有良好的透气性，耐碱、耐水、耐粉化，耐污染等性能。此外，应便于涂刷，容易维修、价格合理等。

常用的内墙涂料有合成树脂乳液内墙涂料、水溶性内墙涂料、多彩花纹内墙涂料。这里主要介绍合成树脂乳液内墙涂料。

1. 合成树脂乳液内墙涂料

合成树脂乳液内墙涂料也称乳胶漆，是以合成树脂乳液为主要成膜物质，加入着色颜料、体质颜料、助剂，经混合、研磨而制得的薄质内墙涂料。

(1) 涂料的特点

1) 以水为分散介质，随着水分的蒸发而干燥成膜，施工时无有机溶剂溢出，因而无毒，可避免施工时发生火灾的危险。

2) 涂膜透气性好，因而可以避免因涂膜内外温度差而鼓泡，可以在新建的建筑物水泥砂浆及灰泥墙面上涂刷。其用于内墙涂饰，无结露现象。

(2) 乳胶漆的品种

乳胶漆的品种有聚醋酸乙烯乳胶漆、丙烯酸酯乳胶漆、乙-丙乳胶漆、苯-丙乳胶漆、聚氨酯乳胶漆等。

1) 聚醋酸乙烯乳胶漆。

聚醋酸乙烯乳胶漆的主要成膜物质是由醋酸乙烯单体通过乳液聚合得到的均聚乳液。在乳液中加入着色颜料、填料和各种助剂，经研磨或分散处理而制成的一种乳液涂料。

这种涂料无毒、无味，涂膜细腻、平光、透气性好，色彩多样，施工方便，装饰效果良好，耐水、耐碱、耐候性较其他共聚乳液差，是一种中档内墙涂料。

2) 丙烯酸酯乳胶漆。

这种涂料的主要成膜物质是丙烯酸酯共聚乳液，它是由甲基丙烯酸甲酯、丙烯酸乙酯、丁酯及丙烯酸、甲基丙烯酸为单体，进行乳液共聚而得到的纯丙烯酸系共聚乳液。

丙烯酸酯乳胶漆的涂膜光泽柔和，耐候性、保光性、保色性优异，耐久性好，是一种高档的内墙涂料。

由于纯丙烯酸酯乳胶漆价格昂贵，常以丙烯酸系单体为主，与醋酸乙烯、苯乙烯等单体进行乳液共聚，制成性能较好而价格适中的中－高档内墙涂料。其主要品种有乙－丙涂料和苯－丙涂料。

3) 乙－丙乳胶漆。

乙－丙乳胶漆是醋酸乙烯－丙烯酸酯共聚乳液涂料的简称。这种涂料的耐碱性、耐水性均优于聚醋酸乙烯乳胶漆。

4) 苯－丙乳胶漆。

苯－丙乳胶漆是苯乙烯－丙烯酸酯共聚乳液涂料的简称。它的主要成膜物质是苯乙烯、丙烯酸酯、甲基丙烯酸酯等三元共聚乳液，其着色颜料中的白色原料常用耐光性、耐碱性较好的金红石型钛白粉，配以沉淀硫酸钡、硅灰石粉等体质颜料，以提高遮盖力和着色性。这种涂料的耐碱性、耐水性、耐洗刷性及耐久性稍低于纯丙烯酸酯乳液涂料，但优于其他品种的内墙涂料。

合成树脂乳液内墙涂料的技术性能应符合表13.5的要求。

表 13.5　合成树脂乳液内墙涂料的技术性能

项次	技术性能	性能指标
1	在容器中的状态	无硬块,搅拌后呈均匀状态
2	(固体含量/%)(120℃±2℃,2h)	≮45
3	低温稳定性	不凝聚,不结块,不分离
4	遮盖力(g/cm²)(白色或浅色)	≯250
5	颜色与外观	表面平整,符合色差范围
6	干燥时间/h	≯2
7	耐刷洗性/次	≮300
8	耐碱性,48h	不起泡,不掉粉,允许轻微失光和变色
9	耐水性,96h	不起泡,不掉粉,允许轻微失光和变色

注：摘自国家标准《合成树脂乳液内墙涂料》(GB/T 9756—2001)。

合成树脂乳液型内墙涂料（乳胶漆）适用于混凝土、水泥砂浆、水泥类墙板、加气混凝土等基层。基层应清洁、平整、坚实、不太光滑，以增强涂料与墙体的粘结力。基层含水率应不大于 8%～10%，pH 值应在 7～10 范围内，以防止基层过分潮湿、碱性过强而导致出现涂层变色、起泡、剥落等现象。涂饰施工的最佳气候条件为气温 15～25℃，空气相对湿度 50%～75%。

2. 水溶性内墙涂料

水溶性内墙涂料是以水溶性化合物为基料，加入一定量的填料、颜料和助剂，经过研磨、分散后而制成的。这种涂料属于低档涂料，用于一般民用建筑室内墙面装饰，可分为Ⅰ类和Ⅱ类。Ⅰ类用于涂刷浴室、厨房内墙；Ⅱ类用于涂刷建筑物内的一般墙面。各类型水溶性内墙涂料的技术质量要求，应符合《水溶性内墙涂料》(JC 423—1991) 的规定，见表 13.6

常用的水溶性内墙涂料有聚乙烯醇水玻璃内墙涂料（俗称 106 内墙涂料）、聚乙烯醇缩甲胶内墙涂料（俗称 803 内墙涂料）和改性聚乙烯醇系内墙涂料等。

表 13.6　水溶性内墙涂料的技术质量要求

序号	项　目	技术质量要求	
		Ⅰ类	Ⅱ类
1	容器中状态	无结块、沉淀和絮凝	
2	黏度/s	30～75	
3	细度/μm	≤100	
4	遮盖力/(g/m²)	≤300	
5	白度/%	≥80	
6	涂膜外观	平整、色泽均匀	
7	附着力/%	100	
8	耐水性	无脱落、起泡和皱皮	
9	耐干擦性/级		≤1
10	耐洗刷性/次	≥300	

3. 多彩花纹内墙涂料

多彩花纹内墙涂料，又称多彩内墙涂料，是一种较为新颖的内墙涂料，是由不相混溶的连续相（分散介质）和分散相组成。其中，分散相有两种或两种以上大小不等着色粒子，在含有稳定剂的分散介质中均匀悬浮着并呈稳定状态。在涂装时，通过喷涂形成多种色彩花纹图案，干燥后构成多彩花纹涂层。

多彩花纹内墙涂料具有涂层色泽优雅、富有立体感、装饰效果好的特点，涂膜质地较厚，弹性、整体性、耐久性好；耐油、耐水、耐腐、耐洗刷，适用于建筑物内墙到顶棚的水泥混凝土、砂浆、石膏板、木材、钢、铝等多种基面。

多彩花纹内墙涂料按其制备原理，可分为四个基本类型，见表 13.7。其中，存贮稳定性最好、被广泛采用的是水包油型多彩涂料。

表 13.7 多彩花纹内墙涂料的基本类型

类 型	分散相	分散介质
O/W 型(水包油)	溶剂型涂料	保护肢体水溶液
W/O 型(油包水)	水性涂料	溶剂或可溶于溶剂的成分
O/O 型(油包油)	溶剂型涂料	溶剂或可溶于溶剂的成分
W/W 型(水包水)	水性涂料	保护肢体水溶液

目前，国内已研制成功乳包泊多彩涂料。这种涂料属于水包水型多彩涂料的更新换代产品，装饰效果与水包油多彩涂料相仿，而且价格较便宜。

多彩花纹内墙涂料的技术质量指标，应符合《多彩内墙涂料》（JG/T 3003—93）的规定，见表 13.8。

表 13.8 多彩花纹内墙涂料的技术指标

项 目		技 术 指 标
涂料性能	在容器中的状态	经搅拌后均匀，无硬块
	储存稳定性，0～30℃	6 个月
	不挥发物含量/%	≥9
	黏度(25℃)值/s	80～100
	施工性	喷涂无困难
涂层性能	实干燥时间/h	≤24
	外观	与标准样本基本相同
	耐水性(96h)	不起泡，不掉粉，允许轻微失光和变色
	耐碱性(48h)	不起泡，不掉粉，允许轻微失光和变色
	耐洗刷性/次	≥300

4. 壁纸漆

壁纸漆是采用现代高新技术生产的一种新型环保的墙面装饰涂料，它克服了普通乳胶漆色彩单一、无层次感及墙纸易变色、翘边、起泡、有接缝、寿命短等缺点，汇集了乳胶漆和墙纸的优点于一身，采用这种涂料直接施工于墙面，达到丝绸般墙纸效果，由专用底料和滚花面料精心组合施工而成。

壁纸漆具有以下特点。

1）壁纸涂料主要原料采取天然贝壳类生物壳体表层，选用无毒无害的材料，所以其是真正天然环保的。

2）施工性好，遮盖力强，具有优异的耐水、耐擦洗性，透气性好。

3）可根据客户的不同需求而进行个性化的花型图案设计，满足了市场个性化需求。

4）无缝连接，拒绝褪色，从不起皮，绝不开裂，能墙纸所不能，为涂料所不为。让单调的墙体充满了立体感和流动感。

5. 常用的内墙、顶棚涂料

常用的几种顶棚及内墙涂料的产品品种、特点、技术性能及用途，见表13.9。

表13.9 顶棚及内墙涂料的品种、特点、用途及技术性质

品种及特点	项目	技术指标
1. 膨胀珍珠岩喷涂天棚涂料 是一种粗质感喷被涂料，装饰效果类似小拉毛效果，但质感比小拉毛好，对基层要求低，遮盖效果好	适用于客房及走廊的天棚、办公室、会议室、小型俱乐部及民用住宅天花板等	含固量：241.7%；表现密度：0.86g/cm³；黏度：25.5s；粘结强度：0.11MPa；耐水性：1.5h无变化；耐热性：温度47℃，168h无变化
2. 毛面顶棚涂料 涂层表面有一定颗粒状毛面质感，对棚面不平有一定的遮盖力，装饰效果好。施工工艺简单，喷涂工效高，可减轻劳动强度。	产品分高、中、低档，适用于宾馆、饭店、影剧院、办公楼等公共建筑物的空间较大的房间或走廊的顶棚装饰	耐水性：48h无脱落；耐碱性：8h无变化、48h无脱落；渗水性：无水渗出；耐刷洗：250次无掉粉；储存稳定性：半年后有沉淀。
3.106内墙涂料（聚乙稀醇水玻璃内墙涂料） 是用聚乙稀醇树脂水溶液和水玻璃为基料，混合定量的填料、颜料和助剂，经过混合研磨、分散而成。 无色无味，能在稍湿的墙面上施工，与墙面有一定的粘结力。形成一层类似无光泽的涂膜。有白、奶白、湖蓝、果绿、蛋青、天蓝等色	适用于住宅、商场、医院、宾馆、剧场、学校等建筑物的内墙装饰。	容器中状态：经搅拌无结块、沉淀和絮凝现象。 黏度：35～75s 细度：不大于90 白度：不大于80 涂膜的外观：涂膜平整光滑，色泽均匀 附着力：划格试验无方格脱离 耐干擦性：不大于1级

续表

品种及特点	项目	技术指标
(4) 107 耐擦洗内墙涂料 系以改进型 107 胶为基料制成。具有干燥快、涂层光洁美观、防水、防污等突出特点	适用于各种民用、公用等建筑内墙的装饰	干燥时间:常温 1h 耐水性:48h 无变化 耐热性:80℃ 7h 无变化 遮盖率:<250g/m²耐洗净:>150 次 储存稳定性:1～2 个月
(5) 聚醋酸乙烯乳液内墙涂料 适用于各种民用建筑内墙的装饰	适用于各种民用建筑内墙的装饰	固体含量≥45% 耐热性:80℃ 6h 无变化 干燥时间:常温实干≤2h 耐水性:96h 涂膜无变化
(6) 乙烯内墙乳胶漆 是由醋酸乙烯和丙稀酸脂共聚制成外观细腻,有良好的耐久性、耐水性和保色性	适用于高级的内墙面装饰,也可用于木质门窗	干燥时间:表干≤30min 实干 24h 光泽:≤20% 耐水性:浸水 96h 破坏 5% 最低成膜温度:≥15℃ 遮盖力:≤170g/m²

13.3 外墙涂料

外墙涂料的主要功能是装饰美化建筑物，使建筑物与周围环境达到完美的和谐，同时还保护建筑物的外墙免受大气环境的侵蚀，延长其使用寿命。

由于外墙直接与环境的各种介质相接触，因此要求外墙涂料有更好的保色性、耐水性、耐沾污性和耐候性，而且建筑物外墙面积大，也要求外墙涂料施工操作简便。

常用的外墙涂料有合成乳液型外墙涂料、合成树脂乳液砂壁状外墙涂料、合成树脂溶剂型外墙涂料、外墙无机建筑涂料和复层建筑涂料等。

1. 合成树脂乳液外墙涂料

合成树脂乳液外墙涂料是以合成树脂乳液作为主要成膜物质，加入着色颜料、体质颜料和助剂，经过混合、研磨而制得的外墙涂料。按涂料的质感可分为薄质乳液涂料(乳胶漆)、厚质涂料及彩色砂壁状涂料等。

合成树脂乳液外墙涂料的主要特点如下。

1) 以水为分散介质，涂料中无易燃、有毒的有机溶剂，因而不会污染环境，不易发生火灾，对人体毒性小。

2) 施工方便，可用多种方法施涂。施工工具可以用水清洗。

3) 涂膜透气性好，涂料中又含有大量水分，因而可以在稍湿的基层上施工，非常适宜于建筑工地的应用。

4) 具有良好的耐候性，尤其是高质量的丙烯酸酯乳液外墙涂料，其涂膜的光亮度、耐候性、耐水性、耐久性等各种性能可以与溶剂型丙烯酸酯外墙涂料相媲美。

目前，乳液型外墙涂料存在的主要问题是其在太低的温度下不能形成良好的涂膜，通常在10℃以上才能保证质量，因而冬季不易应用。

合成树脂乳液外墙涂料的主要技术指标必须符合国家标准《合成乳液涂料标准》(GB 9755—88）的规定，见表13.10。

表13.10　合成树脂乳液外墙涂料技术指标

项　　目	技术指标
在容器中的状态	无硬块，搅拌后呈均匀状态
固体含量/%(120℃±2℃,2h)	≥45
低温稳定性	不凝聚、不结块、不分离
遮盖力/(g/cm)(白色及浅色)	≤250
颜色及外观	表面平整，符合色差范围
干燥时间/h	≤2
耐洗刷性/次	≥1000
耐碱性，48h	不起泡、不掉粉、允许轻微失光和变色
耐水性，96h	不起泡，不掉粉，允许轻微失光和变色
耐冻融循环，10次	无粉化、不起鼓、不开裂、不剥落
耐人工老化性，250h 粉化/级 变色/级	不起泡、不剥落、无裂纹 ≤1 ≤2
耐沾污性，白色或浅色 5次循环反射系数下降率	≤30

2．*彩色砂壁状外墙涂料*

彩色砂壁状涂料又称彩砂涂料或彩石漆，以合成树脂乳液为主要成膜物质，以彩色砂粒为骨料，采用喷涂方法涂饰于建筑物外墙，形成粗面状涂层的厚质涂料。

涂料所采用的合成树脂乳液通常是苯－丙乳液。涂料的着色主要依靠着色骨料或天然砂粒、石粉加颜料。着色骨料可由彩色岩石破碎或石英砂加矿物颜料烧结而成。彩色岩石破碎后其颜色明显变浅，着色效果不够理想，而石英砂与金属氧化物、矿化剂混合烧结得到的人工彩砂着色效果最好。人工彩砂通常要与石英砂、白云石粉等普通骨料配合使用，以获得色调的层次感和天然饰面石材的质感，同时也降低了涂料的造价。为了减轻骨料在乳液中的沉降现象，涂料中含有增稠剂。涂料中其他助剂有成膜助剂（降低最低成膜温度)、防霉剂、防腐剂等。

彩色砂壁状涂料的技术性能应符合国家标准《合成树脂砂壁状建筑涂料》(GB 9135—88）的规定，见表13.11。

表 13.11　砂壁状建筑涂料的各项技术指标

项　目	技术指标
在容器中的状态	经搅拌后呈均匀状态，无结块
骨料沉降性/%	<10
低温贮存稳定性	3 次试验后，无硬块、凝聚及组成物的变化
热贮存稳定性	一个月试验后，无硬块、发霉、聚集及组成物的变化
干燥时间/h	≤2
颜色及外观	颜色及外观与样本相比，无明显差别
耐水性	240h 试验后，涂层无裂纹、起泡、剥落、软化的析出，与未浸泡部分相比，颜色、光泽允许有轻微变化
耐碱性	240h 试验后，涂层无裂纹、起泡、剥落、软化的析出，与未浸泡部分相比，颜色、光泽允许有轻微变化
耐洗刷性	1000 次洗刷试验后涂层无变化
耐沾污率	5 次沾污试验后，沾污率在 45%以下
耐冻融循环性	10 次冻融循环试验后，涂层无裂纹、起泡、剥落，与未试验板相比，颜色、光泽允许有轻微变化
粘结强度/MPa	≥0.69
人工加速耐候性	500h 试验后，涂层无裂纹、起泡、剥落、粉化，变色 2 级

这种涂料的特点是无毒、无溶剂污染；快干、不燃、耐强光、不褪色。利用骨料的不同组成和搭配，可以使涂料色彩形成不同的层次，取得类似天然石材的质感和装饰效果。

3. 水乳型环氧树脂乳液外墙涂料

水乳型环氧树脂乳液外墙涂料是另一类乳液型涂料。它是由环氧树脂配以适当的乳化剂、增稠剂、水，通过高速机械搅拌分散而成的稳定乳液为主要成膜物质，加入颜料、填料、助剂配制而成的外墙涂料。这类涂料以水为分散介质，无毒无味，施工较安全，环境污染较少。目前，用于外墙装饰的品种主要是水乳型环氧树脂外墙涂料。

水乳型环氧树脂外墙涂料是双组分涂料，双酚 A 环氧树脂 E-44 配以乳化剂、增稠剂、水，通过高速机械搅拌分散为稳定性好的环氧树脂乳液，与选定的颜料、填料配制而成的一种厚浆，作为涂料的 A 组分，使用时再配以固化剂（涂料的 B 组分），混合均匀后通过特制的双管喷枪可一次喷成仿石纹（如花岗石纹）的装饰涂层，是目前高档外墙涂料之一。

水乳型环氧树脂外墙涂料的特点是与基层墙面粘结性能优良，不易脱落；装饰效果好；涂层耐老化、耐候性优良；耐久性好。国外已有应用十年以上的工程实例，外观仍完好美观。但这种涂料价格较贵，因为是双组分，故施工比较麻烦。

水乳型环氧树脂外墙涂料的主要技术性能见表13.12。

表13.12 水乳型环氧树脂外墙涂料的主要技术性能

项 目	指 标
花纹图案	双色及多色仿花岗石装饰效果的凹凸花纹，凸起部分厚度在0.5～1mm
喷涂量/(kg/m^2)	1.0～1.2
涂料储存期	常温(室内)6个月
抗裂纹性	在77m/s的气流下，6h涂层不产生裂纹
耐水性	浸水10d后涂膜仍未见裂缝、鼓泡、皱纹、剥落等现象
耐碱性	饱和$Ca(OH)_2$水溶液浸10d后无变化，未产生破裂、鼓泡、剥落、穿孔、软化和溶解现象
粘结强度/MPa	标准状态下7d龄期大于1.8

4．合成树脂溶剂型外墙涂料

溶剂型涂料是以高分子合成树脂为主要成膜物质，有机溶剂为分散介质，加入一定量的着色颜料、体质颜料和助剂，经混合、搅拌溶解、研磨而配制成的涂料。这种涂料涂刷后，随着涂料中所含的溶剂的挥发，成膜物质与其他不挥发组分共同形成均匀连续的涂层薄膜。因其涂膜致密，具有较高的光泽、硬度、耐水性、耐酸性及良好的耐候性、耐污染性等特点，因而主要用于建筑物的外墙涂饰。但由于施工时有大量易燃的有机溶剂挥发，容易污染环境，且涂料价格一般比乳液型涂料贵。由于这些原因，国内外这类外墙涂料的用量低于乳液型外墙涂料的用量。

目前，常用的溶剂型外墙涂料有：氯化橡胶外墙涂料、聚氨酯丙烯酸酯外墙涂料、丙烯酸酯有机硅外墙涂料等。其中，聚氨酯丙烯酸酯外墙涂料和丙烯酸酯有机硅外墙涂料的耐候性、装饰性、耐沾污性都很好，涂料的耐用性都在10年以上。合成树脂溶剂型外墙涂料的技术性能应符合国家标准《合成树脂溶剂型外墙涂料》(GB 9757—88)的规定，见表13.13。

表13.13 合成树脂溶剂型外墙涂料的技术性能

项 目	性能指标
在容器中的状态	搅拌时均匀，无结块
固体含量/%	≥45
细度/μm	≤45
施工性	施工无困难
遮盖力/(g/cm^2)(白色及浅色)	≤140
颜色及外观	表面平整，在其色差范围内，符合标准样板
干燥时间	表干2h，实干24h
耐水性，144h	不起泡、不掉粉、允许轻微失光和变色

续表

项　目	性能指标
耐碱性,2411	不起泡、不掉粉、允许轻微失光和变色
耐人工老化性,250h 粉化(级) 变色(级)	不起泡、不剥落、无裂纹 ≤2 ≤2
耐冻融循环性,10 次	无粉化、不起鼓、不剥落
耐沾污性,5 次循环 反射系数下降率/%	≤15
耐洗刷性/次	≥2000

5. 氟碳漆

氟碳漆涂料具有附着力强、耐化学腐蚀、耐高温、耐老化、耐油、耐水的特点，而由氟碳漆涂装而成的装饰材料，如氟碳漆铝幕墙板，具有体轻、防尘、防火、防震、隔热、隔声、不龟裂、不脱落、无色差、不褪色的特点。

氟碳涂料克服了以前各种外墙装饰材料的不足，是一种非常理想的现代高档装饰建材，其美丽庄重的外观及持久的耐候性为全世界许多宏伟的建筑物增添了光彩。

13.4　门窗、家具涂料

在装饰工程中，门窗和家具所用涂料也占很大一部分，这部分涂料的功能是对门、窗、家具起装饰和保护作用。涂料所用的主要成膜物质以油脂、分散于有机溶剂中的合成树脂或混合树脂为主，一般人们常称之为“油漆”。这类涂料的品种繁多，性能各异，大多由有机溶剂稀释，所以也可称为有机溶剂型涂料。

1. 油脂漆

油脂漆是以干性油或半干性油为主要成膜物质的一种涂料。它装饰施涂方便，渗透性好，价格低，气味与毒性小，干固后的涂层柔韧性好。但涂层干燥缓慢，涂层较软，强度差，不耐打磨抛光，耐高温和耐化学性差。常用的有以下几种。

(1) 清油

清油是以半性桐油为主要原料，加热聚合到适当稠度，再加入催干剂而制成的。它干燥得较快，漆膜光亮、柔韧、丰满，但漆膜较软。清油一般用于调制油性漆、厚漆、底漆和腻子。

(2) 厚漆

俗称铅泊，是由干性油、着色颜料和体质颜料经研磨而成的厚浆状漆。所用干性油一般要经加热聚合，所以又称作聚合厚漆。使用前须加稀释剂和催干剂，一般加适量的熟桐油和松香水，调稀至可使用的稠度。通常用作打底或调制腻子。

(3) 油性调和漆

油性调和漆是用干性油与颜料研磨后，加入催干剂及溶剂配制而成。这种漆膜附着力好，不易脱落，不起龟裂，不易粉化，经久耐用，但干燥较慢，漆膜较软，故适用于室外面层涂刷。

2. 天然树脂漆

天然树脂漆是指各种天然树脂加干性植物油经混炼后，再加入催干剂、分散介质、颜料等制成的。常用的天然树脂漆有虫胶漆、大漆等。

(1) 虫胶清漆

虫胶清漆又称为泡立水、酒精凡立水，也简称漆片。它是由一种积累在树枝上的寄生昆虫的分泌物，经收集加工溶于酒精中而成的。这种漆使用方便，干燥快，漆膜坚硬光亮。缺点是耐水性、耐候性和耐碱性差，日光暴晒会失光，热水浸烫会泛白。一般用于室内涂饰。

(2) 大漆

大漆又称土漆、天然漆、中国漆，有生漆和熟漆之分。它是用从漆树上取得的液汁，经部分脱水并过滤而得到的棕黄色蒙古稠液体。大漆的主要成分为复杂的醇素树脂。其特点为：漆膜坚硬，富有光泽，耐久、耐磨、耐泊、耐水、耐腐蚀、绝缘、耐热(250℃)，与基底表面结合力强。缺点是黏度高而不易施工（尤其是生漆），漆膜色深，性脆，不耐阳光直射，抗氧化和抗碱性差。生漆有毒，干燥后漆膜粗糙，所以很少直接使用。生漆经加工即成熟漆，或经改性后制成各种精制漆。熟漆适于在潮湿环境保护中使用，所形成的漆膜光泽好、坚韧、稳定性高、耐酸性强，但干燥较慢，甚至需要2～3个星期。精制漆有广漆和催光漆等品种，具有漆膜坚韧、耐水、耐热、耐久、耐腐蚀等良好性能，光泽动人，装饰性强，适用于木器家具、工艺美术品及某些建筑制品等。

大漆产于漆树，为我国特产，盛产于陕西、四川、湖南、湖北、贵州等省，福建、浙江、安徽等省也有生产。

3. 清漆

清漆是不含颜料的油状透明涂料，以树脂或树脂与油为主要成膜物质。油基清漆系由合成树脂、干性油、分散介质、催干剂等配制而成。油料用量较多时，漆膜柔韧、耐久且富有弹性，但干燥较慢；油料用量较少时，则漆膜坚硬、光亮、干燥快，但较易脆裂。油基清漆有脂胶清漆、酚醛清漆、醇酸清漆等。树脂清漆主要是虫胶清漆。

(1) 脂胶清漆

脂胶清漆又称耐水清漆，是以干性油和甘油松香为主要成膜物质而制成的。这种清漆漆膜光亮，耐水性好，但光泽不持久，干燥性差，适用于木质家具、门窗、板壁等的涂刷及金属表面的罩光。

(2) 酚醛清漆

酚醛清漆是由干性油和改性酚醛树脂为主要成膜物质而制成的。其特点是干燥快，漆膜坚韧耐久，光泽好，并耐热、耐水、耐弱酸碱；施工方便，价格较低。其缺点是涂膜干燥慢，颜色较深，容易泛黄，不能砂磨抛光，光洁度较差，涂层干后稍有黏性，一般用于室内外木器和金属表面涂饰。

(3) 醇酸清漆

醇酸漆是以干性油和改性醇酸树脂为主要成膜物质分散于有机溶剂中而制得的。这种漆的附着力、光泽度、耐久性比脂胶清漆和酚醛清漆都好，漆膜干燥快，硬度高，绝缘性好，可抛光，打磨，色泽光亮，但膜脆，耐热，抗大气性较差。醇酸清漆主要用于涂刷门窗、木地面、家具等，不宜用于室外。

(4) 硝基清漆

硝基清漆又称蜡克、喷漆，是漆中另一类型，它的干燥是通过溶剂的挥发，而不包含有复杂的化学变化。硝基清漆是以硝化棉为主要成膜物质，加入其他合成树脂、增韧剂、溶剂和稀释剂制成的。这种漆具有干燥快、漆膜坚硬、光亮、耐磨、耐久等优点，但耐光性差。它是一种高级涂料，适用于木材和金属表面的复层的涂饰，主要用于高级建筑的门窗、壁板、扶手等。硝基清漆的成本高，施工麻烦，溶剂有毒，且易挥发，使用时要注意通风和劳动保护。

4. 磁漆

磁漆是在清漆基础上加入无机颜料而制成的。因为漆膜光亮、坚硬，酷似瓷（磁）器，所以称为磁漆。磁漆色泽丰富，附着力强，用于室内装饰和家具，也可用于室外的钢铁和木材表面。常用的有醇酸磁漆、酚醛磁漆等品种。

5. 聚酯漆

聚酯漆为不饱和聚酯为主要成膜物质的一种高档油漆涂料。不饱和聚酯的干燥迅速，漆膜丰满厚实，有较高的光泽和保光性，漆膜的硬度较高，耐磨、耐热、耐寒、耐弱碱、耐溶剂性能较好。不饱和聚酯漆的配比成分较多，只适宜在静止的平面上涂饰，在垂直面、边线和凹凸线条等部位涂饰时易流挂，所以操作麻烦，也不能用虫胶漆和虫胶腻子打底，否则会降低漆膜的附着力。

13.5　功能性建筑涂料

功能性建筑涂料是指除了具备一般建筑涂料的装饰功能或不以装饰功能为主，而主要是具有其他某些特殊功能的涂料，如防水、防火、防霉、隔热、隔声等。功能性建筑涂料一般也称为特种涂料。

建筑功能涂料应具有较好的耐碱性、耐水性及与水泥基层或木质材料的粘结性能；具有一定的装饰性和某一特殊的性能；同时应施工及维修保养方便，易于重涂。常用的建筑功能性涂料有防水涂料、防火涂料、防霉涂料、防腐涂料等。本节内容只介绍防水涂料和防火涂料。

1. 防水涂料

建筑防水涂料是指形成的涂膜能够防止雨水或地下水渗漏的一类涂料，主要包括屋面防水涂料和地下工程防水涂料。按其成膜物质的状态与成膜的形式，可分为三类，即乳液型、溶剂型和反应型。

乳液型防水涂料为单组分涂料，涂刷在建筑物上以后，随着水分的挥发而成膜。该涂料施工时无有机溶剂逸出，因而安全无毒，不污染环境，不易燃烧。乳液型防水涂料的主要品种有水乳型再生胶沥青防水涂料、阳离子型氯丁胶乳沥青防水涂料、丙烯酸乳液沥青防水涂料、氯－偏共聚乳液系防水涂料和近年来发展的 VAE 乳液防水涂料等。

溶剂型防水涂料是以溶解于有机溶剂中的高分子合成树脂为主要成膜物质，加入颜料、填料及助剂等组成的一种涂料，涂刷在建筑物上以后，随着有机溶剂的蒸发而形成涂膜。它的防水效果良好，可以在较低温度下施工。缺点是施工时有大量易燃的、有毒的有机溶剂逸出，污染环境。溶剂型防水涂料的品种有氯丁橡胶防水涂料、氯磺化聚乙烯防水涂料等。

反应型防水涂料一般是双组分型，由涂料中主要成膜物质与固化剂进行反应形成防水涂膜。该涂料的耐水性、耐老化性及弹性良好，是目前性能良好的一类防水涂料。主要品种有聚氨酯系防水涂料、环氧树脂系防水涂料等。

2. 防火涂料

防火涂料又称阻燃涂料，它是一种涂刷在建筑物某些易燃材料表面上，能够提高易燃材料的耐火能力，为人们提供一定的灭火时间的一类涂料。

防火涂料按其组成的材料不同一般可分为非膨胀型防火涂料和膨胀型防火涂料两大类。非膨胀型防火涂料是由难燃性或不燃性的树脂作为主要成膜物质，与难燃剂、防火填料等组成。难燃性的树脂一般为含卤素、磷、氮之类的高分子合成树脂，如卤化的醇酸树脂、聚酯、环氧、氯化橡胶、氯丁橡胶乳液、丙烯酸树脂乳液等。它们与难燃剂配合可以实现涂层的难燃化。难燃剂能增加涂膜的难燃性，常用的有含磷、卤的有机物以及无机难燃剂，如氯化石蜡、硼砂、氢氧化铝等。通常无机颜料和填料都具有耐燃性，能增加涂层的耐燃性和阻燃性。

膨胀型防火涂料是由难燃树脂、难燃剂及成碳剂、脱水成碳催化剂、发泡剂等组成。涂层在高温作用下会发生膨胀，形成比原来涂层厚度大几十倍的泡沫碳质层，能有效地阻挡外部热源对底材的作用，从而阻止燃烧的进一步扩展。其阻止燃烧的效果优于非膨胀型防火涂料。

这类涂料的主要成膜物质既具有良好的常温使用性能，又能适应高温下发泡性。常用的合成树脂有丙烯酸酯乳液、聚醋酸乙烯乳液、环氧树脂、聚氨酯、环氧－聚硫树脂等。成碳剂是指在火焰及高温的作用下，能迅速碳化的物质，它们是形成泡沫碳化层的基础。常用的成碳剂是含碳高的多羟基化合物，如淀粉、季戊四醇及含羟基的有机树脂等。脱水成碳催化剂的主要功能是促进含羟基有机物脱水，形成不易燃烧的碳质层。这类物质主要有聚磷酸铵、磷酸二氢铵和有机磷酸质等。发泡剂能在涂层受热时分解出大量灭火性气体，使涂层膨胀形成海绵细胞结构，这类物质有三聚氨胶、双氨胶、氯化石蜡、多聚磷酸铵、硼酸铵、双氨胶甲醛树脂等。填料通常选用难燃性良好的无机燃料与填料，基本上与非膨胀型防火涂料所采用的材料相同。

国内目前膨胀型防火涂料的主要品种是膨胀型丙烯酸乳胶防火涂料。该涂料是以丙烯酸乳液为主要成膜物质，碳酸铵、三聚氨胶、季戊四醇为防火发泡剂，并以水为分散介质，加入难燃颜料、填料、难燃剂配制而成的，在常温下有良好的装饰效果，当遇到高温或火焰时能分散出大量的惰性气体，同时鼓泡，形成防火隔热涂膜。

建筑装饰材料试验

试验一　涂料黏度试验

(1) 仪器与设备

黏度计上部为圆柱形，下部为圆锥形，在锥底部有一个更换的漏嘴，上部有一凹槽，供多余试样溢出使用，如图 13.2 所示。黏度计置于带有调节水平螺钉的架上，由金属或塑料制成，内壁光洁度为▽8，容量为（100＋1）ml。漏嘴均由不锈钢制成，孔高（4 ± 0.02）mm，孔内径（4 + 0.02）mm。锥体内部的角度为 81° ± 15′，总高 72.5mm。两种黏度计，以金属的为准。

(2) 试验步骤

1) 试样和黏度计在（23 ± 1)℃ 状态下放置 4h 以上。

2) 测试前，应用纱布蘸乙醇将黏度计内部擦干净，并自然干燥或吹干。调整水平螺钉，使黏度计处于永平，在黏度计漏嘴下面放置 150ml 的烧杯，黏度计流出孔离烧杯口 100mm。

3) 用手指堵住流出孔，将试样倒满黏度计，用玻璃板将气泡和多余的试样刮入凹槽，然后松开手指，使试样流出。同时立即按动秒表，靠近流出孔的流丝中断时，立即停止秒表，记录流出的时间，精确到 1s。

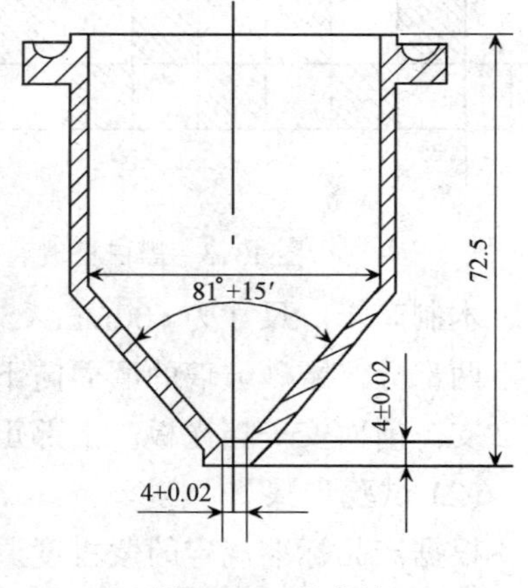

图 13.2　黏度计

(3) 试验结果

取两次测试的平均值作为试验结果，两次测试值之差不应大于平均值的 3%，平均值符合标准规定为合格。

另外，涂料的黏度还可以用 ISO2431 流量杯和斯托默黏度计测试，依不同的涂料标准而定。

试验二　涂料的遮盖力试验

(1) 仪器与设备

天平，感量为 0.1g;

木板，尺寸为100mm×100mm×（1.5～2.5）mm；

漆刷，25～35mm；

玻璃板，符合《普通平板玻璃》(GB4871—1995)要求，尺寸为100mm×100mm×（1.2～2）mm，100mm×250mm×（1.2～2）mm。

黑白格玻璃板（见图13.3），将100mm×250mm的玻璃板的一端遮住100mm×50m（留作试验时手执使用），然后在剩余的100mm×200mm的面积上喷一层黑色硝基漆，干后用小刀间隔划去25mm ×25mm的正方形，再在此处喷上白色硝基漆，即成具有32个正方形的黑白间隔的玻璃板，然后贴上一张光滑的牛皮纸，刮涂一层环氧胶(防止溶剂渗入破坏黑白格漆膜)，即制得牢固的黑白格板。

黑白格木板（见图13.4），在100mm×100mm的木板上喷一层黑硝基漆，待干后漆面贴一张同面积大小的白色光滑纸，然后用小刀仔细地间隔划去25mm×25mm的正方形，再喷上一层白色硝基漆，干后仔细揭去存留的间隔的正方形纸，即得到具有16个正方形的黑白格间隔板。

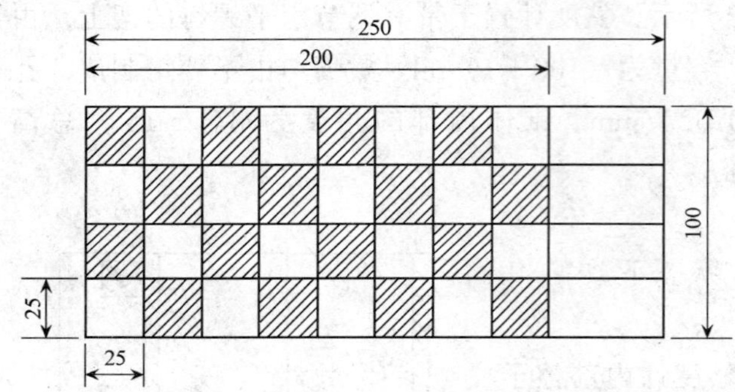

图13.3　黑白格玻璃板

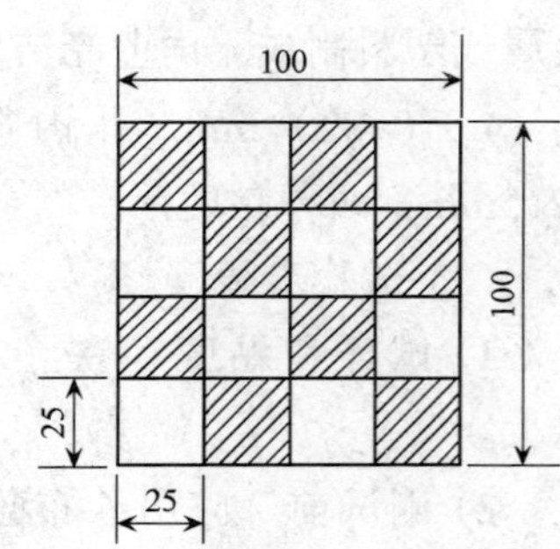

图13.4　黑白格木板

木制暗箱，尺寸为600mm×500mm×400mm，其内用3mm厚的磨砂玻璃将箱分成上下两部分，磨砂玻璃的磨面向下，使光源均匀，暗箱上部均匀地平行装置15W日光灯2支，前面安一挡光板，下部正面敞开用于检验，内壁涂上无光黑漆。

(2) 试验步骤

根据产品标准规定的蒙古度调试试样（如黏度太大无法涂刷，则将试样调至涂刷的黏度，但稀释剂用量在计算遮盖力时应扣除）。

在天平上称出盛有涂料的杯子和漆刷的总质量；用漆刷均匀地将涂料刷于黑白板格上，放于暗箱内，距离磨砂玻璃片150mm～200mm，有黑白格的一端与平面倾斜成30°～45°交角，在日光下观察，以完全看不见黑白格为终点，然后将盛有剩余涂料的杯子和漆刷称重，求出黑白格板上涂料质量。涂刷时应快速均匀，不应将涂料刷在板的边缘上。

(3) 试验结果

遮盖力X（g/cm^2）按下式计算（以湿涂膜计）

$$X=\frac{W_1-W_2}{A}\times 104=50(W_1-W_2)$$

式中：W_1——未涂刷前盛涂料的杯子和漆刷总质量，g；

W_2——涂刷后盛有剩余涂料的杯子和漆刷的总质量；

A——黑白格板涂漆的面积，cm^2。

平行测定两次，结果差不大于平均值的 5%，则取其平均值，否则重新试验。

试验三　涂料的耐洗刷性试验

(1) 仪器与设备

① 洗刷试验机（见图 13.5），刷子在试验样板的涂层表面作直线往复运动，对其进行洗刷。

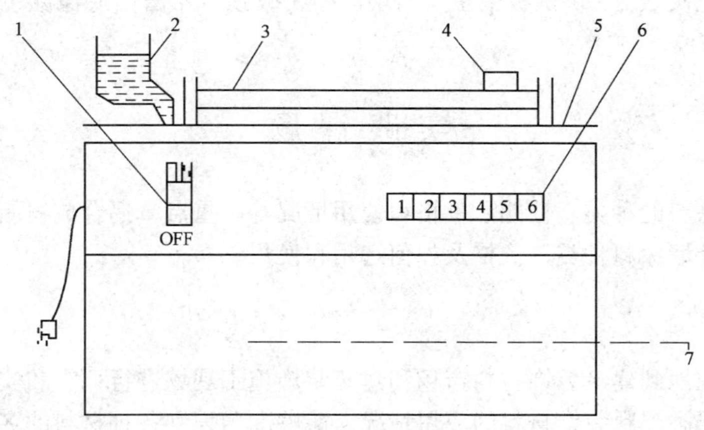

图 13.5　洗刷试验机构造示意图

1. 电源开关；2. 滴加洗刷介质的容器；3. 滑动架；
4. 刷子及夹具；5. 试验台板；6. 往复次数显示器；7. 电动机

刷子每分钟往复 37 次循环，每个冲程刷子运动距离为 300mm，在中间 100mm 区间大致为匀速运动。刷子用 90mm×38mm×25mm 的硬木平板（或塑料板）均匀打上 60 个直径约为 3mm 的小孔，并在小孔内垂直地栽上黑猪棕，与毛成直角剪平，毛长约 19mm，使用前，刷子应浸入 20℃ 水中，深 12mm，时间 30 min，再用力甩净水，浸入符合规定的洗刷介质中，深 12mm，时间 20 min。刷子经此处理，方可使用。刷毛磨损后长度小于 16mm 时，须重新更换刷子。

② 洗液，将洗衣粉溶于蒸馏水中，配成 0.5%（按质量计）洗液，其 pH 值为 9.5～10.0。

(2) 试样制备

底板采用 430mm×150mm×3mm 的石棉水泥板，在其上单面喷涂一道 C06－1 铁红醇酸底漆或 C04－83 白色醇酸无光磁漆，使其于（105±2)℃下烘烤 30min，干漆膜厚度为（30±3）μm。在涂有底漆的板上，湿涂待测的涂料。

水性涂料以 55% 固含量的涂料刷涂两道。第一道涂布量为（150±20）g/cm^2；第二道涂布量为（110±20）g/cm^2（若涂料的固含量不足 55%，可换算成等量的成膜物质进行涂布），施涂间隔为 4h，涂完末道涂层使样板涂漆面向上，在试验标准条件下干燥 7d。

(3) 试验步骤

试验应在（23±2)℃下，针对同一试样进行。

将试验板涂漆面向上，水平固定于洗刷试验机的试验台板上，将预先处理过的刷子置于试验样板上，样板承受约450g（刷子及夹具总重）的负荷，往复磨擦涂膜，同时滴加（速度为0.04g/s）符合规定的洗刷介质，使洗刷面保持湿润。

按产品要求，洗刷至规定次数或洗刷至样板长度的中间阴阳区域露出底漆颜色后，从试验机上取下样板，用自来水清洗。

(4) 试验结果

洗刷至规定次数，3块试板中至少两块涂膜无破损，不露出底漆颜色，则认为其耐洗刷性合格。

实 践 课 题

了解装饰涂料的种类、性能、价格和使用情况等。重点掌握合成树脂乳液内墙涂料及溶剂型内、外墙涂料种类、价格及如何选用和使用。

1. 实践目的

让学生自主地到建筑装饰材料市场和建筑装饰施工现场进行调查和实习，了解装饰涂料的价格、熟悉塑料装饰材料的应用情况，能够准确识别各种材料的名称、规格、种类、价格、使用要求及适用范围等。

2. 实践方式

(1) 建筑装饰材料市场的调查分析

学生分组：3～5人一组，自主地到建筑装饰材料市场进行调查分析。

调查方法：学会以调查、咨询为主，认识各种装饰涂料、调查材料价格、收集材料样本、掌握材料的选用要求。

(2) 建筑装饰施工现场装饰材料使用的调研

学生分组：10～15人一组，由教师或现场负责人带队。

调查方法：结合施工现场和工程实际情况，由教师或现场负责人带队，讲解材料在工程中的使用情况和注意事项。

3. 实践内容及要求

1）认真完成调研日记。

2）编写材料调研报告。

3）实习总结。

小　结

本章重点介绍了装饰材料的组成、分类、性能及应用。在教学中，对于装饰涂料材料理论教学部分，要求学生掌握装饰涂料材料的组成及特性，学会利用所掌握的理论知识解释各种塑料装饰材料的性能特点及使用注意事项；实践教学部分应使学生掌握常用的装饰涂料材料的名称、性能、用途和使用要求。对每一种材料，应结合在实际工程中的使用情况，要求学生掌握其名称、规格、性能、价格和用途等。

复习思考题

13.1　常用的涂料是由哪几部分组成的？各部分在涂料中的作用是什么？

13.2　内墙涂料应具有什么特点？通常分为哪几种类型？

13.3　外墙涂料应具有什么特点？通常分为哪几种类型？

13.4　使用溶剂型内、外墙涂料应注意哪些事项？

13.5　目前合成树脂乳液内墙涂料有哪些品种？各有何特点？

第 14 章 胶黏剂

能直接将两种材料牢固地粘结在一起的物质通称为胶黏剂。随着合成化学工业的发展，胶黏剂的品种和性能获得了很大发展，已成为建筑工程中不可缺少的配套材料。它不但广泛应用于建筑施工及建筑室内外装修工程中，如墙面、地面、吊顶工程的装修粘贴，还常用于屋面防水、地下防水、管道工程、新老混凝土的粘结以及金属构件、基础的修补等，还可用于生产各种新型建筑材料。使用胶黏剂有工艺简单、省工省料、接缝处应力分布均匀、密封和耐腐蚀等优点。

14.1 胶黏剂概述

14.1.1 胶黏剂的组成

胶黏剂的基本组成材料有粘料、固化剂、填料和稀释剂等。

1. 粘料

粘料是胶黏剂的基本成分，又称基料。对胶黏剂的胶接性能起决定作用。合成胶黏剂的胶料，既可用合成树脂、合成橡胶，也可采用二者的共聚体和机械混合物。用于胶接结构受力部位的胶黏剂以热固性树脂为主；用于非受力部位和变形较大部位的胶黏剂以热塑性树脂和橡胶为主。

2. 固化剂

固化剂能使基本粘合物质形成网状或体型结构，增加胶层的内聚强度。常用的固化剂有胺类、酸酐类、高分子类和硫磺类等。

3. 填料

加入填料可改善胶黏剂的性能（如提高强度、降低收缩性，提高耐热性等），常用添料有金属及其氧化物粉末、水泥及木棉、玻璃等。

4. 稀释剂

为了改善工艺性（降低黏度）和延长使用期，常加入稀释剂。稀释剂分活性和非活性，前者参加固化反应，后者不参加固化反应，只起稀释作用。常用稀释剂有环氧丙烷、丙酮等。

此外，为使胶黏剂具有更好的性能，还应加入一些其他的添加剂，如增韧剂、抗老化剂、增塑剂等。

14.1.2　胶黏剂的分类

《胶黏剂分类》（GB/T 13553—1996）中规定了胶黏剂按主要粘料、物理形态、硬化方法和被粘物材质的分类方法。

1．按胶黏剂主要粘料属性分类

胶黏剂的主要粘料分为七大类。

1）动物胶（小类有血液胶、骨胶元、酪胶、紫胶等）。

2）植物胶（小类有纤维素衍生物、多糖及其衍生物、天然树脂、植物蛋白、天然橡胶类等）。

3）无机物及矿物（小类有硅酸盐类及其他无机物、石油沥青、树脂等）。

4）合成弹性体（小类有聚烯烃类、卤化烃类、硅和氟橡胶类、聚氨酯橡胶类、聚硫橡胶类等。

5）合成热塑性材料（小类有乙烯基树脂类、聚苯乙烯类、丙烯酸酯聚合物类、聚酯类、聚氨酯类等）。

6）合成热固性材料（小类有环氧树脂类、氨基树脂类、有机硅树脂类、聚氨酯类、酚醛树脂类、呋喃树脂等）。

7）热固性、热塑性材料与弹性体复合（小类有酚醛复合型结构胶黏剂、环氧复合型结构胶黏剂、其他复合型结构胶黏剂等）。

2．按胶黏剂物理形态分类

胶黏剂按物理形态分为七类：无溶剂液体（代号为 1）；有机溶剂液体（代号为 2）；水基液体（代号为 3）；膏状、糊状（代号为 4）；粉状、粒状、块状（代号为 5）；片状、膜状、网状、带状（代号为 6）；丝状、条状、棒状（代号为 7）。

3．按胶黏剂硬化方法分类

胶黏剂按硬化方法分为十一类：低温硬化（代号为 a）；常温硬化（代号为 b）；加温硬化（代号为 c）；适合多种温度区域硬化（代号为 d）；与水反应固化（代号为 e）；厌氧固化（代号为 f）；辐射（光、电子束、放射线）固化（代号为 g）；热熔冷硬化（代号为 h）；压敏粘接（代号为 i）；混凝或凝聚（代号为 j）；其他（代号为 k）。

4．按胶黏剂被粘物分类

胶黏剂的被粘物材质分为二十二类：多类材料（代号为 A）；木材（代号为 B）；纸（代号为 C）；天然纤维（代号为 D）；合成纤维（代号为 E）；聚烯烃纤维（不含 E 类，

代号为F)；金属及合金（代号为G)；难粘金属（金、银、铜等，代号为H)；金属纤维（代号为I)；无机纤维（代号为J)；透明无机材料（代号为K)；不透明无机材料(代号为L)；天然橡胶（代号为M)；合成橡胶（代号为N)；难粘橡胶（硅橡胶、氟橡胶、丁基橡胶，代号为O)；硬质塑料（代号为P)；塑料薄膜（代号为Q)；皮革、合成革（代号为R)；泡沫塑料（代号为S)；难粘塑料及薄膜（氟塑料、聚乙烯、聚丙烯等，代号为T)；生物体组织骨骼及齿质材料（代号为U)；其他（代号为V)。

14.1.3 胶黏剂的性能

为将材料牢固地粘结在一起，胶黏剂必须具备下列基本性能。

1) 工艺性要好，如具有足够的流动性，且能保证被粘结表面能充分浸润；易于调节粘结性和硬化速度等。工艺性是有关胶黏剂粘结操作难易的总评价。

2) 具有足够的粘结强度，是评价胶黏剂质量高低的主要性能指标。

3) 耐久性、耐候性要好，不易老化。

4) 稳定性要好，膨胀或收缩变形小。

5) 必须对人体无害，其有害物质限量应符合《室内装饰修材料胶黏剂中有害物质限量》(GB 18583—2001)。

6) 其他性能如耐温性、耐化学稳定性、储藏稳定性等。

14.2 胶黏机理及影响胶结强度的因素

14.2.1 胶黏剂的胶黏机理

胶黏剂之所以能牢固地粘结相同或不同的材料，是由于它们具有粘结力。胶黏机理主要体现在以下几个方面：

1) 机械粘结。即这类胶黏剂在粘合时不发生化学反应，而是通过胶黏剂涂在材料表面使被粘物表面受其浸润而粘结在一起。

2) 化学反应。某些胶黏剂分子与材料分子间能发生化学反应而固化，将被粘物粘结在一起。

3) 物理吸附力。胶黏剂分子和材料分子间存在物理吸附力，即范德瓦耳斯力将材料粘结在一起。

实际上从胶黏力的性质来看，当被粘物表面十分光滑密实时，其粘结力一般来源于物理吸附力；当被粘物表面孔隙多时，胶黏剂渗入被粘物的孔隙内，硬化后被“镶嵌”在一起，同时由于被粘物表面粗糙增加了接触面积，从而增加了粘结力。

14.2.2 影响胶结强度的因素

胶结强度是指单位胶结面积所能承受的最大力，它主要取决于胶黏剂本身的强度(内聚力）和胶黏剂与被粘物之间的粘附强度（粘附力)。影响胶结强度的因素，实际上就是影响内聚力和粘附力的因素，主要有胶黏剂的选择、被粘物表面的状况、胶接工艺条件等几方面。

1. 胶黏剂的选择

选择合适的胶黏剂是影响胶结强度的关键因素，一般主要从以下几方面加以综合考虑。

(1) 胶结强度

在建筑装饰工程中，有多种胶接材料，如各种金属、玻璃、陶瓷、木材、塑料、橡胶、纤维等。由于每一种胶黏剂对不同材料的粘结力各不相同，因此首先要根据被粘物的性质来选择不同的胶黏剂。就强度而言，当胶结橡胶与橡胶或橡胶与其他非金属材料时，应主要考虑剥离强度；当胶接橡胶与金属时，不仅要考虑剥离强度，还要考虑均匀扯离强度；对于金属之间的胶接，主要考虑抗剪强度。此外还要根据使用要求慎重选用胶黏剂，若用于受力结构件的连接，则需选用强度高、韧性好的结构胶；若用于一般性胶接、工艺定位或工程中的修补，则可选用通用型胶黏剂。

(2) 工作温度

以高分子合成物为基料的胶黏剂，其耐热性是有限的。如橡胶型胶黏剂的工作温度为－60～＋80℃；以双酚 A 环氧树脂为基料的胶黏剂，工作温度为－50～＋180℃；而无机胶黏剂可在＋500℃条件下长期工作。因此，选用胶黏剂的耐热温度绝对不能低于被粘物材料的工作温度，否则胶结强度将急剧下降甚至丧失。

(3) 固化条件

胶黏剂因其固化温度与固化压力的不同，会限制其使用范围。为了得到较高的胶结强度，应尽量采用高温固化。但有些被粘物材料不能经受高温，或在大范围的装饰工程中无法加温，这就要求选用室温固化胶。对于胶结膨胀系数相差很大的不同材料，采用加温固化内应力太大，也必须选用室温固化胶。有些被粘物形状复杂或材料的质地脆弱，不能加压，只能选用接触压力低的胶黏剂。

(4) 经济成本

在装饰施工过程中，胶黏剂的用量很大，因此在选用时要精打细算，避免大材小用。对于那些胶黏剂用量大的装饰工程或价值低廉的粘结件，应尽量采用成本低、工艺简单的胶黏剂。

2. 被粘物表面的状况

被粘物表面的状况如何，将直接影响黏附力，对胶结强度影响极大。

(1) 被粘物表面的清洁度

被粘物表面应当清洁、干燥、无油污、无锈蚀、无漆皮。因为被粘物表面常吸附水分及尘埃，有的还有油污、锈蚀等附着物，这些均会降低胶黏剂的湿润性，阻碍胶黏剂接触被粘物的基体表面。同时，这些附着物的内聚力比胶层要小得多，易造成胶结强度降低。

(2) 被粘物表面的粗糙度

被粘物表面要有一定的粗糙度，这样能增大粘结面积，增加机械结合力，防止胶层内微裂缝的扩展。但表面过于粗糙，会影响胶黏剂的湿润，表面凹处易残存气泡，反而使胶结强度降低。不同类型的胶黏剂对被粘物材料表面的粗糙度有不同的要求。

(3) 被粘物表面化学性质

不同材料的被粘物表面，其表面张力大小、极性强弱、氧化膜致密程度等有较大的差别，因此会影响到胶黏剂的湿润性和化学键的形成。

(4) 被粘物表面的温度

被粘物表面上具有适宜的温度，会增加胶黏剂的流动性和湿润性，有助于胶结强度的提高，但温度不能过高或过低。

3. 胶接工艺条件

在胶结施工的过程中，被粘物表面清洁、胶层厚度、晾置时间、固化程度等施工工艺，均对胶结强度有一定的影响。

(1) 表面清洁

在胶结施工之前，必须认真对被粘物的表面进行清理，彻底清除被粘物表面上的水分、油污、锈蚀和漆皮等附着物以保证粘结质量。

(2) 胶层厚度

大多数胶黏剂的胶结强度随着胶层厚度的增加而降低。一般无机胶黏剂胶层厚度在0.1～0.2mm，有机胶黏剂胶层厚度在0.05～0.1mm为好。胶层薄，胶面上的黏附力将起主要作用，而黏附力往往大于内聚力，同时胶层产生裂纹和缺陷的概率变小，胶结强度就高。但是胶层的厚度也不能过薄，过薄易出现缺胶，更影响胶结效果。因此要求在胶层均匀涂满的前提下，尽量使其厚度薄些。

(3) 晾置时间

对胶黏剂的晾置时间要充分，尤其对含有稀释剂的胶黏剂，胶结前一定要充分晾置，使稀释剂充分挥发，否则易在胶层内产生气孔和疏松现象，影响胶结强度。

(4) 固化程度

胶黏剂固化需要三个条件，即压力、温度和时间，称为固化“三要素”。固化时，加一定的压力，有利于胶液的流动和湿润，保证胶层的均匀和致密，使气泡从胶层中挤出。温度是固化的重要条件，适当提高固化温度，有利于分子间的渗透和扩散，有助于气泡的逸出和增加胶液的流动性，温度越高，固化速度越快。但温度过高，固化速度虽然加快，却会影响胶黏剂的湿润，反而使胶结强度降低。在固化温度下保持一定时间，有利于胶黏剂大分子向被胶材料的扩散作用，有利于固化反应完全，并使黏合力随时间的延长而增长。保持时间的长短，主要取决于胶黏剂的性质、固化温度、固化压力和固化速度等。

(5) 环境因素与接头形式。

若环境中的空气湿度大，胶层内的稀释剂不易挥发，容易产生气泡；若环境中空气灰尘多或气温低时，都会降低胶结强度。

胶接接头形式很多，接头设计的正确与否对胶结强度的影响很大。一个良好的胶接接头应该是搭接长度适当、宽度大、被胶材料有足够的刚度、胶层厚度适中。这样可在整个搭接区的胶接面上应力均匀分布，减少或消除应力集中产生的不均匀扯离使胶面遭到破坏。

14.3　常用胶黏剂的品种及选用

目前，胶黏剂的生产厂家很多，品种、性能各异，如何根据材料性质及环境条件正确选用胶黏剂，是保证粘结质量的关键。以下仅介绍装饰工程中常用的几种胶黏剂，供设计和选用时参考。

14.3.1　装饰工程中常用的胶黏剂品种

1. 热固性树脂胶黏剂

(1) 环氧树脂胶黏剂（EP）

环氧树脂胶黏剂的组成材料为合成树脂、固化剂、填料、稀释剂、增韧剂等。随着配方的改进，可以得到不同品种和用途的胶黏剂。环氧树脂未固化前是线型热塑性树脂，由于分子结构中含有极活泼的环氧基 $-\overset{\displaystyle O}{CH\!-\!\!-\!CH_2}$ 和多种极性基（特别是—OH)，故它可与多种类型的固化剂反应生成网状体型结构高聚物，对金属、木材、玻璃、硬塑料和混凝土都有很高的黏附力，故有“万能胶”之称。

(2) 不饱和聚酯树脂（UP）胶黏剂

不饱和聚酯树脂是由不饱和二元酸、饱和二元酸组成的混合酸与二元醇起反应制成线型聚酯，再用不饱和单体交联固化后，即成体型结构的热固性树脂，主要用于制造玻璃钢，也可粘接陶瓷、玻璃钢、金属、木材、人造大理石和混凝土。不饱和聚酯树脂胶黏剂的接缝耐久性和环境适应性较好，并有一定的强度。

2. 热塑性合成树脂胶黏剂

(1) 聚醋酸乙烯胶黏剂（PVAC）

聚醋酸乙烯乳液（常称白乳胶）由醋酸乙烯单体、水、分散剂、引发剂以及其他辅助材料经乳液聚合而得，是一种使用方便，价格便宜，应用普遍的非结构胶黏剂。它对于各种极性材料有较好的黏附力，以黏接各种非金属材料为主，如玻璃、陶瓷、混凝土、纤维织物和木材。它的耐热性在40℃以下，对溶剂作用的稳定性及耐水性均较差，且有较大的徐变，多作为室温下工作的非结构胶，如黏贴塑料墙纸、聚苯乙烯或软质聚氯乙烯塑料板以及塑料地板等。

(2) 聚乙烯醇胶黏剂（PVA）

聚乙烯醇由醋酸乙烯酯水解而得，是一种水溶液聚合物。这种胶黏剂适合胶接木材、纸张、织物等。其耐热性、耐水性和耐老化性很差，所以一般与热固性胶结剂一同使用。

3. 合成橡胶胶黏剂

(1) 氯丁橡胶胶黏剂（CR）

氯丁橡胶胶黏剂是目前橡胶胶黏剂中广泛应用的溶液型胶。它是由氯丁橡胶、氧化镁、防老剂、抗氧剂及填料等混炼后溶于溶剂而成。这种胶黏剂对水、油、弱酸、弱碱、脂肪烃和醇类都有良好的抵抗性，可在－50℃～＋80℃下工作，具有较高的初黏力和内聚强度，但其有徐变性，易老化。多用于结构黏接或不同材料的黏接。为改善性能可掺入油溶性酚醛树脂，配成氯丁酚醛胶。它可在室温下固化，适于粘结包括钢、铝、铜、陶瓷、水泥制品、塑料和硬质纤维板等多种金属和非金属材料。工程上常用在水泥砂浆墙面或地面上粘贴塑料或橡胶制品。

(2) 丁腈橡胶（NBR）

丁腈橡胶是丁二烯和丙烯腈的共聚产物。丁腈橡胶胶黏剂主要用于橡胶制品以及橡胶与金属、织物、木材的粘结。它的最大特点是耐油性能好，抗剥离强度高，接头对脂肪烃和非氧化性酸有良好的抵抗性，加上橡胶的高弹性，所以更适于柔软的或热膨胀系数相差悬殊的材料之间的粘结，如粘合聚氯乙烯板材、聚氯乙烯泡沫塑料等。为获得更大的强度和弹性，可将丁腈橡胶与其他树脂混合。

14.3.2 常用胶黏剂的选用

1. 壁纸、墙布胶黏剂

常用壁纸、墙布胶黏剂的品种、性能、特点及用途见表14.1。

表14.1 壁纸、墙布胶黏剂的品种、性能、特点及用途

品 种	性能指标	特 点	用 途
801胶	外观：无色或微黄色透明胶体； 含固量：11%～13%； 密度：1.05g/cm^3； 游离甲醛含量：＜1%； 黏度：2～2.5Pa·s； pH值：7～8	以聚乙烯醇与甲醛在酸性介质中缩聚反应后再经氨基化而成，具有无毒、无味、不燃、游离甲醛含量低，施工中无刺激气味，耐磨性、剥离强度及其他性能优于107胶	可用于墙布、墙纸、瓷砖及水泥制品等的粘贴；也可用作地面内外墙涂料的基料
聚醋酸乙烯乳液（白乳胶）	外观：乳白色稠厚胶液； 含固量：(50±2)%； 颗粒直径：0.5～5μm； pH值：4～6； 稳定性：1h无分层现象	以醋酸乙烯为主要原料，经乳液聚合而制得的一种芳香白色乳状胶液；常温自干、成膜性好、耐候、耐霉菌性良好；不含有机溶剂、无刺激性臭味	广泛用于粘结纸制品（墙纸）、水泥增强剂、防水涂料、木材的胶黏剂
SG8104壁纸胶黏剂	粘结强度＞0.4～1MPa，耐水耐潮性好，浸泡一周不开胶； 初始粘结力强，用于顶棚黏贴，壁纸不会下坠； 对温度、湿度变化引起的胀缩适应性能好，不开胶	是一种以聚醋酸乙烯乳液为主要原料制成的无毒无臭白色胶液，具有涂刷方便，用量省、粘结力强等优点	适宜在水泥砂浆、混凝土、水泥石棉板、石膏板、胶合板等墙面粘贴纸基塑料壁纸
BJ8505粉末壁纸胶	除具有BJ8504粉末壁纸胶性能外，还有以下特点：初期粘结力：在刮腻子的砂浆面上，优于8504胶、107胶；干燥时间：在刮腻子的砂浆面上3h可基本干燥；油漆面及桐油面为2d	具有粘结力好，无毒、无味、使用方便等优点	适用于水泥、抹灰、石膏板、木板等墙面粘贴壁纸，也可用于油漆及刷底油等墙面

2. 地板胶黏剂

常用地板胶黏剂的品种、性能、特点及用途见表 14.2。

表 14.2 地板胶黏剂的品种、性能、特点及用途

品 种	性能指标	特 点	用 途
水性 10 号塑料地板胶	钙塑板-水泥板的粘结： 在 40℃、相对湿度大于 95% 条件下 100h 抗剪强度不降低； 黏度(LN_9 型沥青黏度计、20℃)：≥25s； 储存温度不低于 −3℃； 储存期不超过半年	系以聚醋酸乙烯乳液为基体材料配制而成；是一种单组分水溶性胶液，具有胶接强度高、无毒无味、快干、耐老化、耐油等特性，且价格便宜、施工安全简便、存放稳定	主要用于聚氯乙烯地板、木制地板与水泥地面的粘结
8123 聚氯乙烯塑料地板胶黏剂	外观：灰白色、均质糊状； 粘度：20～60Pa·s； 含固量：(48±2)%； pH 值：8～9； 抗拉强度(24h)：≥0.5MPa； 储存温度不低于 0℃； 储存期半年	以氯丁乳胶为基料，加入增稠剂、填料等配制而成；是一种水乳型胶黏剂，无毒无味、不燃、施工方便、初始粘结强度高，防水性能好	适用于半硬质、硬质、软质聚氯乙烯塑料地板与水泥地面的粘贴，也可用于硬木拼花地板与水泥地面的粘贴
CX401 胶黏剂	外观：淡黄色胶液； 黏合强度(橡胶与铝合金) 抗剥离强度：24h 不小于 20N/cm^2，48h 不小于 25 N/cm^2； 抗扯离强度：24h 不小于 1.1MPa 48h 不小于 1.3MPa	系采用氯丁橡胶、叔丁酚甲醛树脂及适量橡胶配合剂、溶剂等配制而成；具有使用简便、固化速度快等特点	适用于金属、橡胶、玻璃、木材、水泥制品、塑料和陶瓷等的粘合； 常用于在水泥墙面、地面粘合橡胶、塑料制品、塑料地面和软木板等
长城牌 405 胶	剪切强度：铁-铁 4.5 MPa、铝-铝 4.7 MPa、铜-铜 4.8 MPa、玻璃-玻璃 2.5 MPa、塑料-水泥(1d)时 1.3 MPa； 剥离强度：橡胶-橡胶 0.2～0.3 MPa	系由有机异氰酸酯和末端含有羟基的聚酯所组成，能在室温下固化的胶黏剂；具有粘结力强、耐水耐油、耐弱酸、耐溶剂等特点	对纸张、木材、玻璃、金属、塑料等具有良好的粘合力；建筑工程中主要用以胶接塑料、木材等，特别适用于防水、耐酸碱工程中
HN-605 (731)胶	剪切强度(45 号钢)：室温≥20MPa、+50℃≥30MPa、−50℃≥15MPa	以环氧树脂和胺类固化剂为原料，无溶剂、室温固化的双组分胶黏剂；具有粘结强度高、耐酸碱、耐水及其他有机溶剂等特点	适用于塑料、橡胶和陶瓷等多种材料的粘结
D-1 塑料地板胶黏剂	粘结强度：0.2～0.3MPa； 耐水性(25℃、168h)：不脱落； 干燥时间：40～60min	以合成乳胶为主体的水溶性胶黏剂；具有初期黏度大、使用安全可靠等特点，对水泥、木材等材料有很好的黏着力	适用于在水泥地面和木板地面粘贴塑料地板

3．竹、木材胶黏剂

在建筑工程中，竹、木材常用的胶黏剂品种主要有下列几种。

(1) 8109胶

8109胶是脲醛缩合物的水溶液，使用时再加入固化剂氯化铵配制而成，具有常温固化、粘结力强、价格低廉等特点。

(2) 铁锚206胶

铁锚206胶是以酚醛树脂为主要原料，加入适量的固化剂配制而成，具有常温固化、粘结力强等优点，但形成的胶膜性脆。

(3) SJ-2水基胶

SJ-2水基胶是由醋酸乙烯-丙烯酸酯共聚乳液及添加剂等组成的胶液，具有室温干燥、使用方便、初黏力和涂刷性好等特点。

4．瓷砖、大理石用胶黏剂

瓷砖、大理石用胶黏剂，一般具有铺贴和钩缝两种。建筑工程中常用的品种有下列几种。

(1) JDF-503通用瓷砖胶黏剂

JDF-503通用瓷砖胶黏剂系以水泥为基料，用聚合物改性的一种粉状产品，具有耐水性强、耐久性良好、操作方便、价格低廉等特点，是铺贴瓷砖常用的胶黏剂。

(2) JDF-505多彩勾缝剂

JDF-505多彩勾缝剂是瓷砖胶黏剂的配套产品，具有色彩多种、勾缝不开裂、耐水性好、无毒无味等特点。

(3) 双组分SF-1型装饰石材粘结剂

双组分SF-1型装饰石材粘结剂，系以水玻璃为主要原料，配以改性剂、硬化剂、助剂和填料，经一定工艺加工而成，是用于装饰石材的专用粘结剂。

5．玻璃、有机玻璃专用胶黏剂

建筑工程中常用的玻璃、有机玻璃专用胶黏剂主要有以下几种。

(1) AE室温固化透明丙烯酸酯胶

AE室温固化透明丙烯酸酯胶简称AE胶，系一种无色透明黏稠液体，能在室温下快速固化，一般4～8h内即可完全固化，固化后其透光率和折射系数与有机玻璃基本相同，具有粘结力强、透明度高、操作简便等特点。

(2) WH-2有机玻璃胶黏剂

WH-2有机玻璃胶黏剂，系一种无色透明的胶状液体，具有耐水耐油、耐碱、耐弱酸、耐盐雾等腐蚀的特点，适用于有机玻璃制品、赛璐珞制品的胶合。

6．橡胶类防水卷材用胶黏剂

橡胶类防水卷材用胶黏剂的品种很多，最常用的是氯化乙丙橡胶胶黏剂。它是以氯化乙丙橡胶为原料，以甲苯为溶剂，再配以适量的补强剂、交联剂和软化剂等助剂配制而成，具有良好的粘结性、优异的耐候性、耐臭氧性、耐老化性、耐水性、耐化学介质性等特点，主要用做建筑防水材料乙丙橡胶防水卷材的粘结。

7. 混凝土界面粘结剂

混凝土界面粘结剂，是用于普通混凝土、水泥砂浆及饰面砖等表面处理或增强处理的粘结材料。建筑工程中常用的品种如下。

(1) JD-601 混凝土界面粘结剂

JD-601 混凝土界面粘结剂是一种聚合物混合乳液，是增强混凝土表面粘结的材料，可大大提高新旧混凝土与抹灰砂浆的结合力，可取代传统的冲毛、凿毛等处理方法，不仅避免了抹灰砂浆空鼓、分层、粘结不牢等弊病，而且还能提高工程质量、加快施工速度、降低工程造价。

(2) YJ-302 混凝土界面处理剂

YJ-302 混凝土界面处理剂是一种水泥砂浆粘结增强剂，适用于新老混凝土及饰面砖（如面砖、玻璃锦砖、大理石等）的表面涂敷处理，以增加水泥砂浆对它们的粘结力，从而解决抹灰砂浆空鼓、面砖脱落、新老混凝土脱层等问题。

材料选用案例

【案例】：某工程外墙装修采用大理石面板，须使用挂石胶黏剂，该胶黏剂的粘结强度达到 20MPa，但实际测得的粘结强度远低于此值，观察大理石表面，发现不够清洁。试讨论粘结力低的原因。

【案例分析】：大理石表面不够清洁，是导致胶结强度低的主要原因。胶黏剂能够将材料牢固粘结在一起，是因为胶黏剂与材料间存在有粘结力。对不同的胶黏剂和被粘材料，粘结力的主要来源也不同，当机械粘结力、物理吸附力和化学键力共同作用时，可获得很高的粘结强度。被粘物表面应当清洁、干燥、无油污、无锈蚀、无漆皮等，这些均会降低胶黏剂的湿润性，阻碍胶黏剂接触被粘物的基体表面。同时，这些附着物的内聚力比胶层要小得多，易造成胶结强度降低。

本例中大理石表面不够清洁，会使胶黏剂与石材表面之间的物理吸附力下降，产生的化学键数量也会大大减少，导致胶结强度达不到设计要求。因此在胶接施工之前，必须认真对大理石面板的表面进行清理，彻底清除表面上的水分、油污、锈蚀和漆皮等附着物，以保证粘结质量。

小　　结

本章介绍了胶黏剂的组成、分类和性能，以及胶黏剂的胶黏机理及影响胶结强度的因素，并介绍了装饰工程中常用的胶黏剂品种及不同装饰材料胶黏剂的选用。

复习思考题

14.1　胶黏剂的主要组分包括哪几种？各起什么作用？

14.2　胶黏剂有哪几种分类方法？

14.3　胶黏剂具有哪些主要性能？

14.4　简述影响胶黏剂胶接强度的主要因素。

14.5　装饰工程中常用的胶黏剂品种有哪些？各有何特点？

第 15 章
防水材料

随着我国新型装饰材料的迅猛发展，防水材料的品种日益增多，用于建筑工程外装饰、屋面、室内的防水材料，除常用的沥青类防水材料外，已向高聚物改性沥青，橡胶及合成高分子防水材料等方向发展，并已在工程应用中获得较好的防水及装饰效果。

15.1 沥　　青

沥青是一种有机的胶凝材料，是多种碳氢化合物与氧、硫、氮等非金属衍生物的混合物。在常温下呈黑色或褐色的固体、半固体或黏性液体状态。

15.1.1 石油沥青

石油沥青是石油原油经蒸馏等提炼出各种轻质油（如汽油、柴油等）及润滑油以后的残留经过加工而得到的产品。建筑上主要使用建筑石油沥青进行改性而制成各种防水材料。

1. 石油沥青的组成

石油沥青的组成十分复杂，含有各类有机高分子化合物和衍生物，且出现大量的有机物同分异构现象，使得很多元素分析结果相近的沥青，性质相差很大。为此，从工程角度出发，通常根据沥青成分，将性质相近，并且物理力学性能有一定关系的沥青成分，划分为若干组，称为“组分”，用组分来表征沥青各组成成分的含量多少。沥青主要组分简述如下：

(1) 油分

呈淡黄色或红褐色的透明黏性液体，含量占 45%～60%，密度为 0.7～1.0g/cm^3，能溶于大多数有机溶剂，但不溶于酒精。在 170℃ 较长时间加热，油分可以挥发，油分可使沥青具有流动性，降低稠度，便于施工。

(2) 树脂

呈红褐色至黑褐色的黏稠状流体。熔点低于 100℃，含水量为 15%～30%，密度 1.0～1.1 g/cm^3。沥青中的树脂绝大部分属于中性，且含量高品质就好。树脂使沥青具有良好的塑性和粘结力。

(3) 地沥青质

地沥青质呈深褐色至黑色的固态无定型物质，密度大于1.0g/cm^3。地沥青质是决定石油沥青温度敏感性和黏性的重要组成部分。其含量越多，则软化点越高，黏性越大，沥青也就越硬、越脆。

(4) 蜡

石油沥青中还有蜡，它会降低石油沥青的黏性和塑性，同时对温度特别敏感，使沥青的温度稳定性差，所以蜡是石油沥青的有害成分。

2. 石油沥青的主要技术性质

(1) 黏滞性（黏性）

黏性是指沥青在外力作用下，抵抗变形的能力。它反映了沥青材料内部阻碍其相对流动的一种特性，是沥青的主要技术性质之一。各种沥青的黏滞性变化范围很大，与沥青的组分和所处温度有关。当地沥青质含量较高，有适量树脂，且油分含量少时，黏性较大。在一定温度范围，温度升高时，黏滞性下降，反之升高。

工程上常用相对黏度表示黏滞性，测定方法是用针入度仪和标准黏度计。对于黏稠石油沥青的相对黏度用针入度来表示，它反映了石油沥青抵抗剪切变形的能力，针入度值越小，表明沥青的相对黏度越大。黏稠石油沥青的针入度是在规定温度25℃条件下，以规定质量100g的标准针，经历规定时间（5s）贯入试样中的深度。对于液体石油沥青或较稀石油沥青，相对黏度用标准黏度表示。

(2) 塑性

塑性是指石油沥青在外力作用下产生变形而不破坏的能力，是沥青性质的重要指标之一。石油沥青的塑性与组分有关，当沥青中树脂含量较多，且其他组分含量适当时，塑性较大。塑性的影响因素还有所处的温度和沥青膜层的厚度等。

石油沥青的塑性用延度表示，延度越大，塑性越好。沥青的延度是把沥青试样制成“8”字形标准试模（中间最小截面积1cm^2），在规定速度（5cm/min）和规定温度(25℃）下拉断时的长度，以“cm”为单位表示。

(3) 温度稳定性

温度稳定性是指沥青的黏滞性和塑性随着温度升降而变化的性能。在相同的温度变化间隔里，各种沥青黏滞性及塑性变化幅度不会相同。工程要求沥青随温度变化而产生的黏滞性及塑性变化幅度应较小，即温度敏感性要小。建筑工程宜选用温度稳定性较好的沥青。

沥青的温度稳定性用软化点表示，其测定方法是将沥青试样装入规定尺寸（直径16mm，高6mm）的铜环内，试样上放置一个标准钢球（直径9.5mm，质量3.5g），浸入水或甘油中，以规定的升温速度（5℃/min）加热使沥青软化下垂，当下垂到规定距离25.4mm时，以规定的升温称为软化点，以“℃”为单位表示。

(4) 大气稳定性

它是指石油沥青在热、空气、阳光等外界因素的长期作用下，性能不显著变劣的性质。大气稳定性说明沥青在大气作用下抵抗老化的性能。由于沥青化学组成复杂且不稳定，在光照、氧化和加热等作用下，会发生氧化、缩合和聚合反应，使各组分逐渐转变，由分子量低的化合物转变为分子量高的化合物，因而油分和树脂逐渐减少，使石油沥青的塑性降低，脆性增加，直至发生脆裂，这个过程就是沥青的“老化”。此外，为了评价沥青的品质和保证施工安全，还要了解沥青的溶解度、闪点和燃点。

溶解度是指石油沥青在三氯乙烯、四氯化碳或苯中溶解的百分率，用以表示石油沥青中有效物质的含量，即纯净程度。

闪点是指沥青加热至发出可燃气体和空气的混合物，在规定条件下与火焰接触，初次闪火（蓝色闪光）时的沥青温度（℃）。

燃点是指沥青加热产生的气体与空气的混合物。与火焰接触能持续燃烧 5s 以上时，沥青此时的温度为燃点（℃）。

闪点和燃点的高低表明沥青引起火灾或爆炸的可能性大小，它关系到沥青的运输、储存和加热使用等方面的安全。

3. *石油沥青的技术标准*

石油沥青的主要技术质量标准以针入度、延伸度、软化点等指标表示，见表 15.1。

表 15.1　石油沥青质量指标

项目	道路石油沥青							建筑石油沥青	
	200 号	180 号	140 号	100 号甲	100 号乙	60 号甲	60 号乙	10 号	30 号
针入度(25℃,100g),1/10/mm	201～300	161～200	121～160	91～120	81～120	51～80	41～80	10～25	25～40
延伸度(25℃)(≥)/cm	–	100①	100①	90	60	70	40	1.5	3
软化点(环球法)(≥)/℃	31	35	35	42～50	42	45～50	45	95	70
溶解度(≥)/% 三氯乙烯、三氯甲烷或苯	91	99	99	99	99	99	99		
溶解度(≥)/% 三氯乙烯、三氯甲烷、四氯化碳或苯								99.5	99.5
蒸发后针入度比②/%	50	60	60	65	65	70	70	65	65
闪点(开口)(≥)/℃	181	200	230	230	230	230	230	230	230
蒸发损失(160℃,5h)(≤)/%	1	1	1	1	1	1	1	1	1

注：①当 25℃ 延伸度达不到 100cm 时，如 15℃ 延伸度不小于 100cm 也合格。

②测定蒸发损失后的样品针入度与原针入度之比乘以 100，即得出残留物针入度占原针入度的百分数，称为蒸发后针入度比。

15.1.2　改性沥青

凡对沥青进行氧化、乳化、催化，或者掺入树脂或橡胶，使沥青的性质发生不同程度的改善而得到的沥青产品称为改性沥青。

1. 树脂改性沥青

在石油沥青中掺入适量的合成树脂，如聚乙烯、聚丙烯或酚醛树脂等，可改善和提高沥青的耐热性、耐寒性、粘结性能和不透水性，这种沥青称为树脂改性沥青。

2. 橡胶改性沥青

在石油沥青中掺入适量的橡胶，如天然橡胶、氯丁橡胶、丁基橡胶、丁苯橡胶或再生橡胶，使沥青具有橡胶的特性，改善了沥青的气密性、低温柔性、耐光、耐气候性、耐燃烧性和耐化学腐蚀性，这种改性沥青可用来制作防水卷材、密封材料或防水涂料，广泛地应用于装饰工程。

3. 树脂橡胶改性沥青

在石油沥青中同时掺入适量的树脂和橡胶，可使沥青同时具有树脂和橡胶的特性，沥青的性能更加优良，其主要防水制品有卷材、片材、密封材料和防水涂料。

4. 矿物填充料改性沥青

在沥青中加入适量的矿物填充料，如石灰粉、滑石粉、云母粉或硅藻土等，以改善沥青的耐热性，提高粘结力，减小沥青的温度敏感性。

15.2 防水卷材

15.2.1 改性沥青防水卷材

改性沥青防水卷材是在沥青中添加高分子聚合物进行改性，以提高防水卷材的使用性能，延长防水层的寿命。

1. 塑性体改性沥青防水卷材

它是以聚酯毡或玻纤毡为胎基，用无规聚丙烯（APP）或聚烯烃类聚合物（APAO、APO）作改性剂，两面覆以隔离材料所制成的建筑防水卷材（统称 APP 卷材）。

(1) 规格

塑性体改性沥青防水卷材幅宽 1m，聚酯胎卷材厚度有 3mm、4mm 两种，玻纤胎卷材有 2mm、3mm、4mm 三种。塑性体改性沥青防水卷材每卷面积分为 $15m^2$、$10m^2$、$7.5m^2$ 三种。

(2) 标记方法

标记顺序为塑性体改性沥青防水卷材、型号、胎基、上表面材料、厚度、本标准号，标记示例：3mm 厚砂面聚酯胎 I 型塑性体改性沥青防水卷材标记为 APP I PY S3 GB18243。

(3) 用途

APP 防水卷材适用于工业与民用建筑的屋面和地下防水工程，尤其适用于较高气温环境的建筑防水。

(4) 技术要求

卷重、面积及厚度见表 15.2；成卷卷材应卷紧、卷齐，端面里进、外出不得超过 10mm；胎基应浸透，不应有未被浸渍的条纹；卷材表面必须平整，不允许有孔洞、缺边和裂口；每卷接头处不应超过 1 个，较短的一段不应少于 1m，接头应剪切整齐并加长 150mm。

表 15.2　卷重、面积及厚度

规格(公称厚度)/mm		2		3			4					
上表面材料		PE	S	PE	S	M	PE	S	M	PE	S	M
面积/(m²/卷)	公称面积	15		10			10			7.5		
	偏差	±0.15		±0.10			±0.10			±0.10		
最低卷重/(kg/卷)		33.0	37.5	32.0	35.0	40.0	42.0	45.0	50.0	31.5	33.0	37.5
厚度	平均值(≥)	2.0		3.0		3.2	4.0		4.2	4.0		4.2
	最小单值	1.7		2.7		2.9	3.7		3.9	3.7		3.9

(5) 典型产品

APP 改性沥青防水卷材是塑性体沥青系列防水卷材中的典型产品，是经过多道工艺加工而成的一种中、高档防水卷材。APP 改性沥青防水卷材的主要特点是：抗拉强度高，延伸率大；具有良好的温度稳定性和耐热性，适应温度范围 −15～130℃，尤其是抗紫外线的能力较强，适用于炎热地区；APP 防水卷材分子结构稳定，受高温、阳光照射后，分子结构不重新排列，抗老化性能好；APP 材料具有良好的憎水性和粘结性，可冷粘施工、热熔施工，干净，无污染。

2. 弹性体沥青防水卷材

弹性体沥青防水卷材是以聚酯毡或玻纤毡为胎基，用热塑性弹性体苯乙烯-丁二烯-苯乙烯共聚物（SBS）作改性剂，两面覆以隔离材料所制成的建筑防水卷材（简称“SBS”卷材）。

弹性体沥青防水卷材有玻纤毡和聚酯毡两种胎基，使用细砂、矿物粒（片）料以及聚乙烯膜三种表面散布材料，共形成六个品种，见表 15.3。

(1) 规格

弹性体沥青防水卷材幅宽 1m，聚酯胎卷材厚度有 3mm、4mm 两种，玻纤胎卷材有 2mm、3mm、4mm 三种，每卷面积分为 15m²、10m²、7.5m² 三种。

(2) 标记方法

标记含义为弹性体改性沥青防水卷材、型号、胎基、上表面材料、厚度、标准号，如 3mm 厚细砂面聚酯胎 I 型弹性体改性沥青防水卷材标记为 SBS I PY S3 GB18242。

表 15.3　弹性体沥青防水卷材品种

上表面材料＼胎基	聚酯胎	玻纤胎
聚乙烯膜	PY－PE	G－PE
细砂	PY－S	G－S
矿物粒(片)料	PY－M	G－M

(3) 应用

该系列防水卷材适用于工业与民用建筑的屋面、地下室、卫生间等的防水、防潮，尤其适用于寒冷地区和结构变形频繁的建筑物防水。

(4) 技术要求

卷重、面积及厚度见表 15.4；成卷卷材应卷紧、卷齐，端面里进、外出不得超过10mm；成卷卷材在 4～50℃任一产品温度下展开，在距卷芯 1m 长度以外不应有 10mm 以上的裂纹和粘结；胎基应浸透，不应有未被浸渍的条纹；卷材表面必须平整，不允许有孔洞、缺边和裂口；每卷接头处不应超过 1 个，较短的一段不应少于 1m，接头应剪切整齐并加长 150mm。

表 15.4　卷重、面积及厚度

规格(公称厚度)/mm		2		3			4					
上表面材料		PE	S	PE	S	M	PE	S	M	PE	S	M
面积/(m^2/卷)	公称面积	15		10			10			7.5		
	偏差	±0.15		±0.10			±0.10			±0.10		
最低卷重/(kg/卷)		33.0	37.5	32.0	35.0	40.0	42.0	45.0	50.0	31.5	33.0	37.5
厚度	平均值(≥)	2.0		3.0		3.2	4.0		4.2	4.0		4.2
	最小单值	1.7		2.7		2.9	3.7		3.9	3.7		3.9

(5) 典型产品

SBS 改性沥青柔性油毡是以聚酯纤维无纺布为胎体，以 SBS 橡胶改性石油沥青为浸渍涂盖层（面层），以塑料薄膜为防黏隔离层或油毡表面带有砂粒的防水卷材。它具有良好的弹性、耐疲劳、耐高温、耐低温等性能，价格较低，施工方便，可以冷作粘贴，也可热熔铺贴，具有较好的温度适应性和耐老化性能，适用于屋面及地下室的防水工程。

3. 改性沥青聚乙烯胎防水卷材

改性沥青聚乙烯胎防水卷材是以改性沥青为基料，以高密度聚乙烯膜为胎基，以聚乙烯膜或铝箔为上表面覆面材料，经滚压、水冷、成型制成的防水卷材。

(1) 规格

面积 11m^2，宽 1100mm，厚 2mm、4mm。

(2) 特性

氯化聚乙烯防水卷材具有强度高，伸长率大，弹性好、耐撕裂、耐日光、耐臭氧老化、耐寒、耐高温、耐酸碱、使用寿命长等特点，可冷施工，无污染。

(3) 应用

用于屋面单层外露防水，也用于有保护层的屋面、地下室等防水工程。

(4) 适用范围

该类卷材具有较好的耐热性和低温柔性，适用于地下、隧道、水池、水坝等工程的防水，注意避免直接暴露在阳光下。

15.2.2　高分子防水卷材

1. 聚氯乙烯防水卷材

聚氯乙烯防水卷材是用聚氯乙烯为主要原料制成的防水卷材，包括无复合层，纤维单面复合及织物内增强的聚氯乙烯防水卷材。这类防水卷材的特点突出，优势明显。

1) 防水效果好，抗拉强度高。聚氯乙烯防水卷材的拉伸强度是氯化聚乙烯防水卷材拉伸强度的两倍，抗裂性能强，防水、防渗效果好。

2) 该卷材可使用 20 年，寿命长。

3) 断裂伸长率高。断裂伸长率为纸胎油毡的 300 倍，对基层伸缩和开裂变形的适应性强。

4) 耐高温、耐低温性能好。聚氯乙烯防水卷材可在 − 40～90℃ 间使用，寒冷及炎热地区均可使用。

5) 可采用冷粘法或热风焊接法施工，施工方便、无污染。

2. 氯化聚乙烯（CPE）防水卷材

氯化聚乙烯防水卷材是以氯化聚乙烯树脂为主要原料制成的防水卷材，包括无复合层、纤维单面复合及织物内增强的氯化聚乙烯防水卷材。它具有强度高、伸长率大、弹性好、耐撕裂、耐日光、耐臭氧老化、耐寒、耐用高温、耐用酸碱、使用寿命长等特点。适用于屋面作单层外露防水，也适用于有保护层的屋面、地下室、水池等防水工程。

3. 氯化聚乙烯-橡胶共混防水卷材

氯化聚乙烯-橡胶共混防水卷材是以氯化聚乙烯树脂和合成橡胶为主体，加入适量的软化剂、稳定剂、促进剂、填充剂等经塑炼、混炼、压延或挤出成型、硫化、冷却、检验、分卷、包装等工序，加工而成的一种防水卷材。主要特性如下。

(1) 综合防水性能好

氯化聚乙烯树脂和橡胶两种原材料经过共混改性处理后，兼有塑料和橡胶的双重性，即不但具备了氯化聚乙烯的高强度和耐用老化性，而且具备了橡胶类材料的高弹性和高延伸性，提高了卷材的综合防水性能。

(2) 具有良好的高温、低温性能，其使用温度在 − 40～80℃ 之间，高温、低温性能良好

(3) 具有良好的粘结性和阻燃性

(4) 稳定性好，使用寿命长

(5) 采用冷粘结施工，简单方便，工效高

4. 三元丁橡胶防水卷材

三元丁橡胶防水卷材是以废旧丁基橡胶为主，以丁酯作改性剂，丁醇作促进剂加工制成的无胎卷材。三元丁橡胶防水卷材的弹塑性好，抗老化性好，热稳定性好，尤其是低温条件的柔性好，适用于工业与民用建筑及构筑物的防水，尤其适用于寒冷及温差变化较大地区的防水工程。

5. 高分子防水片材

高分子防水片材是以高分子材料为主体，以压延法或挤压法生产的均匀片材，及高分子材料复合片材。主要特性如下。

1）抗老化性能高，使用寿命长，如三元乙丙橡胶防水片材使用寿命长达40年。

2）拉伸强度高，延伸率大，如三元乙丙橡胶防水片材的拉伸强度、断裂伸长相当于石油沥青纸胎油毡伸长率的300倍，因此能够使用防水基层伸缩或局部开裂变形的需要。

3）耐高温、低温性能好，如三元乙丙橡胶防水片材在低温－40℃时仍不脆裂，在高温80℃时仍无裂纹。

4）施工简单方便。高分子防水片材可以采用单层冷粘结施工，改变了传统的多层“二毡三油一砂”、热施工的沥青油毡防水做法，简化了施工程序，提高了劳动效率。

15.3 防水涂料

防水涂料是一种流态或半流态物质，涂布在基层表面，经溶剂、水分挥发或各组分之间的化学反应形成有一定弹性和一定厚度的连续薄膜，使基层表面与水隔绝，起到防水、防潮作用。防水涂料按成膜物质的主要成分可以分为沥青类和合成高分子两大类。

15.3.1 水性沥青基防水涂料

水性沥青基防水涂料是以乳化沥青为基料，在其中掺入各种改性材料的水乳型防水涂料。常见的水性基沥青防水涂料的主要特性和应用如下。

1. 石棉乳化沥青防水涂料

石棉乳化沥青防水涂料是将熔化的沥青加到石棉与水组成的悬浮液中，经强烈搅拌后制成的厚质防水涂料。基本特性如下：

1）可形成较厚的防水涂膜，单位面积内涂料用量大，几次涂刮后，涂层厚度可达4～8mm。

2）因含有石棉纤维，涂料的耐水性、耐裂性、稳定性等比一般乳化沥青强，但石棉纤维粉尘对人体有害。

3）对结构缝等部位需配合密封材料使用，要先用密封材进行嵌缝处理。

4）施工温度要适宜。气温在15℃以上为宜，但过高会粘脚，影响施工，气温低于

10℃时，涂料成膜性差，不宜施工。

5) 冷施工，无毒、无味，可在潮湿基层上施工。

2. 膨润土乳化沥青防水涂料

膨润土乳化沥青防水涂料是以优质石油沥青为基料，膨润土为分散剂，经机械搅拌而成的水乳型厚质防水涂料。性能特点如下：

1) 防水性能好，粘结性强、耐热度高、耐久性好。

2) 冷施工，可在潮湿基层上涂布，操作简单，无污染。

3. 石灰乳化沥青防水涂料

石灰乳化沥青防水涂料是以石油沥青为基料，以石灰膏为分散剂，以石棉绒为填充料加工而成的一种灰褐色膏体厚质防水涂料。

1) 涂层较厚，单位面积内涂料用量大。

2) 结构缝处配合密封材料使用。

3) 施工适宜温度在 5～30℃范围内。

4) 原材料来源充足，成本较低。

5) 沥青没经改性，低温时易脆裂，影响防水质量。

6) 冷施工，可在潮湿基层上施工，施工简单、方便、无污染。

15.3.2　合成高分子防水涂料

1. 聚氨酯防水涂料

聚氨酯防水涂料是一种化学反应型涂料，涂料喷、刷以后，借助组分间发生的化学反应，直接由液态变为固态，形成较厚的防水涂膜，涂料中几乎不含有溶剂，故涂膜体积收缩小，且其弹性、延性、延伸性和抗拉强度，耐候、耐蚀性能好，对环境温度变化和基层变形的适应性强，是一种性能优良的合成高分子防水涂料。其缺点是有一定的毒性、不阻燃，且成本也较高。

2. 聚氯乙烯弹性防水涂料

聚氯乙烯弹性防水涂料是以聚氯乙烯为基料，加入改性材料和其他助剂配制而成的热塑型和热熔型的弹性防水涂料（简称“PVC”防水涂料）。聚氯乙烯弹性防水涂料具有良好的弹性、延伸性，对基层结构变形有较强的适应能力，可在较潮湿的基层上冷施工。其使用温度在 -20～80℃范围内，有良好的耐寒性、耐热性、耐老化性、耐腐蚀性和粘结性，还可以大面积施工，形成的防水层整体性好，尤其适应复杂结构部位的防水。

3. 其他高分子防水材料

(1) 聚合物乳液建筑防水涂料

其适用于各类以聚合物乳液内基料，掺加其他添加剂而制得的单组分水乳型防水涂料，主要用于屋面、浴厕室、地下室等工程的防水、防渗。由于是无接缝的封闭型防水层，特别适用于轻型薄壳结构屋面防水，调制成的多种浅色防水涂料，既可防水，又有隔热和装饰效果。

(2) 建筑物表面用有机硅防水涂料

它是以硅烷及硅氧烷为主要基料的水性或溶剂型建筑表面有机硅防水剂，多用于多孔性无机基层（如混凝土、瓷砖、黏土砖、石材等）不承受水压的防水及防护工程。

(3) 溶剂型橡胶沥青防水涂料

这种涂料适用于建筑物的防水、抗渗漏处理，具有粘结力强、延伸力强、隔热和补漏效果好的特点。适用在潮湿或干燥的砖石、砂浆、混凝土、金属、木材等各种防水层上直接施工。因而广泛使用于新旧屋面、地下室、外墙、管道等建筑设施的防水密封、装饰和补漏，用途广泛。

(4) 聚合物水泥防水涂料

它是水硬性柔性防水材料，无毒环保，粘结强度高、弹性和密封效果好。既有有机材料的弹性又有无机材料的耐久性、耐水性的优点，可直接粘贴面砖、石板材等饰面材料；可在潮湿基面上施工，易成膜无接缝，工期短。主要用于屋面、厕浴间、地下室等需要进行防水、防潮、防渗补漏处理的部位。

材料选用案例

案例一：膨润土防水毡与排水组合（防水板）的应用

某超高层建筑，总建筑面积约为 11 万 m^2，建筑总高度为 269.8m，地下室每层建筑面积约为 3000m^2。地下室采用防排结合的防水新技术。底板采用膨润土防水毡，地下连续墙与衬墙之间采用排水组合，通过排水组合以及导水管把地下连续墙可能产生的渗漏水引至地下室排水沟，从而达到地下室防水效果。

膨润土防水毡施工流程：地下室桩台垫层—桩承台砖模施工—地下室底板 3～5cm 碎石找平层 10cm 厚，15cm 厚石粉铺填，并用水泥砂浆填平找平—阴阳角位铺贴附加防水毡、桩头周边填防水粉—铺贴防水毡（施工缝位置预留 300mm）—桩头周边加涂防水浆—底板混凝土垫层（保护层）浇筑—承台内砌 6cm 厚砂砖保护层，面批 1∶2∶5 水泥砂浆 20cm。

案例二：中山温泉高尔夫球会别墅外墙渗漏治理工程

工程概况：别墅为砖混双层结构，建筑面积为 180m^2，外墙是灰砖清水墙，砂浆勾缝。自 1988 年以来，别墅渗漏日趋严重，有的整栋内墙湿渍斑斑，有许多电器开关一场大雨后便滴水不止。内墙饰面每年要翻修。该工程自 1992 年进行外墙渗漏治理后，至 2000 年[1)]未发生外墙漏水情况，受到业主好评。

选材依据和方案确定：

选材依据：材质技术性能优良、施工操作方便、价格合理。由于这些别墅貌似简朴，实则豪华，要求整栋建筑外墙不渗漏，而且必须保持原有的色泽外观。

方案确定：1) 配制与别墅颜色一致的灰色丙烯酸密封膏，对渗漏部位的砖缝、墙缝进行大面积逐条缝、逐个孔洞的嵌填勾缝。

2) 用有机硅防水涂料喷涂两遍。

小　　结

本章针对建筑装饰工程中常用的三大类防水材料——沥青防水涂料、防水卷材和防水涂料进行了详细的阐述。在沥青部分重点介绍了石油沥青和石油改性沥青的基本性能、常用技术参数、防水工程应用等。在防水卷材部分重点介绍了改性石油沥青防水卷材和合成高分子防水卷材的性能、规格、技术要求和典型产品等。在防水涂料部分重点介绍了沥青类和合成高分子两大类防水涂料的主要特性和应用。

复习思考题

15.1　石油沥青的主要组分有哪些？各组分的作用是什么？

15.2　工程上采用哪些指标表征石油沥青的黏性、塑性和温度稳定性？这些指标是如何测定的？

15.3　APP 主要的性能特点及应用如何？

15.4　SBS 主要的技术要求是什么，有哪些工程应用？

15.5　什么是防水涂料？常用的防水涂料有哪些，各自的特性如何？

---

1)：2000 年为本案例发表的时间。

第 16 章

吸声材料与绝热材料

吸声材料和保温绝热材料都是功能性材料的重要品种。建筑节能的主要途径，是采用保温绝热材料。有效地运用吸声材料，可以保持室内良好的声环境和减少噪声污染。绝热材料和吸声材料的应用，对提高人们的生活质量有着非常重要的作用。

16.1 吸声材料

16.1.1 吸声材料概述

自然界中存在各种各样的声音——谈话声、乐曲声、机器声等。在声的海洋中，如鸟语花香声、优美的音乐声能使人陶醉；嘈杂的喊叫声、机器的轰响也能搅得人心神不安。前者是我们希望听到和利用的，我们就应让这些声音的音质更美；后者是我们不想听到的，影响我们的生活和工作。这就要求我们在房屋的建筑和装饰中必须使用特殊的功能材料：声学材料。建筑声学材料通常分为吸声材料和隔声材料。

1. 材料的吸声原理及技术指标

物体因振动而发声。通过介质的共振产生声波而传播。声在传播中，一部分逐渐扩散，一部分因空气分子的吸收而削弱，这种减弱现象在室外很明显，但在室内这种减弱现象则不起主要作用，而重要的是材料表面对声能的吸收。

当声波遇到材料表面，一部分被反射，另一部分会穿透材料，其余部分则传递给材料。传递给材料的声波，进入材料孔隙中，引起其中空气分子与孔壁的摩擦和黏滞阻力，相当一部分声能转化为热能被吸收。

评定材料吸声性能的指标，通常采用吸声系数。它是指被材料吸收的声能量（E）与到传递给达材料表面的全部声能（E_0）之比，是评定材料吸声性能好坏的主要指标，称为吸声系数(α)，用公式表示为

$$\alpha = \frac{E}{E_0}$$

式中：α——材料的吸声系数；

E ——被材料吸收的声能；

E_0——传递给达材料表面的全部声能。

吸声系数与声音的频率及声音的入射方向有关。因此吸声系数用声音从各方向入射的吸收平均值表示，并应指出是对哪一频率的吸收。通常采用六个频率：125Hz、250Hz、500Hz、1000Hz、2000Hz、4000Hz。任何材料对声音都能吸收，只是吸收程度有很大的不同。通常是将对上述六个频率的平均吸声系数 α 大于 0.2 的材料，称为吸声材料。

任何材料都有一定的吸声能力，只是吸声能力的大小不同而已。一般来讲，坚硬、光滑、结构紧密和重的材料吸声能力差，反射能力强，如水磨石、大理石、混凝土、水泥粉刷墙面等；而粗糙松软、具有互相贯穿内外微孔的多孔材料吸声性能好，反射能力差，如矿渣棉、动物纤维、泡沫塑料、木丝板等。

2. 影响材料吸声能力的因素

(1) 材料的孔隙特征

多孔吸声材料都具有很大的孔隙率，孔隙愈多、愈细小，而且为开放型孔隙时，材料的吸声效果愈好。多孔吸声材料的构造特征是：材料从表到里有大量内外连通的微小间隙和连续气泡，有一定的通气性。但当多孔吸声材料的表面涂刷形成致密层或吸声材料吸湿时，吸声效果会大大下降。

(2) 材料的表观密度

通常同种材料的表观密度增大时，吸低频声效果提高，而吸高频声效果降低。因此在一定条件下，材料密度存在一个最佳值。因为密度过大或过小，对材料的吸声性能均会产生不利的影响。

(3) 材料的厚度

增加多孔材料厚度，吸低频声效果提高，而吸高频声效果变化不大。

(4) 材料背后的空气层

空气层相当于增加了材料的有效厚度，特别是改善了对低频的吸收，它比增加材料的厚度来提高低频的吸声效果更有效。

为了改善声波在室内传播的质量，保证良好的音响效果和减少噪声的危害，在音乐厅、电影院、大会堂、播音室及工厂噪声大的车间等内部的墙面、地面、顶棚等部位，应选用适当的吸声材料。

3. 吸声材料和吸声结构的种类

吸声材料和吸声结构的种类很多，一般的分类如表 16.1 所示。

表 16.1　吸声材料和吸声结构的类型

<table>
<tr><td rowspan="8">结构类型</td><td rowspan="3">多孔吸声材料</td><td>纤维状</td></tr>
<tr><td>颗粒状</td></tr>
<tr><td>泡沫状</td></tr>
<tr><td rowspan="4">共振吸声结构</td><td>单个共振器</td></tr>
<tr><td>穿孔板共振吸声结构</td></tr>
<tr><td>薄板减振吸声结构</td></tr>
<tr><td>薄膜共振吸声结构</td></tr>
<tr><td>特殊吸声结构</td><td>空间吸声体、吸声尖劈等</td></tr>
</table>

4. 常用吸声材料

多孔吸声材料是最常用吸声材料。多孔吸声材料从表到里都具有大量内外连通的微小间隙和连续气泡，有一定的通气性。

多孔吸声材料品种很多，有呈松散状的超细玻璃棉、矿棉、海草、麻绒等；有的已加工成板状材料，如玻璃棉毡、穿孔吸声装饰纤维板、软质木纤维板、木丝板；另外还有微孔吸声砖、矿渣膨胀珍珠岩吸声砖、泡沫玻璃等。常见类型如表 16.2 所示。

表 16.2　多孔吸声材料基本类型

主要种类		常用材料举例	使用情况
纤维材料	有机纤维材料	动物纤维:毛毡	价格昂贵,使用较少
		植物纤维:麻绒、海草	防火、防潮性能差,原料来源丰富
	无机纤维材料	玻璃纤维:中粗棉、超细棉、玻璃棉毡	吸声性能好,保温隔热,不自燃,防腐防潮
		矿渣棉:散棉、矿棉毡	吸声性能好,松散材料易自重下沉,施工扎手
	纤维材料	矿棉吸声板、岩棉吸声板、玻璃棉吸声板	装配式施工,多用于室内吸声装饰工程
颗粒材料	砌块	矿渣吸声砖、膨胀珍珠岩吸声砖	多用于砌筑截面较大的消声器
	板材	膨胀珍珠岩吸声装饰板	质轻、不燃、保温、隔热、强度偏低
泡沫材料	泡沫塑料	聚氨酯及脲醛泡沫塑料	吸声性能不稳定,吸声系数使用前需实测
	其他	泡沫玻璃	强度高、防水、不燃、耐腐蚀、价格昂贵
		加气温凝土	微孔不贯通,使用较少
		吸声剂	多用于不易施工的墙面等处

5. 常用吸声结构

(1) 薄膜、薄板共振吸声材料结构

将皮革、人造革、塑料薄膜等材料固定在框架上，背后留有一定的空气层，构成薄膜共振吸声结构。当声波入射到薄膜、薄板结构时，声波的频率与薄膜、薄板的固有频率接近，膜、板产生剧烈振动，机械振动转变为热能，从而达到吸声的目的。由于低频声波比高频声波容易使薄膜、薄板产生振动，所以薄膜、薄板吸声结构是一种很有效的低频吸声结构。

(2) 共振吸声结构

多孔吸声材料对低频声吸收性能比较共振吸声结构中间封闭有一定体积的空腔，并通过有一定深度的小孔与声场相联系。受外力微荡时，空腔内的空气会按一定的共振频率振动，此时空腔开口颈部的空气分子在声波作用下，像活塞一样往复振动，因摩擦而消耗声能，起到吸声的效果。如腔口蒙一层细布或疏松的棉絮，可有助于加宽吸声频率范围和提高吸声量，也可同时用几种不同共振频率的共振器，加宽和提高共振频率范围内的吸声量，共振吸声结构在厅堂建筑中应用较广。

(3) 穿孔板组合共振吸声结构

这种结构是在各种穿孔板、狭缝板背后设置空气层形成吸声结构，属于空腔共振吸声类结构，它们相当于若干个共振器并列在一起，这类结构取材方便，并有较好的装饰效果，所以使用广泛。穿孔板具有适合于中频的吸声特性。穿孔板还受其板厚、孔径、穿孔率、孔距、背后空气层厚度的影响，它们会改变穿孔板的主要吸声频率和共振频率；若穿孔板背后空气层还填有多孔吸声材料的话，则吸声效果更好。

(4) 空间吸声体

空间吸声体与一般吸声结构的区别在于它不是与顶棚、墙体等壁面组成吸声结构，而是一种悬挂于室内的吸声结构，它自成体系。空间吸声体常用形式有平板状、圆柱状、圆锥状等，它可以根据不同的使用场合和具体条件，因地制宜地设计成各种形状，既能获得良好的声学效果，又能获得良好的艺术效果。

16.1.2　常用吸声板材

1. 矿棉装饰吸声板

矿棉装饰吸声板，是以矿渣棉为主要原料，加入适量黏合剂、防尘剂、憎水剂，经加压、烘干、饰面等工艺加工而成，具有轻质、吸声、防火、保温、隔热、装饰效果好等优异性能，适用于宾馆、会议大厅、写字楼、机场候机大厅、影剧院等公共建筑吊顶装饰。

矿棉装饰吸声板通常有滚花、浮雕、纹体、印刷、自然型、米格型等多个品种；规格有正方形和长方形，尺寸有 500mm × 500mm、600mm × 600mm、610mm × 610mm、600mm× 1000mm、600mm × 1200mm 、625mm × 1250mm 等，厚度分别为 12mm、15mm、20mm。板材的物理力学性能见表 16.3。

表 16.3　矿棉装饰吸声板的物理力学性质

体积密度/(kg/m³)	抗折强度/MPa 板厚/mm				含水率/%	吸声系数	导热系数/[W/(m·K)]	燃烧性
	9	12	15	19				
≤500	≥0.744	≥0.846	≥0.795	≥0.653	<3	0.4～0.6	<0.0875	A 级(不燃)

2. 玻璃棉装饰吸声板

玻璃棉装饰吸声板是以玻璃棉为主要原料，加入适量胶黏剂、防潮剂、防腐剂等，经加压、烘干、表面加工等工序而制成的吊顶装饰板材，表面处理通常采用贴附具有图案花纹的 PVC 薄膜、铝箔，由于薄膜和铝箔具有大量开口孔隙，因而具有良好的吸声效果。其产品具有轻质、吸声、防火、隔热、保温、装饰美观、施工方便等特点，适用于宾馆、大厅、影剧院、音乐厅、体育馆、会场、船舶及住宅的室内吊顶。

常用玻璃棉装饰吸声板的规格、性能如表 16.4 所示。

表 16.4 玻璃棉装饰吸声板的规格、性能

名 称	规格长×宽×厚/(mm×mm×mm)	技术性能		生产厂家
		项 目	指 标	
玻璃棉吸声板	600×1200×25	密度/(kg/m³) 导热系数/[W/(m·K)]	48 0.0333	北京市玻璃钢制品厂
玻璃棉装饰天花板	600×1200×15 600×1200×25	密度/(kg/m³) 导热系数/[W/(m·K)] 吸声系数	48 0.0333 0.40～0.98	上海平板玻璃厂
玻璃纤维棉吸声板	300×300×(10、18、20)	导热系数/[W/(m·K)] 吸声系数	0.047～0.064 0.7	重庆玻璃纤维厂
玻璃棉吊顶板	1200×600	密度/(kg/m³) 常温导热系数/[W/(m·K)]	50～80 0.0299	淄博轻质保温材料厂

3. 珍珠岩装饰吸声板

珍珠岩装饰吸声板又名珍珠岩吸声板，系以膨胀珍珠岩粉及石膏、水玻璃配以其他辅料，经拌和加工，加入配筋材料压制成型，并经热处理固化而成。产品具有轻质、美观、吸声、隔热、保温等特点，可用于室内顶棚、墙面装饰。

珍珠岩吸声板可以分为普通膨胀珍珠岩装饰吸声板（代号为PB）和防潮珍珠岩装饰吸声板（代号为FB)。前者用于一般环境，后者用于高湿度环境。

珍珠岩吸声板的产品规格为400mm×400mm、500mm×500mm和600mm×600mm，厚度15mm、17mm和20mm。其他规格可由供需双方商定。

4. 钙塑泡沫装饰吸声板

钙塑泡沫装饰吸声板，是以聚乙烯树脂加入无机填抖，经混炼模压、发泡、成型制得。该板有一般和难燃两类，可制成多种颜色和凸凹图案，同时还可加打孔图案。

钙塑泡沫吸声板的规格有300mm×300mm、400mm×400mm和610mm×610mm等，厚度4～7mm不等，表现密度在250kg/m³以下，拉伸强度约0.8MPa。

产品具有轻质、吸声、耐热、耐水及施工方便等优点，适用于大会堂、电视台、广播室、影剧院、医院、工厂及商店建筑室内吊顶。

5. 聚苯乙烯泡沫塑料装饰吸声板

以聚苯乙烯泡沫塑料经混炼、模压、发泡、成型而成，具有隔声、隔热、保温、轻质、色白等优点，适用于影剧院、会议厅、医院、宾馆等建筑的室内吊顶装饰。图案有凹凸花型、十字花型、四方花型、圆角型等多种，规格尺寸有300mm×300mm、500mm×500mm、600mm×600mm、1200mm×600mm等，厚度3～20mm不等。

6. 吸声薄板和穿孔板

常用的吸声薄板有胶合板、石膏板、石棉水泥板、硬质纤维板和金属板等。通常是

将它们的周边固定在龙骨上，背后留有适当的空气层，组成薄板共振吸声结构。采用上述薄板穿孔制品，可与背后的空气层形成空腔共振吸声结构。在穿孔板后的空腔中，填入多孔材料，可在很宽的频率范围内提高吸声系数。

金属穿孔板，如铝合金板、不锈钢板等，厚度较薄，因其强度高，可制得较大的穿孔率和微穿孔板。较大穿孔率的金属板，需背衬多孔材料使用，金属板主要起饰面作用。金属微孔板，孔径小于 1mm，穿孔率 1%～5%，通常采用双层，无须背衬材料，靠微孔中空气运动的阻力达到吸声的目的。

16.1.3　隔声材料

能减弱或隔断声波传递的材料称为隔声材料。人们要隔绝的声音按其传播途径可分为空气声（由于空气的振动）和固体声（由于固体撞击或振动）两种。两者隔声的原理不同。

对空气声的隔绝，主要是依据声学的“质量定律”，即材料的密度越大，越不易受声波作用而产生振动。因此，其声波通过材料传递的速度迅速减弱，其隔声效果越好，因此应选择密实、沉重的材料（如黏土砖、钢板、钢筋混凝土等）作为隔声材料，而吸声性能好的材料，一般为轻质、疏松、多孔材料，不宜用作隔声材料。

对固体声隔绝的最有效措施是断绝其声波继续传递的途径，即在产生和传递固体声波的结构（如梁、框架与楼板、隔墙以及它们的交接处等）层中加入具有一定弹性的衬垫材料，如软木、橡胶、毛毡、地毯或设置空气隔离层等，以阻止或减弱固体声波的继续传播。

16.2　绝 热 材 料

16.2.1　绝热材料概述

为保持适宜于人们学习、工作、生活、生产的室内温度，要求围护结构在严寒季节，具有良好的保温性能，在炎热季节又要具有良好的隔热性能，这些都要依靠绝热材料来解决。绝热材料是指对热流具有显著阻抗性的材料或材料复合体，是保温材料和隔热材料的总称。保温即防止室内热量的散失，而隔热是防止外部热量的进入。

1. 传热原理与绝热材料的作用原理

任何介质中，当两处存在温度差时，就会产生热的传递现象。热能将由温度较高的部分传递至温度较低的部分。对于大多数绝热材料，所测得的导热系数值，实际上为传导、对流和辐射的综合结果。

不同的建筑材料具有不同的保温绝热性能。通常保温绝热性能良好的材料，多是孔隙率较大的。由于在材料的孔隙内有着空气和水分，起着对流和辐射作用，因此严格地讲，在热流通过材料层时，因对流和辐射所占的比例很小，故在建筑热工计算中，均不予考虑。衡量材料绝热性能的主要指标是导热性。衡量材料导热能力的主要指标是热导

率 λ。

λ 的表达式为

$$\lambda = \frac{Q\delta}{At(T_2 - T_1)}$$

式中：λ——热导率，W/（m·K）；

Q——传导的热量，J；

A——热传导面积，m^2；

δ——材料的厚度，m；

t——热传导时间，s；

$(T_2 - T_1)$——材料两侧温差，℃或K。

其物理意义是在稳定传热条件下，当材料两边表面温差为1℃时，在1h内通过厚度为1m、表面积为$1m^2$的材料的热量。因此热导率 λ 值愈小，材料的导热能力越差，而保温隔热性能越好。对绝热材料的要求是热导率小于0.29W/（m·K），表观密度小于1000kg/m^3，抗压强度大于0.3MPa。

2. 影响材料热导率的主要因素

(1) 材料的性质和结构

不同的材料的热导率是不同的，热导率值以金属最大，非金属次之，液体较小，气体最小。对于同一种材料，内部结构不同，热导率也差别很大。一般结晶结构的为最大，微晶体结构的次之，玻璃体结构的最小。

(2) 材料的表观密度和孔隙特征

由于固体物质的热导率要比空气的热导率大得多，因此，表观密度小的材料孔隙率大，其热导率也较小。当孔隙率相同时，孔隙尺寸小而封闭的材料由于空气热对流作用的减弱，因而比孔隙尺寸粗大且连通的孔有更小的热导率。

(3) 材料所处环境的温度、湿度

当材料受潮后，由于孔隙中增加了水蒸气的扩散和水分子的热传导作用，致使材料热导率增大［$\lambda_{水}$ = 0.58W/（m·K）；$\lambda_{气}$ = 0.029W/（m·K）］，水的热导率比空气大20倍），而当材料受冻后，水变成冰，其热导率将更大［$\lambda_{冰}$ = 2.33W/（m·K）］，因而绝热材料使用时切忌受潮受冻。

材料的热导率随温度的升高而增大。但是，当温度在0～50℃范围内变化时，这种影响并不显著，只有处于高温或负温下，才考虑温度的影响。

(4) 热流方向

对于各向异性的材料，如木材等纤维质的材料，当热流平行于纤维方向时，热流受到的阻力小，当热流垂直于纤维方向时，受到的阻力大。

在建筑上采用保温隔热材料，能提高建筑物的使用效能，减少基本建筑材料的用量，减轻围护结构的重量以及大幅度节能降耗，所以对于促进建筑业的发展，缓解能源危机以及提高人民的居住水平具有重要意义。

16.2.2　常用绝热材料

绝热材料按化学成分可分为有机和无机两大类，按材料的构造可分为纤维状、松散粒状和多孔组织材料三种，通常可制成板、片、卷材或管壳等多种形式的制品。一般来说，无机绝热材料的表观密度大，不易腐蚀，耐高温，而有机绝热材料吸湿性大，不耐久，不耐高温，只能用于低温绝热。

1. 无机保温隔热材料

1）石棉及其制品。石棉是常见的保温隔热材料，是一种纤维状无机结晶材料，具有耐火、耐酸碱、绝热、防腐、隔音及绝缘等特性。通常以石棉为主要原料生产的保温隔热制品有：石棉粉、石棉涂料、石棉板、石棉毡等制品，用于建筑工程的高效能保温及防火覆盖等。

2）玻璃棉及其制品。玻璃棉是玻璃纤维的一种，是用玻璃原料或碎玻璃经熔融后制成纤维状材料。玻璃棉不仅具有无机矿棉绝热材料的优点，而且还可以生产效能更高的超细棉。价格与矿棉相近，可制成沥青玻璃棉毡、板及酚醛玻璃棉毡、板等制品，可用在温度较低的热力设备和房屋建筑中的保温，同时它还是良好的吸声材料。

3）矿棉及其制品。岩棉和矿渣棉统称为矿棉。岩棉是由玄武岩、火山岩等矿物在冲天炉或电炉中熔化后，用压缩空气喷吹法或离心法制成；矿渣棉是以工业废科矿渣为主要原料，熔化后用高速离心法或压缩空气喷吹法制成的一种棉丝状的纤维材料。矿棉具有质轻、不燃、绝热和电绝缘等性能，且原料来源广、成本低，可制成矿棉板、矿棉保温带、矿棉管壳等，主要用于建筑保温大体可包括墙体保温、屋面保温和地面保温等几个方面。

4）膨胀珍珠岩及其制品。膨胀珍珠岩是由天然珍珠岩经破碎、煅烧、膨胀制得，呈蜂窝泡沫状白色或灰白色的颗粒。它具有表观密度小、热导率低、化学稳定性好、使用温度范围广、吸湿能力小，且无毒、无味、吸声等特点，是国内使用最为广泛的一类轻质保温材料。

5）膨胀蛭石及其制品。膨胀蛭石是由天然矿物蛭石经烘干、破碎、焙烧（800～1000℃），在短时间内体积急剧膨胀（6～20 倍）而成的一种金黄色或灰白色的颗粒状材料，具有表观密度小、热导率小、防火、防腐、化学性能稳定、无毒无味等特点，因而是一种优良的保温隔热材料。

膨胀蛭石的应用方式与膨胀珍珠岩相同，除用作保温绝热填充材料外，还可用胶结材料将膨胀蛭石胶结在一起制成膨胀蛭石制品，如水泥膨胀蛭石制品等。

6）泡沫玻璃。泡沫玻璃是玻璃碎料和发泡剂配置成的混合物经高温燃烧而得到的一种内部多孔的块状绝热材料。泡沫玻璃具有热导率小、抗压强度高、抗冻性好、耐久性好、易加工等特点，是一种高级绝热材料，可满足多种绝热需要。

2. 有机保温绝热材料

1）碳化软木板。碳化软木板是以一种软木橡树的外皮为原料，经适当破碎后再在模型中成形，在300℃左右热处理而成。由于软木皮中含有无数气泡，所以成为理想的保温、绝热、吸声材料，且具有不透水、无味、无毒等特性，并且有弹性，柔和耐用，不起火焰只能阴燃。

2) 泡沫塑料。泡沫塑料是以合成树脂为基料，加入一定剂量的发泡剂、催化剂、稳定剂等辅助材料经加热发泡而制成的轻质保温、防震材料。泡沫塑料目前广泛用作建筑上的保温隔热材料，其表观密度很小，隔音性能好。适用于工业厂房的屋面、墙面、冷藏库设备及管道的保温隔热、防湿防潮工程。目前我国生产的泡沫塑料产品主要有聚苯乙烯泡沫塑料、聚氯乙烯泡沫塑料、聚氨酯泡沫塑料和脲醛树脂泡沫塑料。今后随着这类材料性能的改善，将向着高效、多功能方向发展。

3) 植物纤维复合板。它系以植物纤维为主要材料加入胶结料和填料而制成。如木丝板是以木材下脚料制成木丝，加入硅酸钠溶液及普通硅酸盐水泥混合，经成型、冷压、养护、干燥而制成。甘蔗板是以甘蔗渣为原料，经过蒸制、加压、干燥等工序制成的一种轻质、吸声、保温材料。纤维板在建筑上用途广泛，可用于墙壁、地板、屋顶等。

小　结

绝热材料指对热流具有显著阻抗性的材料或材料复合体，是保温材料和隔热材料的总称。保温即防止室内热量的散失，而隔热是防止外部热量的进入。绝热材料按其化学组成，可分为无机、有机、复合三大类型。无机绝热材料是用矿物质原材料制成的材料，常呈纤维状和多孔状，可制成板、片、卷材或者套管型制品。有机绝热材料是用有机原材料（各种树脂、软木、木丝、刨花等）制成。

吸声材料中坚硬、光滑、结构紧密的材料吸声能力差，反射能力强，如水磨石、大理石、混凝土、水泥粉刷墙面等；粗糙松软、具有互相贯穿内外微孔的多孔材料吸声能力好，反射性能差，如玻璃棉、矿棉、泡沫塑料、木丝板、半穿孔吸声装饰纤维板和微孔砖等。影响多孔性材料吸声性能的因素：①材料内部孔隙率及孔隙特征；②材料的厚度；③材料背后的空气层；④温度和湿度的影响。

能减弱或隔断声波传递的材料称为隔声材料。对空气的隔绝，应选择密实、沉重的材料（如黏土砖、钢板、钢筋混凝土等）作为隔声材料，而吸声性能好的材料，一般为轻质、疏松、多孔材料，不宜用作隔声材料。对固体声隔绝的最有效措施是断绝其声波继续传递的途径。

常用吸声板材有矿棉装饰吸声板、玻璃装饰吸声板、珍珠岩装饰吸声板、钙塑泡沫装饰吸声板、聚苯乙烯泡沫塑料装饰吸声板、纤维增强硅酸钙板等。

复习思考题

16.1　影响材料吸声能力的因素有哪些？

16.2　常用的吸声板材有哪些？

16.3　对空气隔声和固体隔声主要措施是什么？

16.4　影响材料导热率的主要因素是什么？

16.5　常用绝热材料有哪些？

第 17 章

新型节能、绿色环保的建筑材料

在建筑材料和建筑装饰材料领域，新型节能、绿色环保建筑材料的使用已经成为时尚，这是建材随时代发展的必然要求。

17.1 概　　述

17.1.1 建筑节能的意义

建筑耗能问题是牵动社会经济发展全局的大问题。由于保温材料隔热差、采暖系统效率低，我国建筑面积采暖平均能耗是相同气候条件下世界平均值的 3 倍。建筑既是人类活动的基本场所，也是大量消耗能源、资源的重要环节，因此，在全球能源匮乏的今天，建筑节能将成为中国节能战略的必然选择，我们应做好这件“功在当代、利在千秋”的大好事。

建筑节能是指节约采暖供热、空调制冷、采光照明以及调节室内空气、湿度、改变居室环境质量的能源消耗，还包括利用太阳能、地热（水）能源的综合技术工程。

建筑节能是全社会节约能源的重要组成部分，严峻的事实告诉我们，走可持续发展道路，发展节能型建筑已刻不容缓。

建筑节能发展的重点领域为：研究新型低能耗的围护结构（包括墙体、门窗、屋面）体系及成套节能技术及产品；新型能源的开发和能源的综合利用，包括太阳能、地下能源开发利用和能源综合利用；室内环境控制成套节能技术的研究和设备开发等；

17.1.2 改善室内环境，发展绿色环保的装饰装修材料

很长时间以来，绿色食品、绿色药品、绿色材料、绿色住宅等已深入到人们的生活里。人们对“绿色环保”的认识，是在一次次受到人身伤害，甚至付出生命的代价以后，才开始觉醒的。特别是近年来，绿色环保材料的使用使家居装饰装修更加人性化，更加绿色环保化、更加健康化，这是今天人们装饰装修的主题和要求。人们对住宅装饰装修的绿色意识正逐步提升，对绿色环保建材的要求正逐步提高。因此，随着广大消费者的强烈需求及有关部门的强制推行和广大建材企业的不断努力，绿色环保材料已成为今天人们住宅装饰装修过程中首要的选择。

绿色环保型装饰材料是人们因高度重视生态环境保护而提出的新概念，绿色环保建

筑材料首先是在进行住宅装饰装修过程中使用的材料。要保证绿色装饰装修以人为本，在环保和生态的基础上追求高品质生存、生活空间。要保证装饰装修过的生活空间不受污染，满足消费者的安全和健康需求。在使用过程中不对人体和外界造成污染。绿色环保型装饰材料主要分为三大类型。

1. 基本无毒无害型装饰材料

这是指天然的、本身没有或极少有毒有害物质，未经污染只进行了简单加工的装饰材料，如石膏、滑石粉、木材、某些天然石材等。

2. 低毒低排放型装饰材料

这是指经过加工、合成等技术手段来控制有毒有害物质的积聚和缓慢释放，因其毒性轻微对人体健康不构成危害的装饰材料，如甲醛释放量较低，达到国家标准的胶合板、纤维板、大芯板等。

3. 目前科学技术和检测手段无法确定和评估其毒害物质影响的装饰材料

环保型油漆、环保型乳胶漆等化学合成材料，这些材料在目前虽是无毒无害的，但随着科学技术的发展，将来会有重新认定的可能。

虽然国家目前已出台了有关绿色装饰装修方面的标准、规章制度，但是这些制度还有待于进一步完善推广，甚至强制执行，特别是对一些危害性很强的装饰材料。

17.2　室内污染物种类、来源、主要危害及装饰材料选择

17.2.1　污染物质种类和来源

一般来说，装饰材料中大部分无机材料是安全和无害的，如龙骨及配件、普通型材、地砖、玻璃等传统饰材。而有机材料。人造材料以及复合材料中部分化学合成物质则对人体有一定的危害，它们大多为多环芳烃，如苯、酚、蒽、醛等及其衍生物，具有浓重的刺激性气味，可导致人们各种生理和心理的病变。

在装修过程中最主要、最常见、危害最大的污染物质有 5 种，即甲醛、总挥发性有机物（TVOC)、氨气、氡，苯，其中又以甲醛为最。这些污染物质主要来自三个方面，一是建筑物本身的污染——冬季施工混凝土防冻剂中含有氨类物质；二是装饰装修材料带来的污染——胶合板、细木工板、中密度纤维板和刨花板等人造板材，油漆、涂料、地板，深成岩（如部分花岗岩、大理石）等，尤其是低档材料，污染更为严重；三是家具所带来的污染——人造板材制造的家具、布艺沙发的喷胶和填充物。

17.2.2　室内污染的主要危害

调查统计，装修污染已被列为公众危害最大的五种环境问题之一。不良室内空气环境将对人的健康造成最直接伤害。据有关部门了解，目前在众多装饰材料中，有毒材料

占 68%，会产生 300 多种挥发性有机化合物（VOC），并可引发 30 多种疾病，其中最容易受到伤害的是老人和小孩。

这些污染物如果长期侵入人体，则会造成以下后果。

1）可引起居住者眼、鼻、咽喉刺激，疲劳，头痛，皮肤刺激，呼吸困难等一系列症状，使人的嗅觉异常、过敏，肺功能和肝功能异常，免疫功能异常（降低人体的抗病能力）等。

2）可破坏人体造血功能，诱发癌症、白血病，导致胎儿畸形等。

3）具有较明显的致突变性，证明有可能透发人体肿瘤；可使人产生典型的神经行为功能损害，包括记忆力的损伤等。苯已被国际癌症研究中心确认为高度致癌物质，对皮肤和黏膜有局部刺激作用，吸入或经皮肤吸收可引起中毒。

17.3 《室内装饰装修材料有害物质限量》国家标准

目前，针对家庭装修，主要执行建设部颁布的《民用建筑工程室内环境污染控制规范》（GB50325—2001）和国家质量监督监督检疫总局颁布的《室内装饰装修材料有害物质限量》（GB18583—2001）国家标准。

为了从根本上控制室内装饰装修材料中的有害物质对室内环境的污染，确保消费者的身心健康，由国家质量监督检验检疫总局和国家标准化管理委员会制定了《室内装饰装修材料有害物质限量》等 10 项国家标准，目前已进入强制性执行阶段，市场上不允许再销售不符合国家标准的产品。

《室内装饰装修材料有害物质限量》（GB50325—2001）中常用的标准名称及内容见表 17.1～表 17.6。

表 17.1 《室内装饰装修材料人造板及其制品中甲醛释放限量》（GB 18580－2001）

产品名称	试验方法	限量值	使用范围	限量标志[2]
中密度纤维板、高密度纤维板、刨花板、定向刨花板等	穿孔萃取法	≤9mg/100g	可直接用于室内	E1
		≤30mg/100g	必须饰面处理后可允许用于室内	E2
胶合板、装饰单板贴面胶合板、细木工板等	干燥器法	≤1.5mg/L	可直接用于室内	E1
		≤5.0mg/L	必须饰面处理后可允许用于室内	E2
饰面人造板（包括浸渍纸层压木质地板、实木复合地板、竹地板、浸渍胶膜纸饰面人造板等）	气候箱法[1]	≤0.12mg/m³	必须饰面处理后可允许用于室内	E1
	干燥器法	≤1.5mg/L	可直接用于室内	

1）仲裁时采用气候箱法。

2）E1 为可直接用于室内的人造板，E2 为必须饰面处理后允许用于室内的人造板。

表 17.2　《室内装饰装修材料内墙涂料中有害物质限量》(GB 18582－2001)

项　　目		限量值
挥发性有机化合物(VOC)/(g/L)		≤200
游离甲醛/(g/kg)		≤0.1
重金属/(mg/kg)	可溶性铅	≤90
	可溶性镉	≤75
	可溶性铬	≤60
	可溶性汞	≤60

表 17.3　《室内装饰装修材料溶剂型木器涂料中有害物质限量》(GB 18581－2001)

项　目	限　量　值		
	硝基漆类	聚氨酯漆类	醇酸漆类
挥发性有机化合物(VOC)[1](≤)/(g/L)	750	光泽(60°)≥80,600 光泽(60°)<80,600	550
苯[b](≤)/%	0.5		
甲苯和二甲苯总和[2](≤)/%	45	40	10
游离甲苯二异氰酸酯(TDI)[3](≤)/%	—	0.7	—
重金属(限色漆)(≤)/(mg/kg)	可溶性铅	90	
	可溶性镉	75	
	可溶性铬	60	
	可溶性汞	60	

1) 按产品规定的配比和稀释比例混合后测定。如稀释剂的使用量为某一范围时，应按照推荐的最大稀释量稀释后进行测定。

2) 如产品规定了稀释比例或产品由双组分或多组分组成时，应分别测定稀释剂和各组分中的含量，再按产品规定的配比计算混合后涂料中的总量。如稀释剂的使用量为某一范围时，应按照推荐的最大稀释量进行计算。

3) 如聚氨酯漆类规定了稀释比例或由双组分或多组分组成时，应先测定固化剂（含甲苯二异氰酸酯预聚物）中的含量，再按产品规定的配比计算混合后涂料中的含量。如稀释剂的使用量为某一范围时，应按照推荐的最小稀释量进行计算。

表 17.4　《室内装饰装修材料胶粘剂中有害物质限量》(GB 18583－2001)

项　　目	指　　标		
	橡胶胶黏剂	聚氨酯类胶黏剂	其他胶黏剂
游离甲醛(≤)/(g/kg)	0.5	—	—
苯(≤)/(g/kg)	5		
甲苯和二甲苯(≤)/(g/kg)	200		
甲苯二异氰酸酯(≤)/(g/kg)	—	10	—
总挥发性有机物(≤)/(g/L)	750		

注：苯不能作为溶剂使用，作为杂质其最高含量不得大于表中的规定。

表 17.5 《室内装饰装修材料木家具中有害物质限量》(GB 18584—2001)

项目		限量值
甲醛释放量/(mg/L)		≤1.5
重金属含量(限色漆)/(mg/kg)	可溶性铅	≤90
	可溶性镉	≤75
	可溶性铬	≤60
	可溶性汞	≤60

表 17.6 《室内装饰装修材料壁纸中有害物质限量》(GB 18585—2001)

有害物质名称		限量值/(mg/kg)
重金属(或其他)元素	钡	≤1000
	镉	≤25
	铬	≤60
	铅	≤90
	砷	≤8
	汞	≤20
	硒	≤165
	锑	≤20
氯乙烯单体		≤1.0
醛		≤120

17.4 几种环保的建筑装饰材料

17.4.1 木器漆水性最环保

目前市场上的木器漆主要有聚氨酯漆、硝基漆和水性木器漆三类。聚氨酯漆、硝基漆是传统产品，因其价格便宜、施工时间短，是木器油漆中的主流产品，但由于其会释放大量的有害物质，因而有被环保的水性木器漆取代的趋势。水性木器漆在国外出现于20世纪90年代初，至今已有十多年的生产历史，但在国内还是一种新兴的木器漆，使用在木器上也是最近一两年的事。

传统的木器装饰，大多以硝基漆和聚氨酯漆等溶剂型漆为主，这些漆涂刷在木器上会释放大量的有毒、有害的溶剂、游离TDI，有的还含有重金属。这些物质严重损害了人们的身体健康，也污染了人们居住、工作和学习的环境。而水性木器漆在环保性上首先得到突破，它以水做稀释剂，无毒无味，因而无环境污染，对人体无害，并且还具有耐水、耐磨、耐酸碱、经久耐用、省工省力、干燥快、使用方便、漆膜平滑光亮等特点。

水性漆可分为三个体系，即乳液体系、水分散体系和水溶液体系。在乳液体系中，以水为连续相，聚合物不溶于水，依赖于表面活性剂以分散相形成乳状液，它的成膜主要是通过不同粒径乳胶粒子的堆积层压来完成。水分散体系（也叫水稀释性体系）是以水为连续相，很少或不用表面活性剂，有一定的亲水性，以分散体形式存在。水溶液体系是聚合物通过成盐的办法，使其成为离子聚合物，能溶于水中，是均相体系。目前，市场上我们所能够买到的包括进口的水性漆产品，主要是乳液型和水溶型产品。乳白色的乳液型丙烯酸类的产品，具有很好的耐时性，但漆膜的丰满度、光亮度及耐水性较差。透明的水白色的水溶型产品各项性能较好，但含有一定量的有机溶剂。目前高级水性漆市场多为进口产品。

17.4.2　新型绿色环保建材——矿棉吸音板

它是室内装修中吊顶必不可少的装饰材料，市场上用于防潮、隔声、装饰的吊顶，材料多种多样，矿棉吸音板是一种以吊顶为主的新型绿色室内环保材料。

矿棉装饰吸音板以矿棉为主要原料，矿棉是矿渣经高温熔化由高速离心机甩出的絮状物，无害、无污染，是一种变废为宝、有利环境的绿色建材。它有如下几个特点。

1) 吸声性能好。矿棉板是一种多孔材料，由纤维组成无数个微孔。声波撞击材料表面，部分被反射回去，部分被板材吸收，还有一部分穿过板材进入后空腔，大大降低反射声，有效控制和调整室内回响时间，降低噪声。

2) 有多种装饰类型。矿棉吸音板表面处理形式丰富，板材有较强的装饰效果。表面经过处理的滚花型矿棉板，俗称“毛毛虫”，其表面布满深浅、形状、孔径各不相同的孔洞。另外一种“满天星”，则表面孔径深浅不同。

3) 高效节能的建筑材料。矿棉板重量较轻，一般控制在 350～450kg/m^2 之间，使用中没有沉重感，给人安全、放心的感觉，能减轻建筑物自重，是一种安全饰材。同时矿棉板还具有良好的保温阻燃性能，矿棉板平均导热系数小，易保温，而且矿棉板的主要原料是矿棉，熔点高达 1300℃，并具有较高的防火性能。

4) 多种安装方法。矿棉板吊顶构造很多，并有配套龙骨，具有各种吊顶形式。如易于更换板材、检修管线、安装简单快捷的明龙骨吊装；具有良好隔热性能、在同一平面和空间可以用多种图案灵活组合的复合粘贴法吊装；不露龙骨、可自由开启的暗插式吊装等，可以随户主需要，选择其中一种安装。

17.4.3　绿色环保材料 M-Color 柔性天花

M－Color 天彩柔性彩色天花系列，产于法国，是一种高档的绿色环保的软膜天花装饰材料。品种多样的材质及颜色，成为非凡室内装饰效果的夺目亮点（参看效果图），每 m^2 重约 180～320g。

因为它的柔韧性良好，可以自由进行多种造型的设计，用于曲廊、敞开式观景空间等各种场合。

天彩柔性天花应用领域如下：商业场所、娱乐场所、工业场所、酒店、游泳池、家居、办公场所、会所、医院、学校、音乐厅和会堂。

产品的优势：①安全耐用，天花平整度高，均一性好，抗振动，无表面裂纹及脱落现象，其燃烧性能为b1级。百余种丰富的颜色，锦缎般光滑的表面，变幻随意的造型，足以施展个性化创意。②具有有利于健康的品质。它抗细菌和真菌，无有害气体挥发，是医院、家庭、餐厅理想的装饰材料。

17.4.4 泡沫玻璃

泡沫玻璃是新型的环保建筑材料，是以碎玻璃和天然熔岩为主要原料，加入发泡剂和外掺剂经粉碎、高温发泡成型制成的一种新型保温隔热和吸音材料。该产品以其无机硅酸盐材质和独立的封闭微小气孔结构，集传统保温隔热材料之优良性能于一身，可广泛应用于石化、轻工、冷藏、建筑、环保等领域，具有容重低、强度高、导热系数小、不吸湿、不透气、不燃烧、防啮防蛀、耐酸耐碱（氢氟酸除外）、易加工且不变型等特点。

17.5 新型节能、保温隔热的建筑材料

随着我国建筑节能工作的纵深发展，不断涌现众多品种的保温隔热材料，由于其节能保温性能等原因，一些保温隔热材料逐渐被市场淘汰。选择适合的保温隔热材料不仅能达到节能保温的目的，还能延长建筑物的寿命，反之影响甚至缩短建筑物的寿命。

新型保温隔热材料在建筑保温上应以发展矿物绵、泡沫塑料等产品为主，玻璃棉、膨胀珍珠岩和泡沫塑料制品等多种材料并存的格局。

现场发泡的聚氨酯泡沫塑料、高密度的膨胀聚苯乙烯泡沫塑料和聚氨酯泡沫塑料、具有防火性能的各种泡沫塑料、高耐水性的泡沫塑料等性能良好的保温材料和无氯氟烃的健康型保温板将获得较快发展和应用。

重点发展绝热性能优良的多孔材料、纤维类材料和轻质材料，以及具有轻质、高强、绝热等多功能的复合制品，注重开发与墙体材料配套的绝热制品。

建筑上根据保温隔热材料在围护结构的使用部位不同，分为内墙保温隔热材料和外墙保温隔热材料；根据节能保温材料的状态不同分为板材（固体）保温隔热材料和浆体保温隔热材料。

17.5.1 板材保温隔热材料

广义地讲，板材保温隔热材料使用的地区和范围比较广，既可以在外墙外保温工程中使用，也可以在外墙内保温工程中使用。板材保温隔热材料的保温主体可以是发泡型聚苯乙烯板，挤出型聚苯乙烯板，岩棉板，玻璃棉板等不同材料。板材保温隔热材料又可分为单一保温隔热材料和系统保温隔热材料。

1. 单一板材保温隔热材料

它是保温工程应用的主体，在使用过程中需要其他材料的配合，如发泡型聚苯乙烯板、挤出型聚苯乙烯板、岩棉板、玻璃棉板等，在使用前要测试以下检测内容。

1) 导热系数［W/（m·K)］。这一技术指标是关系工程保温效果的关键指标。

2）表观密度（kg/m^3）。材料的表观密度在一定程度上影响其导热系数，表观密度不合格的材料将直接导致其物理性能下降，如强度、尺寸稳定性等。

3）压缩强度（MPa）。指试件在10%变形下的压缩应力。它关系到该面层系统的耐久性和耐冲击性。

4）尺寸变化率（mm）。尺寸变化率大的材料将导致该系统面层的开裂。

5）水蒸气透系数［g/（m·h·Pa）］。该性能决定了对水蒸气透过的性能，在一定程度上决定了墙面的结露与否。

6）氧指数，需阻燃型，否则防火不能达标。

如隔热用聚苯乙烯泡沫塑料（GB10801—89），其要求有：表观密度≥15.0 kg/m^3；压缩强度≥60（kPa）；导热系数≤0.041 W/（m·K）；水蒸气透湿系数≤9.5［g/（m·h·Pa）］；吸水率≤6%（v/v）。

2. 系统板材保温材料

系统保温材料是指将单一保温材料与其他辅助材料复合而成为一个系统，称为系统保温材料。近年来建筑节能墙体外保温技术的发展尤为迅速，目前主要技术体系和材料有聚苯板玻纤网格布聚合物砂浆、现浇混凝土模板内置保温板、胶粉聚苯颗粒保温砂浆料玻纤网格布抗裂砂浆等做法。而在此之外，聚氨酯复合板也是一种比较好的材料。常用的系统保温材料有如下几种。

（1）外墙外保温系统

1）彩钢夹芯复合板：聚氨酯复合板或聚苯乙烯复合板。

聚氨酯复合板或聚苯乙烯复合板是一种彩钢夹芯复合板，它由两面彩钢压型板及中间自动发泡的硬质聚氨酯或聚苯乙烯组成，可广泛应用于各种建筑物的外墙和屋面。

彩钢夹芯幕墙板是由双层热镀锌彩涂薄型钢板中夹聚苯乙烯或岩（矿）棉保温隔热材料复合而成，是一种新型建筑幕墙用节能装饰金属板材，彩钢保温夹芯幕墙板采用标准化设计，工厂化高精度制作，装配化高精准安装，板面平整，与框架连接可靠。同时幕墙板还具有良好的物理性能，如隔热、保温、隔音、防渗水、防裂缝、防腐蚀、抗弯、抗压、抗震等诸多优点，且装饰效果极佳，是一种经济的幕墙板材。

2）聚苯板玻纤网格布聚合物砂浆。它是以聚苯乙烯泡沫板为主要保温绝热材料，使用聚合物砂浆为主要粘结和罩面材料，并使用耐碱玻璃纤维涂塑网格布增强的一种墙体保温体系，即发泡型聚苯乙烯板（或挤出型聚苯乙烯板）+耐碱玻纤网布+含有胶黏剂的聚合物砂浆，这种保温体系比起常用的外墙内保温体系具有保温效率高、节能效果好的优点（能较容易地达到国家对建筑物65%的节能分项指标），并对建筑物起到了较好的保护作用，该体系已在全世界各地区得到了广泛的应用。如专威特外墙外保温系统，北京中建院外墙外保温系统，Preswitt保温系统等。外保温系统需测试的项目如下。

①传热系数。系统保温材料与主体结构复合后的保温效果受施工质量和环境温湿度的影响而有所改变，因此要实地现场测试，掌握其实际效果。

②防水性、耐冻融、耐候性、耐冲击、抗风压。作为外墙外保温，其饰面直接与外界环境接触，必须抵抗雨水、冻融、冲击和强风等不良因素的侵袭，因此在使用前应测

试如下内容：

防水性：20cm^2 的涂层试块浸在水中整个表面全部湿透的时间≥2h；

耐冻融：10 个循环无裂缝、无剥离；

耐候性：500 h 无明显变化；

抗风压：5000 Pa 无裂缝；

耐冲击：10J 无任何破坏未开裂未穿孔。

与外保温系统配套的耐碱玻纤网布的抗拉强度应大于 200N/cm^2，耐碱后的剩余抗拉强度应不小于 150N/cm^2；胶黏剂的 7d 的抗拉粘结强度应大 1MPa，耐水、耐冻融后抗拉粘结强度应大于 0.9MPa。

(2) 内保温系统

有发泡型聚苯乙烯板（或挤出型聚苯乙烯板）+纸面石膏板；岩棉夹心保温板，增强水泥聚苯保温板，GRC 保温板（发泡型聚苯乙烯板与水泥砂浆复合）等。

内保温系统需测试的内容有传热系数、水蒸气透湿系数、吸水率、收缩率、氧指数，原因同上。

17.5.2　浆体保温材料

浆体保温材料目前主要用于外墙内保温，也可用于隔墙和分户墙的保温隔热，如性能允许还可用于外墙外保温。浆体材料有两种类型，一种是以胶凝材料为主的固化型；一种是以水分蒸发为主的干燥型。其主要成分是由海泡石（聚苯粒）、矿物纤维、硅酸盐为主的多种材料，经过一定的生产工艺复合而成的轻质保温材料。它的产品有粉状和膏状（浆体状）两种类型，但使用时均以浆体抹在基层上。

无论是板材保温隔热材料还是浆体保温隔热材料各有其特点，只要适应其特点，才能最大限度的发挥其优势，对建筑节能起到事半功倍的作用。

17.5.3　聚氨酯保温材料

建设部将全面推广新型建筑节能技术，将聚氨酯材料作为传统建筑保温材料的替代品进行推广。

聚氨酯材料是目前国际上性能最好的保温材料。硬质聚氨酯具有质量轻、导热系数低、耐热性好、耐老化、容易与其他基材粘结、燃烧不产生熔滴等优异性能，在欧美国家广泛用于建筑物的屋顶、墙体、天花板、地板、门窗等作为保温隔热材料。欧美等发达国家的建筑保温材料中约有 49％为聚氨酯材料，而在我国这一比例尚不足 10％。

聚氨酯作为一种性能优异的高分子材料，已成为继聚乙烯、聚氯乙烯、聚丙烯、聚苯乙烯之后的第五大塑料。在建筑节能等领域的大力推广，将为我国聚氨酯产业创造巨大的发展空间。

17.5.4　玻璃钢墙体保温板

玻璃钢墙体保温板由添加剂、玻璃丝布、氯化镁、胶浆、玻璃丝网格、钢筋聚乙烯泡沫等若干种成分组成。

该产品特点是：重量轻、墙体薄、节能性能优越、玻璃纤维网格布和钢筋增加了强度、使用年限长、易安装、防火性能好、抗老化、防水，防潮、抗震、抗冲击、收缩极小、无毒、无害、无污染、无辐射、环保性能优越，堪称为“绿色建材”。

该产品具有广阔的市场空间，玻璃钢复合材料加工厂生产的墙体板代替红砖，符合社会需求。用它完全代替红砖，更符合国家“十五”规划中提出的高强，轻质、节能、节土、利废环保的所有功能要求。

复习思考题

17.1　为什么要大力发展新型节能、环保、复合的建筑材料？

17.2　说明室内装饰污染物的名称、来源与危害。

17.3　如何根据不同的经济实力、节能要求、环保要求等选择合适的建筑装修材料？

17.4　市场调查：目前在（家庭）装饰装修中存在哪些问题？哪些是关于装修材料的？关于装修材料的问题又分为哪些类型？应该如何解决？

参考文献

本教材编审委员会 .2003. 建筑装饰材料 . 北京：中国建筑工业出版社
曹文达 . 2003. 建筑装饰材料 . 北京：中国电力出版社
陈宝钰 .1998. 建筑装饰材料 . 北京：中国建筑工业出版社
湖南大学等编 . 2002. 土木工程材料 . 北京：中国建筑工业出版社
李继业 . 2002. 建筑装饰材料 . 北京：科学出版社
廖红 . 2004. 建筑装饰材料手册 . 南昌：江西科学技术出版社
马有占 .2003. 建筑装饰施工技术 . 北京：中国建筑工业出版社
宓永宁，娄宗科 . 2005. 土木工程材料 . 北京：中国农业大学出版社
张书梅 .2003. 建筑装饰材料 . 北京：机械工业出版社